书中介绍的结构、函数/宏

计 算 机 科 学 丛 书

TCP/IP详解

卷3：TCP事务协议、HTTP、NNTP和UNIX域协议

[美] W. 理查德·史蒂文斯（W. Richard Stevens） 著

胡谷雨 吴礼发 等译

谢希仁 校

TCP/IP Illustrated

Volume 3: TCP for Transactions, HTTP, NNTP, and the UNIX Domain Protocols

机械工业出版社

CHINA MACHINE PRESS

图书在版编目（CIP）数据

TCP/IP 详解　卷3：TCP 事务协议、HTTP、NNTP 和 UNIX 域协议 /（美）W. 理查德·史蒂文斯（W. Richard Stevens）著；胡谷雨等译. —北京：机械工业出版社，2019.3（2024.8重印）

（计算机科学丛书）

书名原文：TCP/IP Illustrated, Volume 3: TCP for Transactions, HTTP, NNTP, and the UNIX Domain Protocols

ISBN 978-7-111-61777-8

I. T⋯　II. ① W⋯　②胡⋯　III. 计算机网络－通信协议　IV. TN915.04

中国版本图书馆 CIP 数据核字（2019）第 007421 号

北京市版权局著作权合同登记　图字：01-2018-7883 号。

本书是三卷本套书《TCP/IP 详解》的第3卷，主要内容包括：TCP 事务协议，即 T/TCP，它是对 TCP 的扩展，使客户－服务器事务更快、更高效和更可靠；TCP/IP 应用，主要是 HTTP 和 NNTP；Unix 域协议，这些协议提供了一种进程之间通信的手段，当客户与服务器进程在同一台主机上时，Unix 域协议通常要比 TCP/IP 快 1 倍。本书同样给出了大量的实例和实现细节，并参考引用了卷 2 中的大量源程序。

本书适用于希望理解 TCP/IP 工作原理的读者，包括编写网络应用程序的程序员以及利用 TCP/IP 维护计算机网络的系统管理员。

出版发行：机械工业出版社（北京市西城区百万庄大街 22 号　邮政编码：100037）

责任编辑：吴　怡　　　　　　　　　　　　　责任校对：李秋荣

印　　刷：北京捷迅佳彩印刷有限公司　　　版　　次：2024年8月第1版第11次印刷

开　　本：185mm×260mm　1/16　　　　　印　　张：16.75

书　　号：ISBN 978-7-111-61777-8　　　　定　　价：59.00 元

客服电话：（010）88361066　68326294

本书赞誉

"绝对值得一读！它说明了如何将科学的思想方法和分析方法应用于实际的技术问题……它体现了技术写作和思考的最高水平。"

——Marcus J. Ranum, 防火墙设计师

"是继既清楚又准确的系列卓越标准之后的又一杰出力作。该书的内容覆盖了T/TCP和HTTP，并剖析了WWW，特别及时。"

——Vern Paxson, 劳伦斯伯克利国家实验室网络研究小组

"对需要理解Web服务器行为细节的任何人来说，该书对HTTP的介绍都是无价之宝。"

——Jeffrey Mogul, 数字设备公司

"卷3是对前两卷的自然补充，包括了Web服务中的网络技术和TCP事务传输的深入介绍。"

——Pete Haverlock，程序管理员，IBM

"在《TCP/IP详解》的最后一卷中，Rich Stevens保持了他在前两卷中给自己设定的高标准：清楚的表达和准确的技术细节。"

——Andras Olah，Twente大学

"这一卷保持了这套书前几卷中的极高质量，在新的方向上扩充了对网络实现技术的深入介绍。对于渴望了解当今Internet工作原理的任何人来说，这套书不可不读。"

——Ian Lance Taylor，《GNU/Talyor UUCP》的作者

译 者 序

我们愿意向广大的读者推荐W. Richard Stevens关于TCP/IP的经典著作(共3卷)的中译本。本书是其中的第3卷——《TCP/IP详解 卷3：TCP事务协议、HTTP、NNTP和UNIX域协议》。

大家知道，TCP/IP已成为计算机网络事实上的标准。在关于TCP/IP的论著中，最有影响的两部著作是：Douglas E. Comer的《用TCP/IP进行网际互连》(一套共3卷)，以及Stevens写的这3卷书。这两套巨著都很有名，各有其特点。无论是从事计算机网络教学的教师还是进行计算机网络科研的技术人员，这两套书都应当是必读的。

这套书的特点是内容丰富，概念清楚且准确，讲解详细，例子很多。作者在书中举出的所有例子均在作者安装的计算机网络上做过实际验证，而且书后还给出了许多经典的参考文献，并一一写出评注。

第3卷是第1、2卷的继续和深入。读者在学习这一卷时，应当先具备第1卷和第2卷所阐述的TCP/IP的基本知识和实现知识。本卷仍然采用大量的源代码来讲述协议及其应用的实现，并且本卷使用的一部分源代码是对第1卷和第2卷中有关源代码的修改，需要对照参考。这些内容对于编写TCP/IP网络应用程序的程序员和研究TCP/IP的计算机网络研究人员是非常有用的。

本卷的前言由胡谷雨翻译，第1~5章由胡谷雨、马春华翻译，第6~12章由胡谷雨、张晖翻译，第13~15章由吴礼发、李旺翻译，第16~18章由吴礼发、金风林翻译，附录由胡谷雨翻译。全书由谢希仁进行校阅。

限于水平，翻译中不妥或错误之处在所难免，敬请广大读者批评指正。

前　言

引言和本书的组织

本书是套书《TCP/IP详解》的第3卷，这套书的卷1是[Stevens 1994]，卷2是[Wright and Stevens 1995]。本书分成三个部分，每个部分覆盖了不同的内容。

1) TCP事务协议，通常叫作T/TCP。这是对TCP的扩展，其设计目的是使客户−服务器事务更快、更高效和更可靠。这个目标的实现省略了连接开始时TCP的三次握手，并缩短了连接结束时TIME_WAIT状态的持续时间。我们将会看到，在客户−服务器事务中，T/TCP的性能与UDP相当，而且T/TCP具有可靠性和适应性，这两点相对UDP来说都是很大的改进。

   事务是这样定义的：一个客户向服务器发出请求，接下来是服务器给出响应(这里的名词"事务"(transaction)并非数据库中的事务处理，数据库中的事务处理有封锁、两步提交和回退)。

2) TCP/IP应用，特别是HTTP(超文本传输协议，WWW的基础)和NNTP(网络新闻传输协议Usenet新闻系统的基础)。

3) Unix域协议。这些协议是所有Unix的TCP/IP实现中都提供的，在许多非Unix的实现中也有提供。这些协议提供了一种进程之间通信(IPC)的手段，采用了与TCP/IP中一样的插口 ⊖ 接口。当客户与服务器进程在同一主机上时，Unix域协议通常要比TCP/IP快1倍。

第一部分是对T/TCP的介绍，又分成两个小部分。第1~4章介绍协议，并给出了大量实例来说明它们是怎样工作的。这些材料主要是对卷1中24.7节的补充，在那里对T/TCP只是做了简单的介绍。第5~12章介绍T/TCP在4.4BSD-Lite网络代码(即卷2中给出的代码)中的确切实现。由于最早的T/TCP实现迟至1994年9月才发布，已经是本书卷1出版一年以后了，那时卷2也快完成了，因此T/TCP的详细叙述，包括诸多实例和所有的实现细节都只好放在本系列书的卷3中了。

第二部分介绍HTTP和NNTP应用，是卷1的第25~30章中介绍的TCP/IP应用的延续。在卷1出版后的两年里，随着Internet的发展，HTTP得到了极大的流行，而NNTP的使用则在最近的10多年中每年增长了大约75%。T/TCP对HTTP来说也是非常好的，可以这样来用TCP：在少量数据传输中缩短连接时间，因为这种时候连接的建立和拆除时间往往占总时间的大头。在繁忙的Web服务器上，成千上万个不同而且不断变化的客户对HTTP(因此也对TCP)的高负荷使用，也提供了唯一可以对服务器上确切的分组进行考察的机会(第14章)，可以回顾卷1和卷2中给出的TCP/IP的许多特性。

第三部分中的Unix域协议原本是准备在卷2中介绍的，但由于卷2已多达1200页 ⊜ 而删

⊖　插口对应的原文是socket，现更常译为"套接字"。——编辑注

⊜　指原书英文版。——编辑注

去了。在名为《TCP/IP详解》这样的套书中夹杂着TCP/IP以外的协议不免令人奇怪，但Unix域协议几乎15年前就已经伴随着BSD版TCP/IP的实现在4.2BSD中发布了。今天，它们在任何一个从伯克利衍生而来的内核中都在频繁地使用，但它们的使用往往"被掩盖在后台"，大多数用户不知道它们的存在。除了在从伯克利衍生而来的内核中充当Unix管道的基础外，它们的另一个大用户是当客户程序和服务器程序在同一主机(典型的情况是工作站)上时的X Window系统。Unix域的插口也用于进程之间传递描述符，是进程之间通信的一个强大工具。由于Unix域协议所用的插口API(应用编程接口)与TCP/IP所用的插口API几乎是相同的，Unix域协议以最小的代码变化提供了一个简单的手段来增强本地应用的性能。

以上三个部分的每个部分都可以独立阅读。

读者

与这套书的前两卷一样，这一卷是为所有想要理解TCP/IP如何工作的人写的：编写网络应用的程序员，负责维护采用TCP/IP的计算机网络的系统管理员，以及在日常工作中经常与TCP/IP应用程序打交道的用户。

第一和第二部分是理解TCP/IP工作原理的基础。不熟悉TCP/IP的读者应该看看这套书的卷1，见[Stevens 1994]，以便对TCP/IP协议集有一个全面的了解。第一部分的前半部分(第1~4章，TCP/IP中的概念和例子)与卷2无关，可以直接阅读。但后半部分(第5~12章，T/TCP的实现)则需要先熟悉4.4 BSD-Lite网络程序，这些内容在卷2中介绍。

在整本书中有大量的向前和向后参考索引，这些参考索引是针对本书的两个主题，以及对卷1和卷2的内容，为想要了解更详细内容的读者提供的。在本书最后有书中用到的所有缩略语，书中介绍的所有结构、函数和宏(以字母顺序排列)及其介绍起始页码的交叉索引。如果本书引用了卷2中的定义，则该交叉索引也列出了卷2中的定义。

源码版权

本书中引自4.4BSD-Lite版的所有源码(源程序)都包括下面这样的版权声明：

```
/*
 * Copyright (c) 1982, 1986, 1988, 1990, 1993, 1994
 *      The Regents of the University of California.  All rights reserved.
 *
 * Redistribution and use in source and binary forms, with or without
 * modification, are permitted provided that the following conditions
 * are met:
 * 1. Redistributions of source code must retain the above copyright
 *    notice, this list of conditions and the following disclaimer.
 * 2. Redistributions in binary form must reproduce the above copyright
 *    notice, this list of conditions and the following disclaimer in the
 *    documentation and/or other materials provided with the distribution.
 * 3. All advertising materials mentioning features or use of this software
 *    must display the following acknowledgement:
 *      This product includes software developed by the University of
 *      California, Berkeley and its contributors.
 * 4. Neither the name of the University nor the names of its contributors
```

```
*     may be used to endorse or promote products derived from this software
*     without specific prior written permission.
*
* THIS SOFTWARE IS PROVIDED BY THE REGENTS AND CONTRIBUTORS ''AS IS'' AND
* ANY EXPRESS OR IMPLIED WARRANTIES, INCLUDING, BUT NOT LIMITED TO, THE
* IMPLIED WARRANTIES OF MERCHANTABILITY AND FITNESS FOR A PARTICULAR PURPOSE
* ARE DISCLAIMED.  IN NO EVENT SHALL THE REGENTS OR CONTRIBUTORS BE LIABLE
* FOR ANY DIRECT, INDIRECT, INCIDENTAL, SPECIAL, EXEMPLARY, OR CONSEQUENTIAL
* DAMAGES (INCLUDING, BUT NOT LIMITED TO, PROCUREMENT OF SUBSTITUTE GOODS
* OR SERVICES; LOSS OF USE, DATA, OR PROFITS; OR BUSINESS INTERRUPTION)
* HOWEVER CAUSED AND ON ANY THEORY OF LIABILITY, WHETHER IN CONTRACT, STRICT
* LIABILITY, OR TORT (INCLUDING NEGLIGENCE OR OTHERWISE) ARISING IN ANY WAY
* OUT OF THE USE OF THIS SOFTWARE, EVEN IF ADVISED OF THE POSSIBILITY OF
* SUCH DAMAGE.
*/
```

第6章路由表的源码则包括下面这样的版权声明:

```
/*
* Copyright 1994, 1995 Massachusetts Institute of Technology
*
* Permission to use, copy, modify, and distribute this software and
* its documentation for any purpose and without fee is hereby
* granted, provided that both the above copyright notice and this
* permission notice appear in all copies, that both the above
* copyright notice and this permission notice appear in all
* supporting documentation, and that the name of M.I.T. not be used
* in advertising or publicity pertaining to distribution of the
* software without specific, written prior permission.  M.I.T. makes
* no representations about the suitability of this software for any
* purpose.  It is provided "as is" without express or implied
* warranty.
*
* THIS SOFTWARE IS PROVIDED BY M.I.T. ''AS IS''.  M.I.T. DISCLAIMS
* ALL EXPRESS OR IMPLIED WARRANTIES WITH REGARD TO THIS SOFTWARE,
* INCLUDING, BUT NOT LIMITED TO, THE IMPLIED WARRANTIES OF
* MERCHANTABILITY AND FITNESS FOR A PARTICULAR PURPOSE. IN NO EVENT
* SHALL M.I.T. BE LIABLE FOR ANY DIRECT, INDIRECT, INCIDENTAL,
* SPECIAL, EXEMPLARY, OR CONSEQUENTIAL DAMAGES (INCLUDING, BUT NOT
* LIMITED TO, PROCUREMENT OF SUBSTITUTE GOODS OR SERVICES; LOSS OF
* USE, DATA, OR PROFITS; OR BUSINESS INTERRUPTION) HOWEVER CAUSED AND
* ON ANY THEORY OF LIABILITY, WHETHER IN CONTRACT, STRICT LIABILITY,
* OR TORT (INCLUDING NEGLIGENCE OR OTHERWISE) ARISING IN ANY WAY OUT
* OF THE USE OF THIS SOFTWARE, EVEN IF ADVISED OF THE POSSIBILITY OF
* SUCH DAMAGE.
*/
```

印刷惯例

当需要显示交互的输入和输出信息时，将用黑体表示键盘输入，而计算机输出则用Courier体，并用中文宋体做注释。

```
sun % telnet www.aw.com 80    连接到HTTP服务器
Trying 192.207.117.2...       本行和下一行由Telnet服务器输出
Connected to aw.com.
```

书中总是把系统名作为命令解释程序提示符的一部分(例如sun)，以说明命令是在哪个主机上执行的。在正文中引用的程序名通常都是首字母大写(如Telnet和Tcpdump)，以避免过多的字体形式。

在整本书中，我们会使用这种缩进格式的附加说明来描述实现细节或历史观点。

W. Richard Stevens

图森，亚利桑那

1995年11月

rstevens@noao.edu

http://www.noao.edu/~rstevens

目　录

第一部分 TCP事务协议

第1章 T/TCP概述

1.1 概述

本章首先介绍客户-服务器事务概念。我们从使用UDP的客户-服务器应用开始，这是最简单的情形。接着我们编写使用TCP的客户和服务器程序，并由此考察两台主机间交互的TCP/IP分组。然后我们使用T/TCP，证明利用T/TCP可以减少分组数，并给出为利用T/TCP需要对两端的源代码所做的最少改动。

接下来介绍了运行书中示例程序的测试网络，并对分别使用UDP、TCP和T/TCP的客户-服务器应用程序进行了简单的时间耗费比较。我们考察了一些使用TCP的典型Internet应用程序，看看如果两端都支持T/TCP，将需要做哪些修改。紧接着，简要介绍了Internet协议族中事务协议的发展历史，概略叙述了现有的T/TCP实现。

本书全文以及有关T/TCP的文献中，事务一词的含义都是指客户向服务器发出一个请求，然后服务器对该请求做出应答。Internet中最常见的一个例子是，客户向域名服务器(DNS)发出请求，查询域名对应的IP地址，然后域名服务器给出响应。本书中的事务这个术语并没有数据库中的事务那样的含义：加锁、两步提交、回退，等等。

1.2 UDP上的客户-服务器

我们先来看一个简单的UDP客户-服务器应用程序的例子，其客户程序源代码如图1-1所示。在这个例子中，客户向服务器发出一个请求，服务器处理该请求，然后发回一个应答。

udpcli.c

```
1 #include    "cliserv.h"

2 int
3 main(int argc, char *argv[])
4 {                              /* simple UDP client */
5     struct sockaddr_in serv;
6     char    request[REQUEST], reply[REPLY];
7     int     sockfd, n;

8     if (argc != 2)
9         err_quit("usage: udpcli <IP address of server>");

10    if ((sockfd = socket(PF_INET, SOCK_DGRAM, 0)) < 0)
11        err_sys("socket error");

12    memset(&serv, 0, sizeof(serv));
13    serv.sin_family = AF_INET;
14    serv.sin_addr.s_addr = inet_addr(argv[1]);
15    serv.sin_port = htons(UDP_SERV_PORT);
```

图1-1 UDP上的简单客户程序

```
16      /* form request[] ... */

17      if (sendto(sockfd, request, REQUEST, 0,
18              (SA) &serv, sizeof(serv)) != REQUEST)
19          err_sys("sendto error");

20      if ((n = recvfrom(sockfd, reply, REPLY, 0,
21                  (SA) NULL, (int *) NULL)) < 0)
22          err_sys("recvfrom error");

23      /* process "n" bytes of reply[] ... */

24      exit(0);
25  }
```
——— *udpcli.c*

图1-1 (续)

本书中所有源代码的格式都是这样。每一非空行前面都标有行号。正文中叙述某段源代码时,这段源代码的起始和结束行号标记于正文段落的左边,如下面的正文所示。有时这些段落前面会有一小段说明,对所描述的源代码进行概要说明。源代码段开头和结尾处的水平线标明源代码段所在的文件名。这些文件名通常都是指我们在1.9节中将介绍的4.4版BSD-Lite中发布的文件。

我们来讨论这个程序的一些有关特性,但不详细描述插口函数,因为我们假设读者对这些函数有一些基本的认识。关于插口函数的细节在参考书[Stevens 1990]的第6章中可以找到。图1-2给出了头文件cliserv.h。

1. 创建UDP插口

10-11 socket函数用于创建一个UDP插口,并将一个非负的插口描述符返回给调用进程。出错处理函数err_sys参见参考书[Stevens 1992]的附录B.2。这个函数可以接受任意数目的参数,但要用vsprintf函数对它们格式化,然后这个函数会打印出系统调用所返回的errno值所对应的Unix出错信息,然后终止进程。

2. 填写服务器地址

12-15 首先用memset函数将Internet插口地址结构清零,然后填入服务器的IP地址和端口号。为简明起见,我们要求用户在程序运行中通过命令行输入一个点分十进制数形式的IP地址(argv[1])。服务器端口号(UDP_SERV_PORT)在头文件cliserv.h中用#define定义,在本章的所有程序首部中都包含了该头文件。这样做是为了使程序简洁,并避免使调用gethostbyname和getservbyname函数的源代码复杂化。

3. 构造并向服务器发送请求

16-19 客户程序构造一个请求(只用一行注释来表示),并用sendto函数将其发出,这样就有一个UDP数据报发往服务器。同样是为了简明起见,我们假设请求(REQUEST)和应答(REPLY)的报文长度为固定值。实用的程序应当按照请求和应答的最大长度来分配缓存空间,但实际的请求和应答报文长度是变化的,而且一般都比较小。

4. 读取和处理服务器的应答

20-23 调用recvfrom函数将使进程阻塞(即置为睡眠状态),直至收到一个数据报。接着客户进程处理应答(用一行注释来表示),然后进程终止。

由于recvfrom函数中没有超时机制,请求报文或应答报文中任何一个丢失都将造成该进程永久挂起。事实上,UDP客户-服务器应用的一个基本问题就是对现实世界中的此类错误缺少健壮性。在本节的末尾将对这个问题做更详细的讨论。

在头文件cliserv.h中，我们将SA定义为struct sockaddr*，即指向一般的插口地址结构的指针。每当有一个插口函数需要一个指向插口地址结构的指针时，该指针必须被置为指向一个一般性插口地址结构的指针。这是由于插口函数先于ANSI C标准出现，在20世纪80年代早期开发插口函数的时候，void*(空类型)指针类型尚不可用。问题是，"struct sockaddr*"总共有17个字符，这经常使这一行源代码超出屏幕(或书本页面)的右边界，因此我们将其缩写成SA。这个缩写是从BSD内核源代码中借用过来的。

图1-2给出了在本章所有程序中都包含的头文件cliserv.h。

```
                                                              —— cliserv.h
 1 /* Common includes and defines for UDP, TCP, and T/TCP
 2  * clients and servers */

 3 #include    <sys/types.h>
 4 #include    <sys/socket.h>
 5 #include    <netinet/in.h>
 6 #include    <arpa/inet.h>
 7 #include    <stdio.h>
 8 #include    <stdlib.h>
 9 #include    <string.h>
10 #include    <unistd.h>
11 #define REQUEST 400              /* max size of request, in bytes */
12 #define REPLY   400              /* max size of reply, in bytes */

13 #define UDP_SERV_PORT   7777     /* UDP server's well-known port */
14 #define TCP_SERV_PORT   8888     /* TCP server's well-known port */
15 #define TTCP_SERV_PORT  9999     /* T/TCP server's well-known port */

16    /* Following shortens all the type casts of pointer arguments */
17 #define SA  struct sockaddr *

18 void    err_quit(const char *,...);
19 void    err_sys(const char *,...);
20 int     read_stream(int, char *, int);
                                                              —— cliserv.h
```

图1-2 本章各程序中均包含的头文件cliserv.h

图1-3给出了相应的UDP服务器程序。

```
                                                              —— udpserv.c
 1 #include    "cliserv.h"

 2 int
 3 main()
 4 {                                     /* simple UDP server */
 5     struct sockaddr_in serv, cli;
 6     char    request[REQUEST], reply[REPLY];
 7     int     sockfd, n, clilen;

 8     if ((sockfd = socket(PF_INET, SOCK_DGRAM, 0)) < 0)
 9         err_sys("socket error");

10     memset(&serv, 0, sizeof(serv));
11     serv.sin_family = AF_INET;
12     serv.sin_addr.s_addr = htonl(INADDR_ANY);
13     serv.sin_port = htons(UDP_SERV_PORT);
```

图1-3 与图1-1的UDP客户程序对应的UDP服务器程序

```
14        if (bind(sockfd, (SA) &serv, sizeof(serv)) < 0)
15            err_sys("bind error");

16        for (;;) {
17            clilen = sizeof(cli);
18            if ((n = recvfrom(sockfd, request, REQUEST, 0,
19                            (SA) &cli, &clilen)) < 0)
20                err_sys("recvfrom error");

21            /* process "n" bytes of request[] and create reply[] ... */

22            if (sendto(sockfd, reply, REPLY, 0,
23                        (SA) &cli, sizeof(cli)) != REPLY)
24                err_sys("sendto error");
25        }
26 }
```
─── *udpserv.c*

图1-3　(续)

5. 创建UDP插口和绑定本机地址

8-15　调用socket函数创建一个UDP插口,并在其Internet插口地址结构中填入服务器的本机地址。这里本机地址设置为通配符(INADDR_ANY),这意味着服务器可以从任何一个本机接口接收数据报(假设服务器是多宿主的,即可以有多个网络接口)。端口号设为服务器的知名端口(UDP_SERV_PORT),该常量也在前面讲过的头文件cliserv.h中定义。本机IP地址和知名端口用bind函数绑定到插口上。

6. 处理客户请求

16-25　接下来,服务器程序就进入一个无限循环:等待客户程序的请求到达(recvfrom),处理该请求(我们只用一行注释来表示处理动作),然后发出应答(sendto)。

这只是最简单的UDP客户-服务器应用。实际中常见的例子是域名服务系统(DNS)。DNS客户(称作解析器)通常是一般客户应用程序(例如,Telnet客户、FTP客户或WWW浏览器)的一个部分。解析器向DNS服务器发出一个UDP数据报,查询某一域名对应的IP地址。服务器发回的应答通常也是一个UDP数据报。

如果观察客户向服务器发送请求时双方交换的分组,我们就会得到图1-4这样的时序图,页面上时间自上而下递增。服务器程序先启动,其行为过程给在图1-4的右半部,客户程序稍后启动。

我们分别来看客户和服务器程序中调用的函数及其相应内核执行的动作。在对socket函数的两次调用中,上下紧挨着的两个箭头表示内核执行请求的动作并立即返回。在调用sendto函数时,尽管内核也立即返回,但实际上已经发出了一个UDP数据报。为简明起见,我们假设客户程序的请求和服务器程序的应答所生成的IP数据报的长度都小于网络的最大传输单元(MTU),IP数据报不必分段。

在这个图中,有两次调用recvfrom函数使进程睡眠,直到有数据报到达才被唤醒。我们把内核中相应的例程记为sleep和wakeup。

最后,我们还在图中标出了事务所耗费的时间。图1-4的左侧标示的是客户端测得的事务时间:从客户发出请求到收到服务器的应答所经历的时间。组成这段事务时间的数值标在图的右侧:RTT + SPT,其中RTT是网络往返时间,SPT是服务器处理客户请求的时间。UDP客户-服务器事务的最短时间就是RTT + SPT。

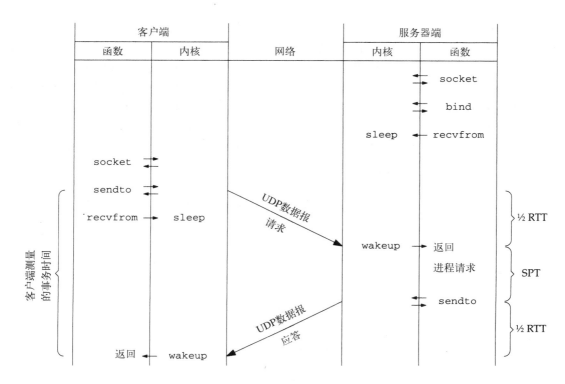

图1-4 UDP客户-服务器事务的时序图

尽管没有明确说明，但我们已经假设从客户到服务器的路径需要½ RTT时间，返回的路径又需½ RTT时间。但实际情况并非总是如此。据对大约600条Internet路径的研究[Paxson 1995b]发现：30%的路径呈现明显的不对称性，这说明两个方向上的路由经过了不同的站点。

我们的UDP客户-服务器看起来非常简洁（每个程序只有大约30行有关网络的源代码），但在实际环境中应用还不够健壮。由于UDP是不保证可靠的协议，数据报可能会丢失、失序或重复，因此实用的应用程序必须处理这些问题。这通常是在客户程序调用recvfrom时设置一个超时定时器，用以检测数据报的丢失，并重传请求。如果要使用超时定时器，客户程序就要测量RTT并动态更新，因为互联网上的RTT会在很大范围内变化，并且变化很快。但如果是服务器的应答丢失，而不是请求，那么服务器就要再次处理同一个请求，这可能会给某些服务带来问题。解决这个问题的办法之一是，让服务器将每个客户最近一次请求的响应暂存起来，必要时重传这个应答，而不需要再次处理这个请求。最后，典型的情况是，客户向服务器发送的每个请求中都有一个不同的标识，服务器把这个标识在响应中传回来，使客户能把请求和响应匹配起来。在参考书[Stevens 1990]的 8.4节中给出了UDP上的客户-服务器处理这些问题的源代码细节，但这将在程序中增加大约500行源代码。

一方面，许多UDP应用程序都通过执行所有这些额外步骤(超时机制、RTT值测量、请求标识，等等)来增加可靠性；另一方面，随着新的UDP应用程序不断出现，这些步骤也在不断地推陈出新。参考书[Patridge 1990b]中指出，"为了开发'可靠的UDP应用程序'，你要有状态信息(序列号、重传计数器和往返时间估计器)，原则上你要用到当前TCP连接块中的全部信息。因此，构筑一个'可靠的UDP'，本质上和开发TCP一样难"。

有些应用程序并不实现上面所述的所有步骤：例如在接收时使用超时机制，但并不测量RTT值，当然更不会动态地更新RTT值。这样，当应用程序从一个环境(比如局域网)移植到另一个环境(比如广域网)中应用时，就可能会引发一些问题。比较好的解决办法是用TCP而不是用UDP，这样就可以利用TCP提供的所有可靠传输特性。但是这种办法会使客户端测得的事务时间由RTT + SPT增加到2×RTT + SPT(见下一节)，而且还会大大增加两个系统之间交换的分组数目。对付这些新的问题也有一个办法，即用T/TCP取代TCP，我们将在1.4节中对此进行讨论。

1.3 TCP上的客户-服务器

下一个例子是TCP上的客户-服务器事务应用。图1-5给出了客户程序。

————————————————————————————————————— *tcpcli.c*
```
 1 #include      "cliserv.h"
 2 int
 3 main(int argc, char *argv[])
 4 {                                      /* simple TCP client */
 5     struct sockaddr_in serv;
 6     char    request[REQUEST], reply[REPLY];
 7     int     sockfd, n;
 8     if (argc != 2)
 9         err_quit("usage: tcpcli <IP address of server>");
10     if ((sockfd = socket(PF_INET, SOCK_STREAM, 0)) < 0)
11         err_sys("socket error");
12     memset(&serv, 0, sizeof(serv));
13     serv.sin_family = AF_INET;
14     serv.sin_addr.s_addr = inet_addr(argv[1]);
15     serv.sin_port = htons(TCP_SERV_PORT);
16     if (connect(sockfd, (SA) &serv, sizeof(serv)) < 0)
17         err_sys("connect error");
18     /* form request[] ... */
19     if (write(sockfd, request, REQUEST) != REQUEST)
20         err_sys("write error");
21     if (shutdown(sockfd, 1) < 0)
22         err_sys("shutdown error");
23     if ((n = read_stream(sockfd, reply, REPLY)) < 0)
24         err_sys("read error");
25     /* process "n" bytes of reply[] ... */
26     exit(0);
27 }
```
————————————————————————————————————— *tcpcli.c*

图1-5 TCP事务的客户程序

1. 创建TCP插口和连接到服务器

10-17 调用socket函数创建一个TCP插口，然后在Internet插口地址结构中填入服务器的IP地址和端口号。对connect函数的调用启动TCP的三次握手过程，在客户和服务器之间建立起连接。卷1的第18章给出了TCP连接建立和释放过程中交换分组的详细情况。

2. 发送请求和半关闭连接

19-22 客户的请求是用write函数发给服务器的。之后客户调用shutdown函数(函数的第2

个参数为1)关闭连接的一半,即数据流从客户向服务器的方向。这就告知服务器客户的数据已经发完了:从客户端向服务器传递了一个文件结束的通知。这时有一个设置了FIN标志的TCP报文段发给服务器。客户此时仍然能够从连接中读取数据——只关闭了一个方向的数据流。这就叫作TCP的半关闭(half-close)。卷1的18.5节给出了有关细节。

3. 读取应答

23-24 读取应答是由函数read_stream完成的,如图1-6所示。由于TCP是一个面向字节流的协议,没有任何形式的记录定界符,因而从服务器端TCP传回的应答可能会包含在多个TCP报文段中。这也就可能会需要多次调用read函数才能传递给客户进程。而且我们知道,当服务器发送完应答后就会关闭连接,使得TCP向客户端发送一个带FIN的报文段,在read函数中返回一个文件结束标志(返回值为0)。为了处理这些细节问题,在read_stream函数中不断调用read函数直到接收缓存满或者read函数返回一个文件结束标志。read_stream函数的返回值就是读取到的字节数。

```
                                                          ———— readstream.c
 1  #include    "cliserv.h"

 2  int
 3  read_stream(int fd, char *ptr, int maxbytes)
 4  {
 5      int     nleft, nread;

 6      nleft = maxbytes;
 7      while (nleft > 0) {
 8          if ((nread = read(fd, ptr, nleft)) < 0)
 9              return (nread);      /* error, return < 0 */
10          else if (nread == 0)
11              break;               /* EOF, return #bytes read */
12          nleft -= nread;
13          ptr += nread;
14      }
15      return (maxbytes - nleft);  /* return >= 0 */
16  }
                                                          ———— readstream.c
```

图1-6 read_stream函数

还有一些别的方法可以在类似TCP这样的流协议中给记录定界。许多Internet应用程序(FTP、SMTP、HTTP和NNTP)使用回车和换行符来标记记录的结束。其他一些应用程序(DNS、RPC)则在每个记录的前面加上一个定长的记录长度字段。在我们的例子中,利用了TCP的文件结束标志(FIN),因为在每次事务中客户只向服务器发送一个请求,而服务器也只发回一个应答。FTP也在其数据连接中采用这项技术,告知对方文件已经结束。

图1-7给出的是TCP的服务器程序。

```
                                                          ———— tcpserv.c
 1  #include    "cliserv.h"

 2  int
 3  main()
 4  {                                   /* simple TCP server */
 5      struct sockaddr_in serv, cli;
 6      char    request[REQUEST], reply[REPLY];
```

图1-7 TCP事务的服务器程序

```
7      int     listenfd, sockfd, n, clilen;

8      if ((listenfd = socket(PF_INET, SOCK_STREAM, 0)) < 0)
9          err_sys("socket error");

10     memset(&serv, 0, sizeof(serv));
11     serv.sin_family = AF_INET;
12     serv.sin_addr.s_addr = htonl(INADDR_ANY);
13     serv.sin_port = htons(TCP_SERV_PORT);

14     if (bind(listenfd, (SA) &serv, sizeof(serv)) < 0)
15         err_sys("bind error");

16     if (listen(listenfd, SOMAXCONN) < 0)
17         err_sys("listen error");

18     for (;;) {
19         clilen = sizeof(cli);
20         if ((sockfd = accept(listenfd, (SA) &cli, &clilen)) < 0)
21             err_sys("accept error");

22         if ((n = read_stream(sockfd, request, REQUEST)) < 0)
23             err_sys("read error");

24         /* process "n" bytes of request[] and create reply[] ... */

25         if (write(sockfd, reply, REPLY) != REPLY)
26             err_sys("write error");

27         close(sockfd);
28     }
29 }
```
tcpserv.c

图1-7 (续)

4. 创建监听用TCP插口

8-17 用于创建一个TCP插口，并将服务器的知名端口绑定到该插口上。与UDP服务器一样，TCP服务器也将通配符作为其IP地址。调用listen函数将新创建的插口作为监听插口，用于等待客户端发起的连接。listen函数的第二个参数规定了允许的最大挂起连接数，内核要为该插口将这些连接进行排队处理。

SOMAXCONN在头文件<sys/socket.h>中定义。其数值过去一直都取5，但现在有一些比较新的系统将其定为10。对于一些很繁忙的服务器(例如Web服务器)，已经发现需要取更大的值，比如256或1024。在14.5节中我们还将对此问题进行更多的讨论。

5. 接受连接和处理请求

18-28 服务器进程调用accept函数后就进入阻塞状态，直到有客户进程调用connect函数而建立起一个连接。函数accept返回一个新的插口描述符sockfd，代表与客户和服务器之间所建立的连接。服务器调用函数read_stream读取客户的请求(图1-6)，再调用write函数向客户发送应答。

这是一个反复循环的服务器：把当前的客户请求处理完毕后才又调用accept去接受另一个客户的连接。并发服务器可以并行地处理多个客户请求(即同时处理)。在Unix的主机上实现并发服务器的常用技术是：在accept函数返回后，调用Unix的fork函数创建一个子进程，由子进程处理客户的请求，父进程则紧接着又调用accept去接受别的客户连接。实现并发服务器的另一项技术是为每个新建立的连接创建一个线程(叫作轻量进程)。为了避免那些与网络无关的进程控制函数把例子搞复杂,我们只给出了反复循环的服务器。参考书[Stevens 1992]的第4章讨论比较了循环服务器和并发服务器。

还有第三个选择是采用预分支服务器。即服务器启动时连续调用fork函数数次,并让每个子进程都在同一个监听插口描述符上调用accept函数。这种办法节省了为每个客户的连接请求临时创建子进程的时间开销,这对于繁忙的服务器来说,是很大的节省。有些HTTP服务器就采用了这项技术。

图1-8给出了TCP上客户−服务器事务的时序图。我们首先注意到,与图1-4中UDP上的事

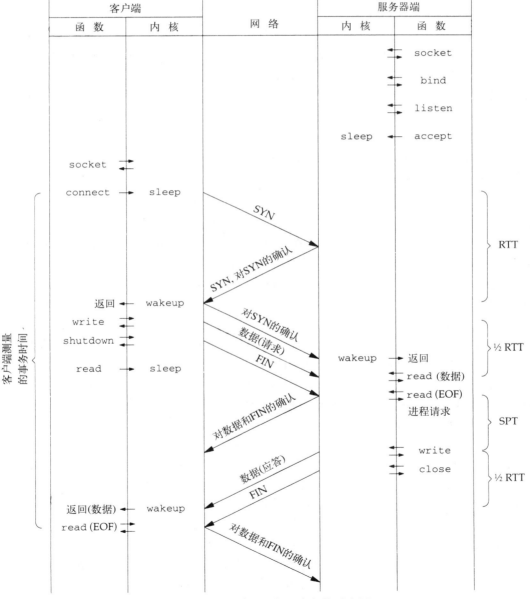

图1-8 TCP上客户−服务器事务的时序图

务相比，网络上交换的分组数增加了：TCP上事务的分组数是9，而UDP上的则是2。采用TCP后，客户端测量的事务时间是不少于2 × RTT + SPT。通常，中间三个从客户到服务器的报文段(对服务器SYN的ACK、请求以及客户的FIN)是紧密相连的；后面两个从服务器到客户的报文段(服务器的应答和FIN)也是紧密相连的。这使实际事务时间比从图1-8中看到的更接近2 × RTT + SPT。

本例中多出来的一个RTT源于TCP连接建立的时间开销：图1-8中前两个报文段所花的时间。如果TCP可以把建连和发送客户数据以及客户FIN(图中客户端发出的前四个报文段)合起来，再把服务器的应答和FIN合起来，事务时间就又可以回到RTT + SPT了，这与UDP的一样。事实上，这就是T/TCP中采用的基本技巧。

6. TCP的TIME_WAIT状态

TCP要求，首先发出FIN的一端(我们的例子中是客户)，在通信双方都完全关闭连接之后，仍然要保持在TIME_WAIT状态直至两倍的报文段最大生存时间(MSL)。MSL的建议值是120秒，也即处于TIME_WATE状态要达到4分钟。当连接处于TIME_WAIT状态时，同一连接(即客户IP地址和端口号，以及服务器IP地址和端口号这4个值相同)不能重复打开(我们在第4章中还要更多地讨论TIME_WAIT状态)。

> 许多基于伯克利代码的TCP实现，在TIME_WAIT状态的保持时间仅仅为60秒，而不是RFC 1122 [Braden 1989]中指定的240秒。在本书的所有计算中，我们还是假定正确的等待周期为240秒。

在我们的例子中，客户端首先发出FIN，这称为主动关闭，因而TIME_WAIT状态出现在客户端。在这个状态延续期内，TCP要为这个已经关闭的连接保留一定的状态信息，以便能正确处理那些在网络中延迟一段时间、在连接关闭之后到达的报文段。同样，如果最后一个ACK丢失了，服务器将重传FIN，使客户端重传最后的ACK。

其他一些应用程序，特别是WWW中的HTTP，要求客户程序发送一个专门的命令来指示已经将请求发送完毕(而不是像我们的客户程序那样采用半关闭连接的办法)；接着服务器就发回应答，紧接着就是服务器的FIN。然后客户程序再发出FIN。这样做与前面所述的不同之处在于，现在的TIME_WAIT状态出现在服务器端而不是客户端。对许多客户访问的繁忙服务器来说，需要保留的状态信息会占用服务器的大量内存。因此，当设计一个事务性客户－服务器应用程序时，让连接的哪一端关闭后进入TIME_WAIT状态值得仔细斟酌。我们还将看到，T/TCP可以让TIME_WAIT状态的延续时间从240秒减少到大约12秒。

7. 减少TCP中的报文段数

像图1-9所示的那样，把数据和控制报文段合并起来可以减少图1-8中所示的TCP报文段数。请注意，这里的第一个报文段中包含有SYN、数据和FIN，而不像图1-8中那样仅仅是SYN。类似地，服务器的应答和服务器的FIN也可以合并。虽然这样的分组序列也符合TCP的规定，但是作者无法在应用程序中利用现有的插口API使TCP产生这样的报文段序列(因此才在图1-9中客户端产生第一个报文段时和服务器端产生最后一个报文段时标上问号)；而且据作者所知，也没有哪一个应用程序确实生成了这样的报文段序列。

值得一提的是，尽管我们把报文段的数目由9减少到了5，但客户端观测的事务依然是2 × RTT + SPT。这是因为TCP中规定，服务器端的TCP在三次握手结束之前不能向服务器进程提交数据(卷2的27.9节说明了TCP是如何在连接建立之前将到达的数据进行排队缓存的)。加上

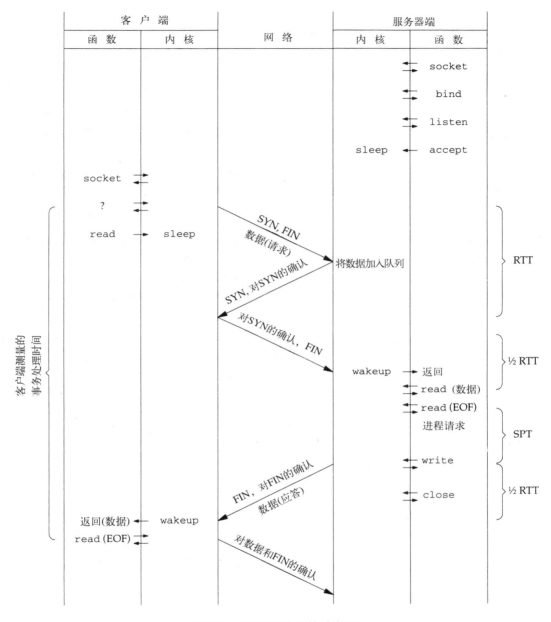

图1-9 最少TCP事务的时序图

这种限制的原因是服务器必须确信来自客户的SYN是"新的",即不是以前某次连接的SYN在网络中延迟一段时间后到达服务器端的。确认过程是这样的:服务器对客户发送的SYN发送确认,再发出自己的SYN,然后等待客户对该SYN的确认。当三次握手完成之后,通信双方就都知道对方的SYN是新的。由于在三次握手结束之前服务器无法开始处理客户的请求,故分组数的减少并没有缩短客户端测得的事务时间。

下面这段话引自RFC 1185 [Jacobson, Braden, and Zhang 1990]的附录:"注意:使连接能够尽快重复利用是早期TCP开发的重要目标。之所以有这样的要求是因为当时人们希望TCP既是应用层事务协议的基础，同时也是面向连接协议的基础。当时讨论中甚至把既包含SYN和FIN比特，同时又包含数据的报文段叫作'圣诞树'报文段和'Kamikaze(敢死队)'报文段。但这种热情很快就被泼了冷水，因为人们发现，三次SYN握手和FIN握手意味着一次数据交换至少需要5个分组。而且，TIME_WAIT状态的延续说明同一个连接不可能马上再次打开。于是，再没有人在这个领域做进一步的研究，尽管现在的某些应用程序(比如简单邮件传输协议(SMTP))经常会产生很短的会话。人们一般都可以采用为每个连接选用不同的端口对的办法来避开重用问题"。

RFC 1379 [Braden 1992b]中写道："这些'Kamikaze(敢死队)'报文段不是作为一种支持的服务来提供，而是主要用来搞垮其他实验性的TCP！"

作为一个实验，作者编写了一个测试程序，这个程序把SYN与数据和FIN在一个报文段中发出去，即图1-9中的第一个报文段。该报文段发给8个不同版本Unix的标准echo服务器(卷1的1.12节)，再用Tcpdump观察所交换的数据。其中的7个(4.4BSD、AIX 3.2.2、BSD/OS 2.0、HP-UX 9.01、IRIX System V.3、SunOS 4.1.3和System V Release 4.0)都能正确处理该报文段，另外一个(Solaris 2.4)则把随SYN一起传送的数据扔掉，迫使客户程序重传数据。

那7个系统中的报文段序列与图1-9所描绘的不尽相同。当三次握手结束后，服务器立刻就对客户的数据和FIN发出确认。另外，由于echo服务器无法把数据和FIN捆绑在一起(图1-9中的第四个报文段)发送，结果是发了两个报文段而不只是一个：应答和紧接其后的FIN。因此，报文段的总数是7而不是图1-9中所示的5。我们在3.7节中会进一步讨论与非T/TCP实现的兼容性问题，并给出一些Tcpdump的输出结果。

许多从伯克利演变而来的系统中，服务器无法处理接收到的报文段中只有SYN、FIN，而没有数据、ACK的情况。这个bug使得新创建的插口保持在CLOSE_WAIT状态直到主机重新启动。但这却是一个合法的T/TCP报文段：客户建立起了一个连接，没有发送任何数据，然后就关闭连接。

1.4 T/TCP上的客户-服务器

我们的T/TCP客户-服务器的源代码和上一节的TCP客户-服务器的源代码略有不同，以便能够利用T/TCP的优势。图1-10给出了T/TCP上的客户程序。

———————————————————————————————————— ttcpcli.c

```
1 #include    "cliserv.h"

2 int
3 main(int argc, char *argv[])
4 {                           /* T/TCP client */
5     struct sockaddr_in serv;
6     char    request[REQUEST], reply[REPLY];
7     int     sockfd, n;

8     if (argc != 2)
9         err_quit("usage: ttcpcli <IP address of server>");

10    if ((sockfd = socket(PF_INET, SOCK_STREAM, 0)) < 0)
11        err_sys("socket error");
```

图1-10 T/TCP上的事务客户程序

```
12      memset(&serv, 0, sizeof(serv));
13      serv.sin_family = AF_INET;
14      serv.sin_addr.s_addr = inet_addr(argv[1]);
15      serv.sin_port = htons(TCP_SERV_PORT);

16      /* form request[] ... */

17      if (sendto(sockfd, request, REQUEST, MSG_EOF,
18                  (SA) &serv, sizeof(serv)) != REQUEST)
19          err_sys("sendto error");

20      if ((n = read_stream(sockfd, reply, REPLY)) < 0)
21          err_sys("read error");

22      /* process "n" bytes of reply[] ... */

23      exit(0);
24  }
```
—— *ttcpcli.c*

图1-10 （续）

1. 创建TCP插口

10-15　对socket函数的调用与TCP上的客户程序一样，在Internet插口地址结构中同样也填入服务器的IP地址和端口号。

2. 向服务器发送请求

17-19　T/TCP上的客户程序不调用connect函数，而是直接调用标准的sendto函数，该函数向服务器发送请求，同时与服务器建立起连接。此外，我们还用sendto函数的第4个参数指定了一个新的标志MSG_EOF，用以告诉系统内核数据已经发送完毕。这样做就相当于图1-5中的调用shutdown函数，向服务器发送一个FIN。MSG_EOF标志是T/TCP实现中新加入的，不要把它与MSG_EOR标志混淆，后者是基于记录的协议(比如OSI的运输层协议)中用来标志记录结束的。我们将在图1-12中看到，调用sendto函数的结果是客户端的SYN、客户的请求以及FIN都包含在一个报文段中发送出去。换言之，调用一个sendto函数就实现了connect、write和shutdown三个函数的功能。

3. 读服务器的应答

20-21　读服务器的应答还是用read_stream函数，与前文讨论过的TCP上的客户程序一样。

　　图1-11所示的是T/TCP上的服务器程序。

—— *ttcpserv.c*
```
1 #include    "cliserv.h"

2 int
3 main()
4 {                                   /* T/TCP server */
5      struct sockaddr_in serv, cli;
6      char    request[REQUEST], reply[REPLY];
7      int     listenfd, sockfd, n, clilen;

8      if ((listenfd = socket(PF_INET, SOCK_STREAM, 0)) < 0)
9          err_sys("socket error");
```

图1-11　T/TCP上的事务服务器程序

```
10        memset(&serv, 0, sizeof(serv));
11        serv.sin_family = AF_INET;
12        serv.sin_addr.s_addr = htonl(INADDR_ANY);
13        serv.sin_port = htons(TCP_SERV_PORT);

14        if (bind(listenfd, (SA) &serv, sizeof(serv)) < 0)
15            err_sys("bind error");

16        if (listen(listenfd, SOMAXCONN) < 0)
17            err_sys("listen error");

18        for (;;) {
19            clilen = sizeof(cli);
20            if ((sockfd = accept(listenfd, (SA) &cli, &clilen)) < 0)
21                err_sys("accept error");

22            if ((n = read_stream(sockfd, request, REQUEST)) < 0)
23                err_sys("read error");

24            /* process "n" bytes of request[] and create reply[] ... */

25            if (send(sockfd, reply, REPLY, MSG_EOF) != REPLY)
26                err_sys("send error");

27            close(sockfd);
28        }
29   }
```
—— *ttcpserv.c*

图1-11 （续）

这个程序与图1-7中TCP上的服务器程序几乎完全一样：对`socket`函数、`bind`函数、`listen`函数、`accept`函数和`read_stream`函数的调用都一模一样。唯一的不同在于T/TCP上的服务器发送应答时调用的是`send`函数，而不是`write`函数。这样就可以设置`MSG_EOF`标志，从而可以将服务器的应答和服务器的FIN合并在一起发送。

图1-12所示的是T/TCP上客户–服务器事务的时序图。

T/TCP上的客户测量到的事务时间和UDP上的几乎一样(图1-4)：RTT + SPT。我们估计T/TCP上的时间会比UDP上的时间稍长一点，因为TCP需要处理的事情比UDP要多一些，而且通信双方都要执行两次`read`操作分别读数据和文件结束标志(而UDP环境下双方都只要调用一次`recvfrom`函数即可)。但是双方主机上这一段额外的处理时间比一次网络往返时间RTT要小得多(我们在1.6节中给出了一些测试数据，用来比较UDP、TCP和T/TCP上的客户-服务器事务的差别)。由此我们可以得出结论：T/TCP上的事务时间要比TCP上的事务小大约一次网络往返时间RTT。T/TCP中省下来的这个RTT来自于TAO，即TCP加速打开(TCP Accelerated Open)。这种方式跳过了三次握手的过程。下面两章中我们将说明其实现方法，在4.5节中我们还将证明这样做的正确性。

UDP上的事务需要两个分组来传送，T/TCP上的事务需要3个分组，而TCP上的事务则需要9个分组(这些数字的前提是没有分组丢失)。因此，T/TCP不仅缩短了客户端的事务处理时间，而且也减少了网络上传送的分组数。我们希望减少网络上的分组数，因为路由器往往受限于它们可以转发的分组数，而不是每个分组的长度。

概括地讲，T/TCP以一个额外的分组和可以忽略的延续时间为代价，同时具有了可靠性和适应性这两个对网络应用至关重要的特性。

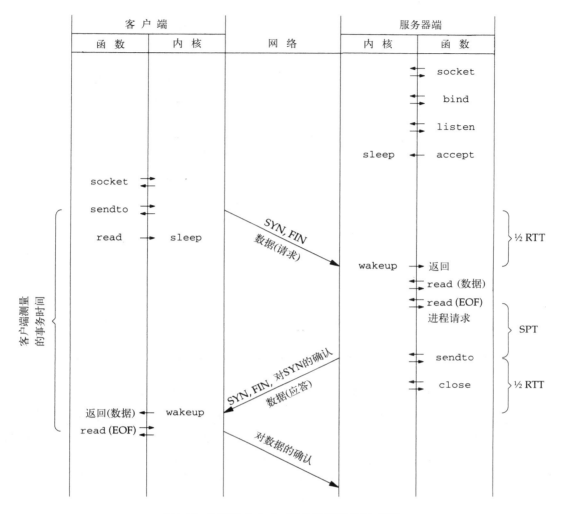

图1-12 T/TCP上客户−服务器事务的时序图

1.5 测试网络

图1-13画出了用于验证本书所有例子的测试网络。

书中大多数的示例程序都运行在laptop和bsdi这两个系统上，它们都支持T/TCP协议。图1-13中所有的IP地址都属于B类子网140.252.0.0。所有主机的名字都属于tuc.noao.edu域。noao表示"国家光学空间观测站"，tuc表示Tucson。图中每个方框上部的记号表示在该系统运行的操作系统。

1.6 时间测量程序

我们可以分别测量三种客户−服务器事务的时间，并比较其测量结果。我们要对客户程序做如下改动：

• 在图1-1所示的UDP上的客户程序中，我们在即将调用sendto函数前和recvfrom函数

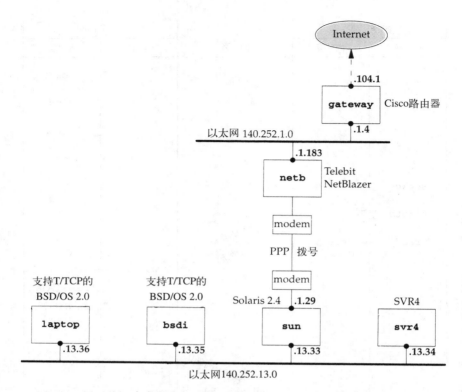

图1-13　用于验证本书所有例子的测试网络，所有IP地址都以140.252打头

刚刚返回后分别读取当前系统时间。这两个时间的差值即为客户端测得的事务时间。

- 在图1-5所示的TCP上的客户程序中，我们在即将调用connect函数前和read_stream函数刚刚返回后分别读取当前系统时间。
- 在图1-10所示的T/TCP上的客户程序中，我们取当前的系统时间为即将调用sendto函数前和read_stream函数刚刚返回后。

图1-14给出了以14种不同长度的请求和应答分别测得的结果。客户和服务器分别为图1-13中的bsdi和laptop。附录A中给出了这些测量的细节，并分析了影响结果的因素。

T/TCP上的事务时间总是比同样条件下的UDP上的事务时间要长几毫秒(这个时间差是由软件造成的，会随着计算机速度的提高而缩短)。T/TCP协议栈比UDP协议栈所做的操作要多(图A-8)，T/TCP上的客户和服务器要分别调用两次read函数，而UDP上的客户和服务器则只需分别调用一次recvfrom函数。

TCP上的事务时间总是比相同条件下T/TCP上的事务时间要长大约20 ms。造成这一结果的部分原因是：TCP建立连接时的三次握手。两个SYN报文段的长度是44字节(20字节的IP首部、20字节的标准TCP首部和4字节的TCP MSS选项)。这相当于用户数据为16字节的Ping；从图A-3可知，其网络往返时间RTT大约为10 ms。另外10 ms的差值可能是因为TCP协议需要处理额外6个TCP报文段造成的。

因此我们可以得出结论：T/TCP上的事务时间接近UDP上的事务时间，但比后者略大，比TCP上的事务时间短至少相当于一个44字节报文段的网络往返时间。

就客户端测量的事务时间而言，用T/TCP取代TCP带来的好处依赖于RTT和SPT之间的关系。比如，在一个局域网上的RTT为3 ms(如图A-2)，服务器的平均处理时间为500 ms，那么TCP上的事务时间大约为506 ms(2×RTT+SPT)，而T/TCP的事务时间则大约为503 ms。但如果是一个网络往返时间RTT为200 ms的广域网(见14.4节)，服务器处理时间SPT的平均值为100 ms，那么TCP上和T/TCP上的事务时间就分别为大约500 ms和300 ms。我们已经看到，使用T/TCP所需传送的网络分组数少(从图1-8和图1-12的比较中看分别是3个和9个)，因此，不管客户端所测得的事务时间减少了多少，使用T/TCP总是能减少网络分组数。减少网络分组数就可以减少分组丢失的概率，而在Internet中，分组丢失对整个网络的稳定性有很大影响。

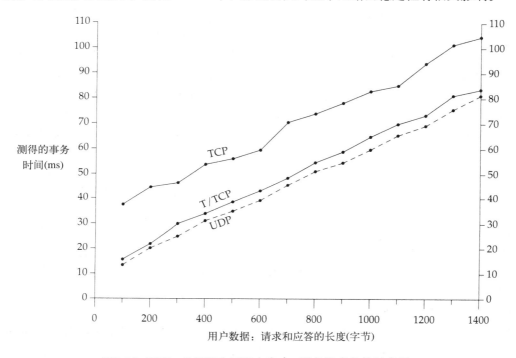

图1-14 UDP、T/TCP和TCP上客户－服务器事务的时序图

在A.3节里，我们介绍了传播时延和带宽的差异。这两者都对RTT有影响；但是当网络变快以后，传播时延的影响就变大了。此外，传播时延是我们几乎无法控制的，因为它的大小取决于客户和服务器之间的信号传播距离及光在介质中的传播速度。于是，在网络速率越来越快的条件下，省下一个RTT的时间就显得尤为可贵，使用T/TCP的好处相对也就越发明显。

现在可以公开获得并支持T/TCP的用于测量网络性能的工具：
http://www.cup.hp.com/netperf/netperfpage.html

1.7 应用

T/TCP给所有TCP上的应用程序带来的第一个好处就是可以缩短TIME_WAIT状态的持续时间。这样，一般情况下协议必须处理的控制块也跟着少了。4.4节详细介绍了T/TCP协议的这个特性。现在可以这样说：对于连接时间很短(典型值为小于2分钟)的所有TCP应用程序，如果通信双方的主机都支持T/TCP，它们都将因使用该协议而获益。

使用T/TCP的最大好处或许在于避免了三次握手过程，对于那些交换的数据量比较小的应用程序，T/TCP减少的时延将给它们带来好处。我们将给出几个例子来说明这一点(附录B谈到了利用T/TCP来避免三次握手过程要对应用程序做怎样的修改)。

1. WWW：超文本传输协议

WWW及其所依赖的HTTP协议(将在第13章介绍该协议)将可能大大地受益于T/TCP协议。参考书[Mogul 1995b]中指出："然而，构成Web应用传输时延的主要因素是网络通信……即便无法提高光的传播速度，但我们至少应该想办法减少一次交互过程中的往返传输次数。当前Web网中使用的超文本传输协议(HTTP)实际上造成了大量不必要的往返传输"。

比如，[Mogul 1995b]中对随机抽取的200 000个HTTP请求的统计发现，应答长度的中值为1770字节(通常使用中值而不使用均值，是因为很少出现的大文件会使均值变大)。Mogul 还引用了另一个例子。该例随机抽样了大约150万个请求，其应答的长度中值为958字节。客户的请求一般很短：在100~300字节之间。

典型的HTTP客户-服务器事务和图1-8所示的很相似。客户端主动打开，向服务器发出很短的请求，服务器收到请求后发出应答，然后服务器关闭连接。这种情况非常适于使用T/TCP协议，把客户端的SYN和客户的请求合并在一起传送以省去三次握手中的往返时间。这还会减少网络上的分组数，对于已经非常巨大的Web通信量来说也是很有意义的。

2. FTP数据连接

FTP数据连接也会从使用T/TCP协议中获益。从一项对Internet通信量的统计调查中，[Paxson 1994b]发现平均每个FTP数据连接所传输的数据量约为3000字节。卷1的第323页给出了FTP数据连接的一个例子。虽然例子中的数据流是单向的，但其传输过程还是与图1-12所示的十分相似。采用T/TCP后，图中的8个报文段减少到了3个。

3. 域名服务系统(DNS)

DNS客户的查询请求是用UDP传送到DNS服务器的。服务器仍然用UDP发送给客户的应答。但如果应答超过512字节，那么只有前512字节会在应答中返回给客户，同时在应答中有"truncated"(截断)标志，表示还有信息要传给客户。于是客户用TCP向服务器重新发送查询请求，而后服务器用TCP向客户传送完整的应答。

采用这项技术的原因是不能保证特定的主机能够重组长度超过576字节的IP数据报(实际上，许多UDP应用程序都把用户数据的长度限定在512字节以内，以保证不超过576字节的限制)。由于TCP是一个字节流协议，应答数据量再大也不会有问题。发送方TCP会根据连接建立时对等端声明的报文段最大长度(MSS)限制，把应用程序的应答数据分割成适当长度的报文段发给对方。接收方TCP会把这些报文段拼接起来，并以应用程序读取时指定的数据长度交给接收的应用程序。

DNS的客户和服务器可以利用T/TCP，既达到UDP的请求-应答速度，又具有TCP的所有好处。

4. 远程过程调用(RPC)

在所有论述将传输协议用于事务的论文中，无不将RPC作为一个候选的应用协议。RPC中客户要向载有待执行程序的服务器发送请求，请求中带有客户给定的参数；服务器的应答中包括过程执行后所返回的结果。参考书[Stevens 1994]的29.2节中讨论了Sun RPC。

RPC的数据包往往非常大，必须给RPC协议增加可靠性，使其能在像UDP这样不保证可靠性的协议上运行，同时还要避免TCP的三次握手。使用T/TCP协议就能实现这一目标，既有TCP的可靠性，又没有三次握手的开销。

所有建立在RPC基础上的应用程序，比如网络文件系统(NFS)等都可以采用T/TCP协议。

1.8 历史

RFC 938 [Miller 1985]是较早讲述事务的RFC文档之一。该文档中规定了IRTP，即：Internet可靠的事务协议，它能保证数据分组的可靠、按顺序提交。该文档中把事务定义为一个短小的、自包含的报文；而IRTF定义了任意两台主机(即IP地址)之间持续存在的优选连接，当其中任何一台主机重新启动后，该连接都会重新同步。IRTF协议位于IP协议之上，并定义了专门的8字节首部。

RFC 955 [Braden 1985]本质上并未规定任何协议，而只是给出了事务协议的一些设计准则。它认为UDP和TCP这两个主流的运输层协议所提供的业务相差太大，而事务协议正好填补了TCP和UDP之间的空档。该RFC文档把事务定义为一次简单的报文交换：一个请求发给服务器，然后一个应答发回到客户。它还认为各种事务都有如下特征：不对称的模式(一端是服务器，另一端是客户)、单工数据传递(任一时刻都只有一个方向有数据传输)、持续时间短(可能延续几十秒，但绝不可能几小时)、时延小、数据分组少以及面向报文(不是字节流)。

该RFC中列举了域名服务系统(DNS)的例子。它认为，在考虑是用UDP还是用TCP作为域名服务系统的运输层协议时，设计者往往陷入两难的境地。一个理想的解决方案应该既能提供可靠的数据传输，又不需要专门地建立和释放连接，不需要报文的分段和重组(从而使应用程序不再需要知道像576这样的神秘数字)，同时还能使两端的空闲状态所处时间最短。TCP什么都好，只可惜它需要建立和释放连接。

另一个相关的协议是RDP，即可靠数据协议。该协议在RFC 908 [Velten, inden, and Sax 1984]中定义，后来又更新为RFC 1151 [Patridge and Hinden 1990]。与RDP实现有关的经验在参考文献[Patridge 1987]中可以找到。参考文献[Patridge 1990a]中对RDP有如下评价："当人们寻求一个可靠的数据报协议时，他们通常是想要一个事务协议，一个能够让他们与多个远端系统可靠地交换数据单元的协议，一个类似于可靠UDP的协议。RDP应该看作是一个面向记录的TCP协议，它利用连接可靠地传输有格式数据块流。RDP并不是一个事务协议。"(RDP不是事务协议的理由是，它和TCP一样采用了三次握手技术。)

RDP使用通常的插口应用编程接口。与TCP类似，RDP提供流插口接口(SOCK_STREAM)。另外，RDP还提供SOCK_RDM插口类型(可靠的报文提交)和SOCK_SEQPACKET插口类型(有序的分组)。

VMTP，即通用报文事务协议，是在RFC 1045 [Cheriton 1998]中规定的，是一个专门用于事务的协议，就像远程过程调用一样。像IRTP和RDP那样，VMTP也是IP之上的运输层协议，但VMTP还支持多播通信，这个特性是T/TCP以及本节提到过的其他协议所不具备的(参考文献[Floyd et al. 1995]中有不同意见，他们认为提供可靠的多播通信是应用层的任务，而不是运输层的任务)。

VMTP还为应用程序提供不一样的应用编程接口，其插口类型为SOCK_TRANSACT。具体定义详见RFC 1045。

虽然T/TCP的许多概念早在RFC 955中就已经出现，但直到RFC 1379 [Braden 1992b]发布才正式有了T/TCP的第一个规范。该RFC文档定义了T/TCP的概念，接下来的RFC 1644 [Braden 1994]给出了更多细节，并讨论了一些实现问题。

图1-15比较了实现各种运输层协议分别都需要多少行C源代码。

协　　　议	源代码行数
UDP(卷2)	800
RDP	2 700
TCP(卷2)	4 500
T/TCP模式的TCP	5 700
VMTP	21 000

图1-15　实现各种运输层协议所需要的源代码行数

为支持T/TCP所需增加的源代码行数(大约1200行)是UDP协议源代码行数的1.5倍。为使4.4BSD支持多播通信，需要增加大约2000行源代码(设备驱动程序的改变和支持多播路由所需要的代码行数尚未计算在内)。

VMTP可以从`ftp://gregorio.stanford.edu/vmtp-ip`得到。RDP通常还无法得到。

1.9　实现

第一个T/TCP实现是由Bob Braden和Liming Wei在南加州大学的信息科学学院(USC ISI)完成的。该项工作得到了美国国家科学基金(NSF)的部分资助，批准号为 NCR-8922231。该实现是为SunOS 4.1.3(从伯克利演变而来的内核)做的，1994年9月就可以用匿名的FTP得到了。SunOS 4.1.3 的源代码补丁可以从`ftp://ftp.isi.edu/pub/braden/TTCP.tar.Z`得到，但你必须有SunOS内核的源代码才能应用这些补丁。

Twente大学(荷兰)的Andras Olah修改了USC ISI的实现，并于1995年3月将其在FreeBSD 2.0版中发布。FreeBSD 2.0中的网络代码是基于4.4BSD-Lite版的(卷2中有介绍)。图1-16给出了各种BSD版本的演变历程。与路由表(我们将在第6章中讨论)有关的所有工作都是由麻省理工学院(Massachusetts Institute of Technology)的Garrett Wollman完成的。FreeBSD实现的有关信息可以从`http://www.freebsd.org`得到。

本书作者把 FreeBSD实现移植到了BSD/OS 2.0内核(该内核也基于4.4BSD-Lite中的网络代码)中，也就是运行在主机`bsdi`和`laptop`(图1-13中)中的代码，本书从头至尾都用它们。为了支持T/TCP而对BSD/OS所做的修改可以从作者的个人主页里找到：`http://www.noao.edu/~rstevens`。

图1-16给出了各个BSD版本的演变历程，其中还标出了重要的TCP/IP特性。图中左边显示的是可以公开得到源代码的版本，其中有所有网络代码：协议本身、网络接口的内核例程以及许多应用程序和实用工具(比如Telnet和FTP)。

本书中所描述的T/TCP实现的基础软件的正式名称是4.4BSD-Lite，但我们一般简称其为Net/3。还要说明的是，可以公开得到的Net/3版本中不包括本书所述为支持T/TCP而做的修改。

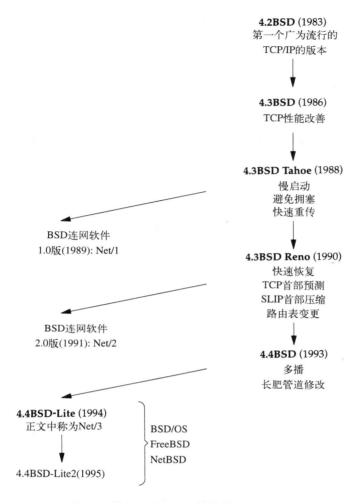

图1-16 带有重要TCP/IP特性的各种BSD发行版

当提到Net/3这个术语时，实际所指的就是这个不包含T/TCP的、可公开得到的版本。

4.4BSD-Lite2是1995年对4.4BSD-Lite的升级。从网络部分来看，从Lite到Lite2仅仅是解决了一些bug，以及少量的改进(比如我们将在14.9节中介绍的超时的持续探测)。我们给出了3个基于Lite代码的系统：BSD/OS、FreeBSD和NetBSD。本书所述全部都是基于Lite代码的，但所有以上的3个版本都应该在下一个主要版本中升级到Lite2。可以从下面的Walnut Creek CDROM站点得到含有Lite2版本的光盘：`http://www.cdrom.com`。

本书全书都将用"从伯克利演变而来的实现"这个术语指称厂商的实现，比如SunOS、SVR4(System V Release 4)和AIX，因为所有这些实现的TCP/IP代码最初都来自于伯克利源代码，它们之间有许多共同点，甚至连程序中的差错都相同！

1.10 小结

本章的目的是让读者相信T/TCP的确为许多实际中的网络应用问题提供了一个解决方案。我们从比较一个分别用UDP、TCP和T/TCP编写的、简单的客户-服务器程序开始。用UDP协议需要交换两个分组，用TCP需要9个，而用T/TCP需要3个。我们还发现，用T/TCP和用UDP时在客户端测得的事务时间相差无几。图1-14所示的时间测量结果证明了我们的结论。除了可以达到UDP的性能之外，T/TCP还具有可靠性和适应性，这两点都是对UDP的重大改进。

T/TCP因为避免了常规TCP中的三次握手而获得上述各种优点。为了利用这些优点，客户和服务器程序在应用T/TCP时必须对源代码做一些简单的改动，主要是在客户端用sendto函数代替connect、write和shutdown这3个函数。

在后面的3章中，我们将研究协议是如何工作的，同时还会研究更多的T/TCP应用例子。

第2章 T/TCP协议

2.1 概述

我们分两章(第2章和第4章)讨论T/TCP协议。这样,在深入研究T/TCP协议之前(第3章),我们可以先看一些应用T/TCP的例子。本章主要对协议应用技巧和实现中用到的变量做一个介绍。下一章我们学习一些T/TCP应用的示例程序。第4章结束我们对T/TCP协议的学习。

在第1章中我们已经看到了,当把TCP协议应用于客户-服务器事务时会存在两个问题:

1) 如图1-8所示,三次握手使客户端测得的事务时间额外多出一个RTT。
2) 由于客户进程主动关闭连接(即由客户进程首先发出FIN),因而在客户收到服务器的FIN后还要在TIME_WAIT状态滞留大约240秒。

TIME_WAIT状态和16位TCP端口号这两者结合起来限制了两台主机之间的最大事务速率。例如,如果同一台客户主机要不断地和同一台服务器主机进行事务通信,那么它要么每完成一次事务后等待240秒才开始下一个事务,要么为紧接着的事务选择另外一个端口号。但每240秒的时间内至多只能有64 512个端口(65 535减去1023个知名端口)可用,从而每秒最多也就只能处理268个事务。在RTT值为1~3ms的局域网上,实际上可能会超过这个速率。

而且,即使应用程序的事务速率低于这个速率——比如每240秒50 000次事务,当客户端处于TIME_WAIT状态时,协议还是需要控制块来保存连接的状态。卷2中给出的BSD实现中,每个连接都需要一个Internet协议控制块(84字节)、一个TCP控制块(140字节)和一个TCP/IP首部模板(40字节)。这样总共就需要13 200 000字节的内核存储空间。这个开销即便在内存不断扩大的今天依然显得大了些。

现在,T/TCP协议解决了这两个问题,采用的方法是绕过三次握手,并把TIME_WAIT状态的保持时间由240秒缩短到大约12秒。我们将在第4章中详细研究这两个特点。

T/TCP协议的核心称为TAO,即TCP加速打开,跳过了TCP的三次握手。T/TCP给主机建立的每个连接分配一个唯一的标识符,称为连接计数(CC)。每台T/TCP主机都要将不同主机对之间的最新连接计数CC保持一段时间。当服务器收到来自T/TCP客户的SYN时,如果其中携带的CC大于该主机对最新连接的CC,就保证这是一个新的SYN,于是就接受该连接请求,而不需要三次握手。这个过程称为TAO测试。如果测试失败,TCP还是用三次握手的老方法来确认当前这个SYN是否为新的。

2.2 T/TCP中的新TCP选项

T/TCP协议中有三个新的TCP选项。图2-1给出了目前TCP协议使用的所有选项。其中前3个出自最初的TCP协议规范,即RFC 793 [Postel 1981b]。而窗口宽度和时间戳则是在RFC 1323 [Jacobson, Braden, and Borman 1992]中定义的。最后三个选项(CC、CCnew和CCecho)则是T/TCP协议新引入的,在RFC 1644 [Braden 1994]中定义。最后这几个选项的使用规则如下:

1) CC选项在客户执行主动打开操作时发出的第一个SYN报文段中使用。它也可以在其他一些报文段中使用，但前提是对方发过来的SYN报文段中带有CC或CCnew选项。

2) CCnew选项只能在第一个SYN报文段中使用。当需要执行正常的三次握手操作时，客户端的TCP协议就使用CCnew选项而不用CC选项。

3) CCecho选项仅在三次握手过程中的第二个报文段中使用，通常由服务器发出该报文段，并携带有SYN和ACK。该报文段将CC或CCnew的值返回给客户，告知客户本服务器支持T/TCP协议。

本章以及下一章的例子中我们还会进一步讨论这些选项。

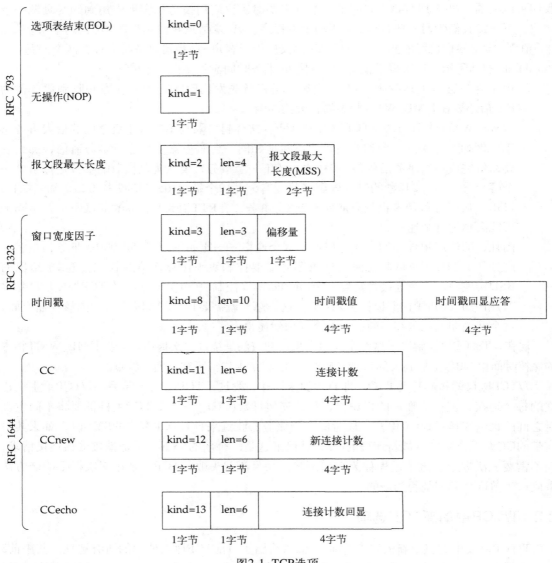

图2-1 TCP选项

不难发现，T/TCP的3个新选项均为6字节长。为了使这些选项继续按4字节定界(这在某些系统体系结构中有助于提高性能)，我们通常在这些选项的前面加上两个单字节的无操作(NOP)。

如果客户既支持RFC 1323，也支持T/TCP协议，这时客户发给服务器的第一个SYN报文段中的TCP选项如图2-2所示。我们特意给出了每个选项的类型值和长度值；NOP用阴影表示，其类型值(kind)为1。第二个选项是窗口宽度(Window Scale)，这里用"WS"标记。方格上方的数字是每个选项相对于选项字段起始的字节偏移量。TCP协议选项的最大长度为40字节，本例中的TCP选项共需28字节。从图中可以看出，采用NOP填充以后，所有4个4字节的值都符合4字节定界规则。

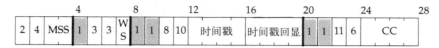

图2-2 同时支持RFC 1323和T/TCP的客户发给服务器的第一个SYN报文段的TCP选项

如果服务器既不支持RFC 1323，也不支持T/TCP协议，它发给客户带有SYN和ACK的应答中就只有报文段最大长度(MSS)选项。但如果服务器既支持RFC 1323，也支持T/TCP协议，那么它给客户的应答中将包含图2-3所示的TCP选项，总长为36字节。

图2-3 服务器对图2-2所示请求的应答中的TCP选项

由于CCecho选项总是和CC选项一起发送，因此T/TCP协议的设计本可以把这两个选项合二为一，从而为宝贵的TCP协议选项空间节省4字节。或者也可以这样，这种最坏的选项排列只在服务器给出SYN/ACK时出现，而它们的出现无论如何总要使TCP处理速度变慢的，因此索性连NOP字节也省去，则实际上可以节省7字节。

由于报文段的最大长度和窗口宽度选项只在SYN报文段中出现，而CCecho选项只在SYN/ACK报文段中出现，因此，如果连接两端都支持RFC 1323和T/TCP协议，则自此以后的报文段中也都只包含时间戳和CC选项，如图2-4所示。

图2-4 两端都支持RFC 1323和T/TCP时非SYN报文段所包含的TCP选项

可以看出，一旦连接建立，时间戳和CC选项给所有的TCP报文段都增加了20字节。

当讲到T/TCP协议时，我们常常用一般术语CC选项作为本节所引入的3个TCP选项的统称。

时间戳和CC选项带来了多大的额外开销呢？假设两台主机位于两个不同的网络上，报文段最大长度设为典型值512字节。要传递1MB的文件，如果没有这些选项，则需要1954个报文段；如果使用时间戳和CC选项，则需要2033个报文段，较前者增加了4%。如果报文段最大长度为1460字节，那么报文段数只增加了1.5%。

2.3 T/TCP 实现所需变量

T/TCP协议要求内核保存一些新增的信息，本节将对这些信息加以描述，后面几节将讨论如何使用这些新信息。

1) `tcp_ccgen`。这是一个32位的全局整型变量，记录待用的CC值。每当主机建立了一个连接，该变量的值就加1，无论是主动还是被动，也无论是否使用T/TCP协议。该变量永不为0。当变量渐渐增长时，如果又回到了0，那么就将其值置为1。

2) 每主机高速缓存(per-host cache)，其中包含了三个新变量，即tao_cc、tao_ccsent和tao_mssopt。该高速缓存也称为TAO高速缓存。我们将看到，T/TCP协议为每一个与之通信的主机创建一个路由表项，并把这些信息存储在路由表项中(把每主机高速缓存安排在路由表中是很方便的。当然也可以另开一张完全分离的表作为每主机高速缓存。T/TCP协议不需要对IP路由功能做任何改动)。在每主机高速缓存中创建一个新表项时，tao_cc和tao_ccsent必须初始化为0，表示它们尚未定义。

tao_cc记录的是最后一次从对应主机接收到且不含ACK的合法的SYN报文段(即主动打开连接)中的CC值。当T/TCP主机收到一个带有CC选项的SYN报文段时，如果CC选项的值大于tao_cc，那么主机就知道这是一个新的SYN报文段，而不是一个重复的老SYN，这样就可以跳过三次握手(TAO测试)。

tao_ccsent记录的是发给相应主机的最后一个不含ACK的SYN报文段(即主动打开连接)中的CC值。如果该值未定义(为0)，那么只有当对方发回一个CCecho选项，表示其可以使用T/TCP协议时，才将tao_ccsent设置为非0。

tao_mssopt是最后一次从相应主机接收到的报文段最大长度选项值。

3) 现有的TCP控制块中增加了3个新变量，即cc_send、cc_recv和t_duration。第1个变量记录的是该连接上发送的每一个报文段中的CC值，第2个变量记录的是希望对方发来的报文段中所携带的CC值，最后一个变量则用来记录连接已经建立了多长时间(以系统的时钟滴答计算)。当连接主动关闭时，如果该时间计数器显示的连接持续时间小于报文段最大生存时间(MSL)，则TIME_WAIT状态将被截断。我们在4.4节中将更详细地讨论这个问题。

我们在图2-5中给出这些新变量。在后续章节讲T/TCP协议实现时就用这些变量。

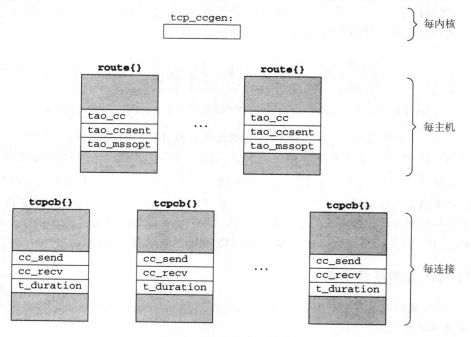

图2-5 T/TCP实现中的变量

在这个图中，我们用{ }表示结构。图中的TCP控制块是一个tcpcb结构。所有TCP协议的实现都必须为其中的连接保存并维护一个控制块，控制块的形式可以多样，但必须包含特定连接的所有变量。

2.4 状态变迁图

TCP协议的工作过程可以用图2-6所示的状态变迁图来描述。大多数状态变迁图都把状态变迁时发送的报文段标在变迁线的边上。例如，从CLOSED状态到SYN_SENT状态的变迁就标明发送了一个SYN报文段。在图2-6中则没有采用这种标记方法，而是在每个状态框中标出处于该状态时要发送的报文段类型。例如，当处于SYN_RECV状态时，要发出一个带有SYN的报文段，其中还包括对所收到SYN的确认(ACK)。而当处于CLOSE_WAIT状态时，要发出对所收到FIN的确认(ACK)。

我们之所以要这样做，是因为在T/TCP协议中我们经常需要处理可能造成多次状态变迁的报文段。于是在处理一个报文段时，重要的是处理完报文段后连接所处的最终状态，因为它决定了应答的内容。而如果不使用T/TCP协议，每收到一个报文段通常至多只引起一次状态变迁，只有在收到SYN/ACK报文段时才是例外，很快我们就要讨论这个问题。

与RFC 793 [Postel 1981b]中的TCP协议状态变迁图相比，图2-6还有另外一些不同之处。

- 在RFC 793的状态变迁图中，当应用程序发送数据时，会有从LISTEN状态到SYN_SENT状态的变迁。但实际上典型的API很少提供这种功能。
- RFC 1122 [Braden 1989]中描绘了一个直接从FIN_WAIT_1状态到TIME_WAIT状态的变迁，这发生在收到了一个带有FIN和对所发FIN的确认(ACK)的报文段时。但是当收到这样一个报文段时，通常都是先处理ACK使状态变迁到FIN_WAIT_2，接着再处理FIN，并变迁到TIME_WAIT状态。因此，图2-6也能正确处理这样的报文段。这就是收到一个报文段导致两次状态变迁的例子。
- 除了SYN_SENT之外的所有状态都发送ACK(端点处于LISTEN状态时，则什么也不发送)。这是因为发送ACK是不受条件限制的：标准TCP报文段的首部总是留有ACK的位置。因此，TCP总是确认已接收到的报文段最高序列号(加1)，只有在处理主动打开(SYN_SENT)的SYN报文段和一些重建(RST)报文段时才例外。

TCP输入的处理顺序

TCP协议收到报文段时，对其中所携带的各种控制信息(SYN、FIN、ACK、URG和RST标志，还可能有数据和选项)的处理顺序不是随意的，也不是各种实现可以自行决定的。RFC 793中对处理顺序有明确的规定。图11-1对这些步骤做了一个小结，该小结同时也用黑体标明了T/TCP中所做的改动。

例如，当T/TCP客户收到一个携带有SYN、数据、FIN和ACK的报文段时，协议首先处理的是SYN(因为此时的插口还处于SYN_SENT状态)，接着是ACK标志，再接着是数据，最后才是FIN。三个标志中的任何一个都有可能引起相应插口的连接状态改变。

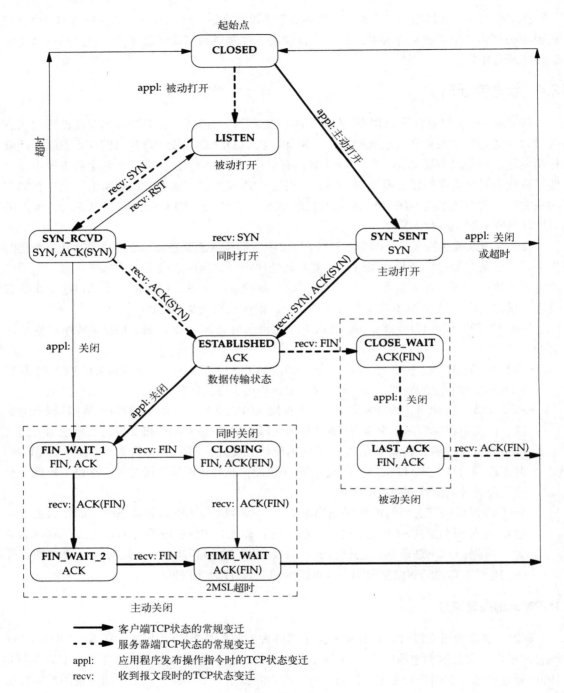

图2-6 TCP的状态变迁图

2.5 T/TCP的扩展状态

T/TCP中定义了7个扩展状态，这些扩展状态都称为加星状态。它们分别是SYN_SENT*、SYN_RCVD*、ESTABLISHED*、CLOSE_WAIT*、LAST_ACK*、FIN_WAIT_1*和

CLOSING*。例如，在图1-12中，客户发出的第一个报文段中包含有SYN标志、数据和FIN。当该报文段是在主动打开中发送出去时，客户随即进入SYN_SENT*状态，而不是进入通常的SYN_SENT状态，这是因为随报文段还必须发出一个FIN。当收到服务器的应答时，该应答中包含服务器的SYN、数据和FIN，以及对客户的SYN、数据和FIN的确认(ACK)。这时客户端插口的连接状态要经历一系列的状态变迁：

- 对客户SYN的ACK将连接的状态变迁到FIN_WAIT_1。传统的ESTABLISHED状态就这样完全跳过去了，因为这时客户已经发出了FIN。
- 对客户FIN的ACK将连接状态变迁到FIN_WAIT_2。
- 收到服务器的FIN，连接状态变迁到TIME_WAIT。

RFC 1379详细描述了包括所有这些加星状态后的状态变迁图演变过程。当然，得到的结果远比图2-6复杂，其中有很多重叠的线。幸运的是，无星状态和对应的加星状态之间只是一些简单的关系。

- SYN_SENT*状态和SYN_RCVD*状态与对应的无星状态几乎完全相同，唯一的不同之处是在加星状态下要发出一个FIN。这就是说，当一端主动打开连接并且应用程序在连接建立之前就指定了MSG_EOF(发送FIN)时就进入相应的加星状态。在这种情况下，客户端一般是进入SYN_SENT*状态，SYN_RCVD*状态只有当双方碰巧同时执行打开连接操作的偶然情况下才会出现，关于这一点我们在卷1的18.8节中已有详细讨论。
- ESTABLISHED*、CLOSE_WAIT*、LAST_ACK*、FIN_WAIT_1*和CLOSING*这五个状态与对应的不加星状态除了要发送SYN外也完全相同。当连接处于这五个状态之一时，叫作已经半同步了。当接收端处于被动状态且收到一个带有TAO测试、可选数据和可选FIN的SYN报文段时，连接即进入这些加星状态(4.5节详细描述了TAO测试)。之所以用半同步这个词，是因为一旦收到SYN，接收端就认为连接已经建立了(因为已经通过了TAO测试)，尽管此时刚刚完成了常规三次握手过程的一半。

图2-7给出了加星状态和对应的常规状态。对于每个可能的状态，图中还列出了所发送的报文段类型。

我们将会看到，从实现的角度来看，这些加星的状态是很容易处理的。除了要保持当前已有的无星状态外，在每个连接的TCP控制块中还有两个额外的标志：

- TF_SENDFIN 表示需要发送FIN(对应于SYN_SENT*状态和SYN_RCVD*状态)。
- TF_SENDSYN 表示需要发送SYN(对应于图2-7中的5个半同步加星状态)。

常规状态	说 明	发 送	加星状态	发 送
CLOSED	关闭	RST, ACK		
LISTEN	监听连接请求(被动打开)			
SYN_SENT	已发送SYN(主动打开)	SYN	SYN_SENT*	SYN, FIN
SYN_RCVD	已经发送和收到SYN；等待ACK	SYN, ACK	SYN_RCVD*	SYN, FIN, ACK
ESTABLISHED	连接已经建立(数据传输)	ACK	ESTABLISHED*	SYN, ACK
CLOSE_WAIT	收到FIN，等待应用程序关闭	ACK	CLOSE_WAIT*	SYN, ACK
FIN_WAIT_1	已经关闭，发送FIN；等待ACK和FIN	FIN, ACK	FIN_WAIT_1*	SYN, FIN, ACK
CLOSING	两端同时关闭；等待ACK	FIN, ACK	CLOSING*	SYN, FIN, ACK
LAST_ACK	收到FIN已经关闭；等待ACK	FIN, ACK	LAST_ACK*	SYN, FIN, ACK
FIN_WAIT_2	已经关闭；等待FIN	ACK		
TIME_WAIT	主动关闭后长达2MSL的等待状态	ACK		

图2-7 TCP根据不同的当前状态(常规或加星)所发送的内容

在图2-7中，加星状态下把SYN和FIN这两个新标志置于开状态时用黑体标出。

2.6 小结

T/TCP的核心是TAO，即TCP加速打开。这项技术使得T/TCP服务器收到T/TCP客户的SYN报文段后能够知道这个SYN是新的，从而可以跳过三次握手。确保服务器所收SYN是新SYN的技术(TAO测试)是为主机已经建立的每个连接分配一个唯一的标识符：CC(连接计数)。每个T/TCP主机都要把与每一个对等主机之间最新连接的CC值保留一段时间。如果所收SYN报文段的CC值大于从对等主机接收的最新CC值，那么TAO测试成功。

T/TCP定义了3个新的选项：CC、CCnew和CCecho。所有选项都包含一个长度字段(这和RFC 1323中规定的其他选项一样)，使不认识这些选项的TCP实现能跳过它们。如果某个连接使用了T/TCP协议，那么每个报文段都将包含CC选项(不过有时在客户的SYN报文段中用CCnew代替CC)。

T/TCP加入了一个全局内核变量，还在每主机高速缓存中加入了3个变量，并为正在使用的每个连接控制块增加了3个变量。本书中讨论的T/TCP实现利用业已存在的路由表作为每主机高速缓存。

TCP的状态变迁图有10个状态，T/TCP协议在此基础上还增加了7个额外的状态。但实际上协议实现是简单的：由于新的状态只是已有状态的扩充，因而只需要为每个连接引入两个新的标志，分别指示是否需要发送一个SYN报文段以及是否需要发送一个FIN报文段，即可定义7种新的状态。

第3章 T/TCP使用举例

3.1 概述

本章中我们将通过几个T/TCP应用程序例子来学习如何使用这3个新引入的TCP选项。这几个例子说明，T/TCP是如何处理以下几种情形的：

- 客户重新启动；
- 常规的T/TCP事务；
- 服务器收到一个过时的重复SYN报文段；
- 服务器重新启动；
- 请求或应答的长度超过报文段最大长度；
- 与不支持T/TCP协议的主机的向下兼容。

下一章我们还将研究另外两个例子：SYN报文段到达服务器没有过时也不重复，但其到达的顺序错乱；客户对重复的服务器SYN/ACK响应的处理。

这些例子中的T/TCP客户是bsdi(图1-13)，而服务器则是laptop。这些主机上运行的T/TCP客户程序如图1-10所示；T/TCP服务器程序如图1-11所示。客户程序发出长度为300字节的请求，服务器则给出长度为400字节的应答。

在这些例子中，客户程序中支持RFC 1323的部分已经关闭。这样，在客户发起的SYN报文段中就不会含有窗口宽度和时间戳选项(由于只要客户不发送这两个选项，服务器的响应中也不会包含这两个选项，因此服务器是否支持RFC 1323就是无关紧要的)。这样做是为了避免让那些与我们讨论的主题无关的因素把例子弄得太复杂。但在正常情况下，由于时间戳选项可以防止把重复的报文段误认为是当前连接的报文段，因而我们可以在T/TCP应用中支持RFC 1323。也就是说，在宽带连接和大数据量传送的情况下，即便是T/TCP协议也一样需要防止序号重叠(见卷1的24.6节)。

3.2 客户重新启动

客户一旦启动，客户-服务器事务过程也就开始了。客户程序调用sendto函数，即在路由表中为对端服务器增加一个表项，其中tao_ccsent的值初始化为0(表示未定义)。于是TCP协议就会发送CCnew选项而不是发送CC选项。服务器上的TCP协议收到CCnew选项后就执行常规的三次握手操作，其过程可见图3-1所示的Tcpdump的输出(不熟悉Tcpdump操作及其输出的读者可参见卷1的附录A。在跟踪观察这些分组的时候，不要忘了SYN和FIN在序号空间中各占用一个字节)。

从第1行的CCnew选项可以看出，客户端tcp_ccgen的值为1。在第2行，服务器对客户的CCnew给出了回应，服务器的tcp_ccgen值为18。服务器给客户的SYN发出确认，但不确认客户的数据。由于收到了客户的CCnew选项，即使服务器在其单机高速缓存中有该客户的表项，它也必须完成正常的三次握手过程。只有当三次握手完成以后，服务器的TCP协议才能把收到的300字节数据提交给当前的服务进程。

```
1   0.0                      bsdi.1024 > laptop.8888: SFP 36858825:36859125(300)
                                                      win 8568 <mss 1460,nop,nop,ccnew 1>
2   0.020542 (0.0205)        laptop.8888 > bsdi.1024: S 76355292:76355292(0)
                                                      ack 36858826 win 8712
                                                      <mss 1460,nop,nop,cc 18,
                                                       nop,nop,ccecho 1>
3   0.021479 (0.0009)        bsdi.1024 > laptop.8888: F 301:301(0)
                                                      ack 1 win 8712 <nop,nop,cc 1>
4   0.029471 (0.0080)        laptop.8888 > bsdi.1024: .
                                                      ack 302 win 8412 <nop,nop,cc 18>
5   0.042086 (0.0126)        laptop.8888 > bsdi.1024: FP 1:401(400)
                                                      ack 302 win 8712 <nop,nop,cc 18>
6   0.042969 (0.0009)        bsdi.1024 > laptop.8888: .
                                                      ack 402 win 8312 <nop,nop,cc 1>
```

图3-1 T/TCP客户重启后向服务器发送一个事务

第3行显示的是三次握手过程的最后一个报文段：客户对服务器发出SYN的确认。在这个报文段中客户将FIN重传，但不包括300字节数据。服务器收到该报文段后，立刻确认了收到的数据和FIN(第4行)。与一般的报文段不同的是，这个确认是即时发出的，没有被耽搁。这么做是为了防止客户第1行发送数据后超时而重传。

第5行显示的是服务器给出的应答以及服务器的FIN，第6行中客户对服务器的FIN和应答都做了确认。注意，第3~6行中都有CC选项，而CCnew和CCecho选项则分别只出现在第1和第2个报文段中。

从现在开始，我们不再明确地在T/TCP报文段中标记NOP了，因为NOP不是必需的，而且会把图搞复杂。插入NOP，使选项长度保持为4字节整数倍的做法是出于对提高主机性能的考虑。

机敏的读者可能会注意到，客户端刚刚重新启动时，客户TCP协议所用的初始序号(ISN)与卷1中习题18.1所讨论的一般模式不一样。而且，服务器的初始序号是个偶数，这在通常从伯克利演变而来的实现中是从来没有的。其原因在于这里的连接所使用的初始序号是随机选取的，而且每隔500 ms对内核的初始序号所加的增量也是随机的。这种改动有助于防止序号攻击，具体内容可见参考文献[Bellovin 1989]。这种改动是1994年12月一次很有名的因特网侵入事件发生后，首先在BSD/OS 2.0然后在4.4BSD-Lite2中加入的[Shimomura 1995]。

时序图

图3-2给出的是图3-1所描述的报文段交换过程的时序图。

图中，包含数据的第1和第5这两个报文段用粗黑线标记。图的两侧还分别标注了客户和服务器收到报文段后各自发生的状态变迁。开始的时候，客户进程调用sendto函数并指定MSG_EOF标志后进入SYN_SENT*状态。服务器收到并处理了第3个报文段后发生了两次状态变迁。先是处理客户对服务器发出SYN的确认后，连接的状态由SYN_RCVD变迁到ESTABLISHED状态；紧接着处理客户发来的FIN又变迁到CLOSE_WAIT状态。当服务器向客户发出设置了MSG_EOF标志的应答后，即进入LAST_ACK状态。注意，客户在第3个报文段中重传了FIN标志(回忆一下图2-7)。

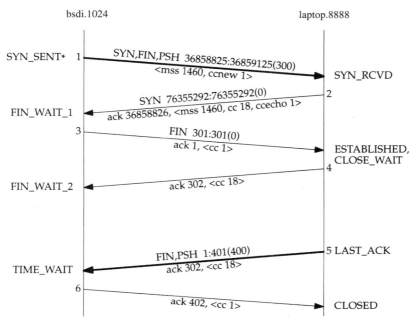

图3-2 图3-1中报文段交换过程的时序图

3.3 常规的T/TCP事务

下面我们还是在上面那对客户和服务器之间发起另一次事务。这一次客户在自己的单机高速缓存中取到该服务器的tao_ccsent值非0,于是就发出一个CC选项,其中下一个tcp_ccgen的值为2(2表示这是客户端重新启动后TCP协议建立的第2个连接)。报文段交换的过程如图3-3所示。

```
1  0.0                bsdi.1025 > laptop.8888: SFP 40203490:40203790(300)
                                               win 8712 <mss 1460,cc 2>
2  0.026469 (0.0265)  laptop.8888 > bsdi.1025: SFP 79578838:79579238(400)
                                               ack 40203792 win 8712
                                               <mss 1460,cc 19,ccecho 2>
3  0.027573 (0.0011)  bsdi.1025 > laptop.8888: .
                                               ack 402 win 8312 <cc 2>
```

图3-3 常规的T/TCP客户-服务器事务

这是一个常规的、仅包含3个报文段的最小规模T/TCP报文交换过程。图3-4显示了该次报文交换的时序图以及状态变迁过程。

客户发出包含SYN标志、数据和FIN标志的报文段后进入SYN_SENT*状态。服务器收到该报文段,且TAO测试成功时,进入半同步的ESTABLISHED*状态。其中的数据经处理后交给服务器进程。接着处理完报文段的FIN标志后服务器进入CLOSE_WAIT*状态。由于还未发出SYN报文段,因而服务器一直都处于加星状态。当服务器发出应答并在其中设置MSG_EOF标志后,服务器端随即转入LAST_ACK*状态。如图2-7所示,这个状态的服务器发出的报文段中包含了SYN、FIN和ACK标志。

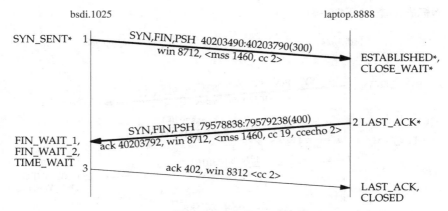

图3-4   图3-3中报文段交换的时序图

客户收到第2个报文段后，其中对SYN的确认使客户端的连接状态转入FIN_WAIT_1状态。接着客户处理报文段中对所发FIN的确认，并进入FIN_WAIT_2状态。服务器的应答则送到客户进程。然后，客户处理该报文段中服务器所发的FIN后进入TIME_WAIT状态。在这个最终的状态，客户发出对服务器所发FIN的确认。

服务器收到第3个报文段后，其中对服务器所发SYN的确认使服务器进入LAST_ACK状态，对服务器所发FIN的确认则使服务器进入CLOSED状态。

这个例子清晰地显示了在T/TCP事务过程中收到一个报文段是怎样引起多次状态变迁的。它同时也显示了尚不处于ESTABLISHED状态的进程是如何接收数据的：客户进程半关闭(发出第1个报文段)与服务器的连接，处于FIN_WAIT_1状态下，但仍然能接收数据(第2个报文段)。

3.4 服务器收到过时的重复SYN

如果服务器收到了一个看似过时的CC值该怎么办呢？我们让客户发出一个CC值为1的SYN报文段，这个值小于服务器刚刚从该客户收到的CC值(2，见图3-3)。事实上，这种情况也是可能发生的，比如：CC值等于1的这个报文段属于客户和服务器之间此前某个连接，它在网络上耽搁了一段时间，但还没有超过其报文段最大生存时间(发出后MSL秒)，最终到达了服务器。

一个连接是由一对插口定义的，即包含客户端IP地址和端口号及服务器端IP地址和端口号的四元组。连接的新实例称为该连接的"替身"。

从图3-5我们可以看出，服务器收到一个CC值为1的SYN报文段后强迫执行三次握手操作，因为它无法判断该报文段是过时重复的还是新的。

由于激活了三次握手(这一点我们可以从服务器仅仅确认了客户的SYN而没有确认客户的数据来判断)，服务器的TCP协议在握手过程完全结束以后才会把300字节的数据提交给服务器进程。

本例中，第1个报文段就是一个过时的重复报文段(客户的TCP此时并不在等待对这个报文段中SYN的响应)，于是当第2个报文段中服务器发出的SYN/ACK到达时，客户端TCP协议的响应是要求重新建立连接(RST，第3个报文段)。这样做也是理所应当的。服务器的TCP协议收到这个RST后就扔掉那300字节的数据，而且accept函数也不返回到服务器进程。

```
1   0.0                      bsdi.1027 > laptop.8888: SFP 80000000:80000300(300)
                                                   win 4096 <mss 1460,cc 1>
2   0.018391 (0.0184)        laptop.8888 > bsdi.1027: S 132492350:132492350(0)
                                                   ack 80000001 win 8712
                                                   <mss 1460,cc 21,ccecho 1>
3   0.019266 (0.0009)        bsdi.1027 > laptop.8888: R 80000001:80000001(0) win 0
```

图3-5 T/TCP服务器收到过时的重复SYN报文段

第1个报文段是由一个特殊的测试程序生成的。我们无法让客户的T/TCP协议自己生成这样的报文段，而只能让它以过时的重复报文段出现。作者曾试着把内核的`tcp_ccgen`变量值改为1，但是，正如我们将在图12-3中看到的，当内核的`tcp_ccgen`小于它最近一次发给对端的CC值时，TCP协议自动地发送一个CCnew选项而不是发送一个CC选项。

图3-6所示的就是这对客户-服务器之间的下一次，也是常规的一次T/TCP事务。正如我们所预期的，这是一个包含3个报文段的交换过程。

```
1   0.0                      bsdi.1026 > laptop.8888: SFP 101619844:101620144(300)
                                                   win 8712 <mss 1460,cc 3>
2   0.028214 (0.0282)        laptop.8888 > bsdi.1026: SFP 140211128:140211528(400)
                                                   ack 101620146 win 8712
                                                   <mss 1460,cc 22,ccecho 3>
3   0.029330 (0.0011)        bsdi.1026 > laptop.8888: .
                                                   ack 402 win 8312 <cc 3>
```

图3-6 常规的T/TCP客户-服务器事务

服务器希望这个客户发来的CC值大于2，因此收到CC值为3的SYN后TAO测试成功。

3.5 服务器重启动

现在我们将服务器重新启动，并让客户在服务器刚启动，即服务器监听进程刚开始运行的时候就立即发送一个事务请求。图3-7为报文段交换的情况。

```
1   0.0                      bsdi.1027 > laptop.8888: SFP 146513089:146513389(300)
                                                   win 8712 <mss 1460,cc 4>
2   0.025420 (0.0254)        arp who-has bsdi tell laptop
3   0.025872 (0.0005)        arp reply bsdi is-at 0:20:af:9c:ee:95
4   0.033731 (0.0079)        laptop.8888 > bsdi.1027: S 27338882:27338882(0)
                                                   ack 146513090 win 8712
                                                   <mss 1460,cc 1,ccecho 4>
5   0.034697 (0.0010)        bsdi.1027 > laptop.8888: F 301:301(0)
                                                   ack 1 win 8712 <cc 4>
6   0.044284 (0.0096)        laptop.8888 > bsdi.1027: .
                                                   ack 302 win 8412 <cc 1>
7   0.066749 (0.0225)        laptop.8888 > bsdi.1027: FP 1:401(400)
                                                   ack 302 win 8712 <cc 1>
8   0.067613 (0.0009)        bsdi.1027 > laptop.8888: .
                                                   ack 402 win 8312 <cc 4>
```

图3-7 服务器刚刚重启动后T/TCP的交换分组情况

由于客户并不知道服务器已经重新启动了，因而它发出的仍是一个常规的T/TCP请求，其中CC值为4(见第1行)。服务器重新启动使其ARP缓存中的客户硬件地址丢失,于是服务器发出一个ARP请求,客户给出应答。服务器强迫执行三次握手操作(见第4行),因为它不记得上次从该客户收到的连接计数值CC。

与我们在图3-1中看到的类似,客户发出一个带有FIN标志的确认报文段完成三次握手过程,300字节的数据则不重传。只有当客户端的重传定时器超时时客户才会重传数据,我们将在图3-11中看到这种情况。收到第3个报文段后,服务器立即对数据和FIN发出确认。服务器发出应答(见第7行),第8行则是客户给出的确认。

看过图3-7那样的报文交换过程后,我们来看看客户和服务器之间接下来继续通信时的一个最小T/TCP事务,如图3-8所示。

```
1   0.0                     bsdi.1028 > laptop.8888: SFP 152213061:152213361(300)
                                                     win 8712 <mss 1460,cc 5>

2   0.034851 (0.0349)       laptop.8888 > bsdi.1028: SFP 32869470:32869870(400)
                                                     ack 152213363 win 8712
                                                     <mss 1460,cc 2,ccecho 5>

3   0.035955 (0.0011)       bsdi.1028 > laptop.8888: .
                                                     ack 402 win 8312 <cc 5>
```

图3-8 常规的T/TCP客户-服务器事务

3.6 请求或应答超出报文段最大长度

到目前为止,在我们所举的所有例子中,无论是客户的请求报文段还是服务器的应答报文段,都没有超过报文段最大长度(MSS)。如果客户要发送超出报文段最大长度的数据,而且也确信对等端支持T/TCP协议,那么它就会发送多个报文段。由于对等端的报文段最大长度存储在TAO高速缓存中(图2-5的tao_mssopt),因而客户的TCP协议能够知道服务器的报文段最大长度,但无法知道服务器的接收窗口宽度(卷1的18.4节和20.4节分别讨论了报文段最大长度和窗口宽度)。对一个特定的主机来说,报文段最大长度一般是一个固定值,而接收窗口的宽度却会随应用程序改变其插口接收缓存的大小而相应地变化。而且,即使对等端告知了一个较大的接收窗口(比如说,32 768字节),但如果报文段最大长度为512字节,那么很可能会有一些中间路由器无法处理客户一下子发给服务器的前64个报文段(即,TCP协议的慢启动是不能跳过的)。T/TCP协议加了两条限制来解决这些问题:

1) T/TCP协议将刚开始时的发送窗口宽度设定为4096字节。在Net/3中,这就是变量snd_wnd的值。该变量控制着TCP输出流可以发出多少数据。当对等端带有窗口通告的第1个报文段到达后,窗口宽度的初始值4096将被改变为所需值。

2) 只有当对等端不在本地时,T/TCP协议才使用慢启动方式开始通信。TCP协议将snd_cwnd变量设置为1个报文段时就是慢启动。图10-14给出了本地/非本地测试程序,以内核的in_localaddr函数为基础。如果与本机拥有相同的网络号和子网号,或者虽然网络号相同子网号不同,但内核的subnetsarelocal变量值非0,这样的对等主机就是本地主机。

Net/3总是用慢启动方式开始每一条连接(卷2第721页),但这样就使客户在启动事务时无法连续发出多个报文段。折中的结果是,允许向本地的对等主机发送多个报文段,但最多4096字节。

每次调用TCP协议的输出模块，它总是选择snd_wnd和snd_cwnd中较小的一个作为其可发送数据量的上限值。前者的初始值为TCP滑动窗口通告中的最大值，我们假设为65 535字节(如果使用窗口宽度选项，那么这个最大值可以为65 535×2^{14}，大约为1GB)。如果对等主机在本地，那么snd_wnd和snd_cwnd的初始值分别为4 096和65 535。TCP协议在连接刚开始时还未收到对方的窗口通告前，可以发出至多4096字节的数据。如果对方通告的窗口宽度为32 768字节，那么TCP协议可以持续发送数据直到对等主机的接收窗口满为止(因为32 768和65 535的小值是32 768)。这样，TCP协议既可以避开慢启动过程，发送数据量又可以受限于对方通告的窗口宽度。

如果对等主机不在本地，那么snd_wnd的初始值仍为4096，但snd_cwnd的初始值则为1个报文段(假设保存的对等主机报文段最大长度为512)。TCP协议在连接一开始的时候只能发出一个报文段，当收到对等主机的窗口通告后，每收到一个确认，snd_wnd的值就加1。这时慢启动机制在起作用，可以发出的数据量受限于拥塞窗口，直至拥塞窗口宽度超过了对等主机通告的接收窗口。

作为一个例子，我们对第1章中的T/TCP客户和服务器程序加以修改，使请求和应答中的数据量分别为3300字节和3400字节。图3-9给出了分组交换过程。

这个例子要显示T/TCP交换的多个报文段的序列号，恰好暴露了Tcpdump的一个输出bug。第6、第8和第10个报文段的确认号应当输出3302而不是1。

```
 1   0.0                          bsdi.1057 > laptop.8888: S 3846892142:3846893590(1448)
                                                           win 8712 <mss 1460,cc 7>
 2   0.001556 (0.0016)            bsdi.1057 > laptop.8888: . 3846893591:3846895043(1452)
                                                           win 8712 <cc 7>
 3   0.002672 (0.0011)            bsdi.1057 > laptop.8888: FP 3846895043:3846895443(400)
                                                           win 8712 <cc 7>
 4   0.138283 (0.1356)            laptop.8888 > bsdi.1057: S 3786170031:3786170031(0)
                                                           ack 3846895444 win 8712
                                                           <mss 1460,cc 6,ccecho 7>
 5   0.139273 (0.0010)            bsdi.1057 > laptop.8888: .
                                                           ack 1 win 8712 <cc 7>
 6   0.179615 (0.0403)            laptop.8888 > bsdi.1057: . 1:1453(1452)
                                                           ack 1 win 8712 <cc 6>
 7   0.180558 (0.0009)            bsdi.1057 > laptop.8888: .
                                                           ack 1453 win 7260 <cc 7>
 8   0.209621 (0.0291)            laptop.8888 > bsdi.1057: . 1453:2905(1452)
                                                           ack 1 win 8712 <cc 6>
 9   0.210565 (0.0009)            bsdi.1057 > laptop.8888: .
                                                           ack 2905 win 7260 <cc 7>
10   0.223822 (0.0133)            laptop.8888 > bsdi.1057: FP 2905:3401(496)
                                                           ack 1 win 8712 <cc 6>
11   0.224719 (0.0009)            bsdi.1057 > laptop.8888: .
                                                           ack 3402 win 8216 <cc 7>
```

图3-9 3300字节的客户请求和3400字节的服务器应答

由于客户知道服务器支持T/TCP协议，客户可以立即发出4096字节。在前2.6 ms的时间里，客户发出了第1~3个报文段。第1个报文段携带了SYN标志、1448字节数据和12字节TCP选项(MSS和CC)。第2个报文段没有带标志，只有1452字节数据和8字节TCP选项。第3个报文段携带FIN和PSH标志、8字节TCP选项以及剩余的400字节数据。第2个报文段是唯一一个没有设置任何TCP标志(共有6个标志),甚至不带ACK标志的报文段。通常情况下,ACK标志总是要携带的,除非是客户端主动打开,此时的报文段带有SYN标志(在收到服务器的报文段之前,客户是绝不能发出任何确认的)。

第4个报文段是服务器的SYN报文段,它同时也对客户所发来的所有内容做出了确认,包括SYN标志、数据和FIN标志。在第5个报文段中,客户立即确认了服务器的SYN报文段。

第6个报文段晚了40 ms才到达客户端,它携带了服务器应答的第1段数据。客户立即对此给出了确认。第8~11个报文段继续同样的过程。服务器的最后一个报文段(第10行)带有FIN标志,客户发出的最后一个ACK报文段对这最后的数据以及FIN标志做了确认。

一个问题是:为什么客户对3个服务器应答报文中的前两个立即给出了确认?是因为它们在很短的时间(44 ms)内就到达了吗?答案在TCP_REASS宏(卷2第726页)中,客户每收到一个带有数据的报文段就要调用该宏。由于连接的客户端处理完第4个报文段后就进入了FIN_WAIT_2状态,于是在TCP_REASS宏中对连接是否处于ESTABLISHED状态的测试失败,从而使客户端立即发出ACK而不是延迟一会儿再发。这一"特性"并非T/TCP协议所独有,在Net/3的程序中,如果任何一端半关闭了TCP连接而进入FIN_WAIT_1或FIN_WAIT_2状态,都会出现这种情形。从此以后,来自对等主机的每一个数据报文段都立即给予确认。TCP_REASS宏中对是否已进入ESTABLISHED状态的测试使协议无法在三次握手完成之前把数据提交给应用程序。实际上,当连接状态大于ESTABLISHED时,没有必要立刻确认按序收到的每个报文段(即,应当修改这种测试)。

TCP_NOPUSH插口选项

运行该示例程序之前需要对客户程序再做一些修改。下面这段程序打开了TCP_NOPUSH插口选项(T/TCP协议新引入的选项):

```
int  n;

n = 1;
if (setsockopt(sockfd, IPPROTO_TCP, TCP_NOPUSH, (char *) &n, sizeof(n)) < 0)
    err_sys("TCP_NOPUSH error");
```

这段程序在图1-10中调用socket函数之后执行。设置该选项的目的是告诉TCP协议不要仅仅为了清空发送缓存而发送报文段。

如果要了解设置该插口选项的原因,我们必须跟踪用户进程调用sendto 函数请求发送3 300字节数据并设置MSG_EOF标志后内核所执行的动作。

1) 内核最终要调用sosend函数(卷2的16.7节)来处理输出请求。它把前2 048字节数据放入一个mbuf簇中,并向TCP协议发出一个PRU_SEND请求。

2) 于是内核调用tcp_output函数(图12-4)。由于可以发送一个满长度(full-sized)的报文段,因此发出mbuf簇中的前1448字节数据,并设置SYN标志(该报文段中包含12字节的TCP选项)。

3) 由于mbuf簇中还剩下600字节数据,于是再次循环调用tcp_output函数。我们也许会认为Nagle算法将不会使另一个报文段发送出去,但是注意卷2第681页可以看到,第1次执行tcp_output函数后,idle变量的值为1。当程序发出长为1448字节的第1个报文段后进入again分支时,idle变量没有重新计算。因此,程序在图9-3所示程序段("发送方的糊涂窗口避免(sender silly window avoidance)")中结束。如果idle变量为真，待发送的数据将把插口发送缓存清空，因此，决定是否发送报文段的是TF_NOPUSH标志的当前值。

在T/TCP协议引入这个标志以前，如果某个报文段要清空插口的发送缓存，并且Nagle算法允许，这段程序就总是会发送一个不满长的报文段。但是如果应用程序设置了TF_NOPUSH标志(利用新的TF_NOPUSH插口选项)，这时TCP协议就不会仅仅为清空发送缓存而强迫发出数据。TCP协议将允许现有的数据与后面写操作补充来的数据结合起来，以期发出较大的报文段。

4) 如果应用程序设置了TCP_NOPUSH标志，那就不会发送报文段，tcp_output函数返回，程序执行的控制权又回到sosend函数。

如果应用程序没有设置TCP_NOPUSH标志，那么协议就发出那个600字节的报文段，并在其中设置PSH标志。

5) sosend函数把剩余的1252字节数据放入一个mbuf簇，并发出一个PRU_SEND_EOF请求(图5-2)，该请求再次结束tcp_output函数的调用。然而在这次调用之前，已经调用过tcp_usrclosed函数(图12-4)，使连接的状态由SYN_SENT变迁至SYN_SENT*(图12-5)。设置了TF_NOPUSH标志后，当前插口发送缓存中共有1852字节的数据，于是协议又发出一个满长度的报文段，该报文段包含1452字节数据和8字节TCP选项(如图3-9所示)。之所以发出该报文段，就是因为它是满长度的(即Nagle算法不起作用)。尽管SYN_SENT*状态的标志中包含了FIN标志(图2-7)，但由于发送缓存中还有额外的数据，因此FIN标志被关掉了(卷2第683页)。

6) 程序又执行了一次循环，从而再次调用tcp_output函数发送缓存中剩余的400字节数据。然而这一回FIN标志是打开的，因为发送缓存已经空了。尽管图9-3中的Nagle算法不允许发出数据，但由于设置了FIN标志，400字节的报文段还是发出去了(卷2第688页)。

本例中，设置了TCP_NOPUSH插口选项之后，在报文段最大长度为1460字节的以太网上发出一个3300字节的请求就引发出3个报文段，长度分别为1448、1452和400字节。如果不设置该选项，那么仍然会有3个报文段，但其长度分别为1448、600和1252字节。但如果请求的长度为3600字节，则设置了TCP_NOPUSH选项时产生3个报文段(长度分别为1448、1452和700字节)，而不设置该选项就会产生4个报文段(长度分别为1448、600、1452和100字节)。

总之，当客户程序仅调用一次sendto函数发出请求时，通常应该设置TCP_NOPUSH插口选项。这样，当请求长度超过报文段最大长度时，协议就会尽可能发出满长度的报文段。这样可以减少报文段的数量，减少的程度取决于每次发送的数据量。

3.7 向后兼容性

我们还需要研究一下如果客户用T/TCP协议给一台不支持T/TCP协议的主机发送数据会发生什么情况。

图3-10显示的就是主机bsdi上的T/TCP客户程序向主机svr4(一个运行System V 版本4的主机，不支持T/TCP)上的TCP服务器发起事务时，它们二者之间分组交换的情况。

```
1   0.0                    bsdi.1031 > svr4.8888: SFP 2672114321:2672114621(300)
                                                 win 8568 <mss 1460,ccnew 10>
2   0.006265 (0.0063)      svr4.8888 > bsdi.1031: S 879930881:879930881(0)
                                                 ack 2672114322 win 4096 <mss 1024>
3   0.007108 (0.0008)      bsdi.1031 > svr4.8888: F 301:301(0)
                                                 ack 1 win 9216
4   0.012279 (0.0052)      svr4.8888 > bsdi.1031: .
                                                 ack 302 win 3796
5   0.071683 (0.0594)      svr4.8888 > bsdi.1031: P 1:401(400)
                                                 ack 302 win 4096
6   0.072451 (0.0008)      bsdi.1031 > svr4.8888: .
                                                 ack 401 win 8816
7   0.078373 (0.0059)      svr4.8888 > bsdi.1031: F 401:401(0)
                                                 ack 302 win 4096
8   0.079642 (0.0013)      bsdi.1031 > svr4.8888: .
                                                 ack 402 win 9216
```

图3-10 T/TCP客户程序向TCP服务器发起事务

　　客户端的TCP程序发出的第1个报文段中包含了SYN、FIN和PSH标志，还包含了300字节数据。由于客户端的TCP协议在其TAO高速缓存中还没有该服务器主机svr4的连接计数(CC)值，因而它发出的报文段中带上了CCnew选项。图中第2行就是服务器对该报文段的响应，这是标准三次握手过程中的第2个报文段；而客户端在第3行中对该响应做出了确认。注意，第3行中没有重传数据。

　　服务器端收到第3行的报文段后，立即确认了客户一开始发过来的300字节数据和FIN标志(如卷2第791页所示，对FIN的确认从不推迟)。服务器端TCP将上述数据保存在队列中，直至三次握手过程结束才将其交给服务进程。

　　第5行显示的是服务器给出的响应(400字节数据)，客户端在第6行中立刻对此做出了确认。第7行显示的是服务器发出的FIN报文段，客户端同样也迅速地做出了确认。注意，服务器进程无法把第5行的数据和第7行的FIN结合在一起发送。

　　如果我们还是在这一对客户和服务器之间再发起一次事务，则报文段交换的顺序与上一次完全相同。由于在图3-10中服务器端并没有发回一个CCecho选项，因此客户端仍然无法向svr4主机发出带有CC选项的报文段，从而客户端发出的第1个报文段(即初始化报文段)仍然带有CCnew选项，其值为11。支持T/TCP的客户端总是发出CCnew选项的原因是，对不支持T/TCP的服务器，它从来不会更新在其单机高速缓存中的相关表项，因而tao_ccsent值总是0(未定义)。

　　在下面的例子(图3-11)中，服务器主机运行Solaris 2.4，这也是一个基于SVR4的系统(与图3-10中的服务器一样)，但二者的TCP/IP协议栈实现却完全不同。

　　第1~3行与图3-10中的相同：带有SYN、FIN、PSH标志和300字节数据的报文段，接着是服务器的SYN/ACK报文段，然后是客户的ACK报文段。这是一次正常的三次握手过程。同样，由于不知道该服务器的CC值，客户端TCP发出的是一个带有CCnew选项的报文段。

　　Solaris主机发出的每个报文段中携带的"不分段"标志(DF)，用于路径最大传输单元发现(RFC 1191 [Mogul and Deering 1990])。

```
1  0.0                 bsdi.1033 > sun.8888: SFP 2693814107:2693814407(300)
                                             win 8712 <mss 1460,ccnew 12>
2  0.002808 (0.0028)   sun.8888 > bsdi.1033: S 3179040768:3179040768(0)
                                             ack 2693814108 win 8760
                                             <mss 1460> (DF)
3  0.003679 (0.0009)   bsdi.1033 > sun.8888: F 301:301(0)
                                             ack 1 win 8760
4  1.287379 (1.2837)   bsdi.1033 > sun.8888: FP 1:301(300)
                                             ack 1 win 8760
5  1.289048 (0.0017)   sun.8888 > bsdi.1033: .
                                             ack 302 win 8760 (DF)
6  1.291323 (0.0023)   sun.8888 > bsdi.1033: P 1:401(400)
                                             ack 302 win 8760 (DF)
7  1.292101 (0.0008)   bsdi.1033 > sun.8888: .
                                             ack 401 win 8360
8  1.292367 (0.0003)   sun.8888 > bsdi.1033: F 401:401(0)
                                             ack 302 win 8760 (DF)
9  1.293151 (0.0008)   bsdi.1033 > sun.8888: .
                                             ack 402 win 8360
```

图3-11　T/TCP客户向Solaris 2.4上的TCP服务器发送事务请求

不幸的是，我们在Solaris的TCP/IP实现中遇到了一个bug。因为这个bug，服务器端TCP把第1行中的数据部分扔掉了(第2个报文段中没有对该数据做确认)，造成客户端的TCP超时，并在第4行重传了数据，同时也重传了FIN。接着，服务器端确认了客户端发来的数据和FIN(第5行)，然后服务器端在第6行发出应答。客户端在第7行对应答给出确认，紧接着是服务器发出FIN报文段(第8行)，最后是客户端的确认(第9行)。

RFC 793 [Postel 1981b]的第30页中指出：“尽管这些例子并不证明采用附带数据的报文段也能实现连接同步，但这样处理也完全是合法的，接收端的TCP只有在搞清楚了数据是正确的以后才能将数据交付给用户(即，接收端对数据进行缓存，等到连接状态进入ESTABLISHED以后才能交付给用户)。”该RFC的第66页还说，在LISTEN状态处理接收到的SYN时，“任何其他控制信息和正文数据都要先放入队列待以后处理”。

有一个评论者声称，把上述现象叫作“bug”是不对的，因为RFC中并没有强制要求服务器在处理SYN的同时接受其中附带的数据。声明中还说，Solaris的实现是正确的，因为还没有向客户端通告接收窗口，这时服务器完全可以丢弃已到达的数据，因为这些数据都落在窗口之外。不管你如何评价这个特点(作者仍然称它们为bug，SUN公司也已经为这个问题分配了一个Bug ID 1222490，因此也将会在今后的版本中进行修正)，处理这样的情况还要符合健壮性原则，该原则在RFC 791 [Postel 1981a]中首次提出：“你有自由去决定接受什么，但你发送什么却必须遵守规定。”

3.8　小结

我们可以对本章中的例子做下面这样的总结：

1) 如果客户端丢失了服务器的状态信息(例如，客户端重新启动)，那么客户端在主动打开时将发出CCnew选项，从而强迫执行三次握手过程。

2) 如果服务器丢失了客户端的状态信息，或者服务器收到的SYN报文段中的CC值小于期望的值，那么服务器返回给客户的响应将只是一个SYN/ACK报文段，从而强迫执行三次握手过程。在这种情况下，直到三次握手过程完全结束以后，服务器的TCP才会把客户在SYN报文段中附带的数据交给上层的服务器进程。

3) 如果服务器想在连接中使用T/TCP协议，那么它总是用CCecho选项对客户的CC或CCnew选项做出应答。

4) 如果客户端和服务器端彼此都掌握对方的状态信息，那么整个事务过程所收发的报文段个数将达到最少3个(假设请求和响应的长度都小于或等于报文段最大长度)。此时收发的分组数最少，时延也最小，为RTT + SPT。

以上这些例子同时也说明了T/TCP协议中多个状态的变迁是如何发生的，以及如何使用那些新扩充(加星)的状态。

如果客户端向一个不支持T/TCP协议的主机发送带有SYN、数据和FIN的报文段，那么采用伯克利网络代码的系统(包括SVR4，但不包括Solaris)能够正确地将数据存储在队列中，直至三次握手过程完成。然而，其他的一些网络代码也有可能错误地把SYN报文段中的数据扔掉，造成客户端超时，并重传数据。

第4章 T/TCP协议(续)

4.1 概述

本章继续讨论T/TCP协议。我们首先讨论T/TCP客户程序如何根据连接持续时间是否会大于报文段最大生存时间(MSL)来分配端口号，以及这个分配结果对TCP的TIME_WAIT状态有什么影响。接下来我们研究TCP为什么要定义TIME_WAIT状态，因为人们对TCP的这一特点普遍缺乏理解。T/TCP协议的重要优点之一就是在连接持续时间小于报文段最大生存时间MSL时，使协议的TIME_WAIT状态由240秒缩短至大约12秒。我们将讨论T/TCP协议是如何实现这一点的，以及这样做的正确性。

本章最后我们将讨论T/TCP协议的TAO，即TCP加速打开。它使T/TCP的客户–服务器事务能够跳过三次握手过程，从而节省了一次往返时间，这也正是T/TCP协议给我们带来的最大好处。

4.2 客户的端口号和TIME_WAIT状态

我们编写TCP客户程序的时候通常不关心如何选择端口号。大部分TCP客户程序(如Telnet、FTP以及WWW等)都是使用临时端口，让主机的TCP模块选择一个当前未使用的端口。从伯克利演变来的系统往往选择1024~5000之间的临时端口(见图14-14)，而Solaris则在32768~65535之间选择。然而，T/TCP协议根据事务速率和持续时间，对端口号的选择有额外的要求。

常规的TCP主机和常规的TCP客户程序

图4-1描述的是一个TCP客户程序(例如图1-5所示的程序)与同一个服务器之间执行的三次事务，每次事务的持续时间为1秒，前后事务之间的间隔也为1秒。三次连接分别开始于第0秒、第2秒和第4秒，而分别终止于第1秒、第3秒和第5秒。x轴表示时间，单位为秒；三次连接分别用粗线段表示。

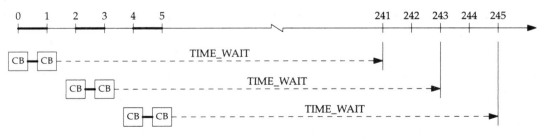

图4-1 TCP客户，不同的事务选用不同的本地端口

每次事务各建立一条TCP连接。我们假定客户程序在创建插口时并不显式地将其绑定到某个端口，而是让系统的TCP模块来选择临时端口。我们还假定客户端TCP模块的MSL为120

秒。第1条连接要保持在TIME_WAIT状态，直至第241秒；第2条和第3条连接则分别从第3秒和第5秒开始保持TIME_WAIT状态，直至第243秒和第245秒。

在图中，CB表示"控制块"，实际上表示连接使用期间和处于TIME_WAIT状态期间TCP维持的几个控制块的组合，包括：Internet协议控制块(PCB)、TCP控制块和首部模板。在第2章一开始时我们就说过，在Net/3实现中，这3个控制块的大小总和为264字节。除了内存要求以外，TCP还需要占用CPU时间来周期性地处理这些控制块(例如在卷2的25.4节和25.5节中，协议每200 ms和500 ms就要对所有TCP控制块处理一遍)。

Net/3中为每个连接保存一份TCP和IP首部作为"首部模板"(卷2的26.8节)。该模板中包含了给定连接中用到的所有字段，这些字段在该连接中不会有变化。这样就节省了每次发送报文段的处理时间，因为程序代码只要把首部模板中的内容复制到正在构造的输出分组中即可，而不需要分别填写每个字段。

常规的TCP是无法跳过三次握手过程的。客户程序不能在相继的3条连接中使用同一个本地端口，即使设置了SO_REUSEADDR插口选项也是如此(卷2第592页给出了一个示例程序)。

T/TCP 主机，每次事务用不同的客户端口

图4-2给出的是与图4-1一样的三次事务序列，但这里我们假定两端的主机都支持T/TCP协议。我们的客户程序与图4-1中的也是同一个。这有很重要的区别：客户和服务器应用程序不需要知道是TCP还是T/TCP，我们只要求两端的主机都支持T/TCP协议(即支持CC选项)。

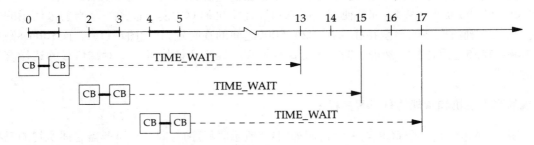

图4-2   当客户和服务器端都支持T/TCP协议时的TCP客户程序

图4-2与图4-1的不同之处在于，连接处于TIME_WAIT状态的时间被截断了，因为两端的主机都支持CC选项。我们这里假定重传超时是1.5秒(在局域网上运行的Net/3中，这是典型值，见[Brakmo and Peterson 1994])，T/TCP的TIME_WAIT是8倍，这样就将TIME_WAIT的保持时间从240秒缩短到了12秒。

当两端的主机都支持CC选项并且连接持续时间小于报文段最大生存时间(120秒)时，T/TCP允许TIME_WAIT状态的保持被截断。这是因为CC选项提供了另外一种保护机制，可以防止过时的重复报文段被投递给另一个新的连接，这一点将在4.4节中讨论。

T/TCP主机，每次事务用同一个客户端口

图4-3给出了与图4-2相同的三次事务的序列，但不同的是，我们在这里假定每次事务中客户端都重复使用同一个端口。为了做到这一点，客户程序必须为插口设置SO_REUSEADDR选

项，并调用bind函数将该插口绑定到某一个特定的本地端口，然后再调用connect函数(对常规的TCP客户程序)或sendto函数(对T/TCP客户程序)。与图4-2中一样，这里也假定两端的主机都支持T/TCP协议。

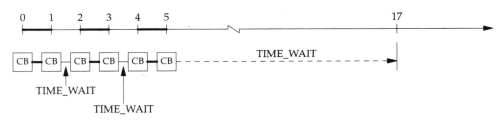

图4-3　TCP客户程序重用同一个端口；客户和服务器主机同时支持T/TCP协议

在第2秒和第4秒创建连接时，TCP发现了具有相同插口对的控制块，并且正处于TIME_WAIT状态。但是由于前一条连接替身使用了CC选项，尽管连接的持续时间小于报文段最大生存时间，TIME_WAIT状态的持续时间还是被截断了，并且，当前的连接控制块将被删除，系统将为新的连接分配一个控制块(新分配的连接控制块可能就是刚刚被删除的旧连接控制块，但那是实现的细节问题。重要的是当前连接控制块的总数没有增加)。当第3条连接在第5秒被关闭后，TIME_WAIT状态的持续时间也只有12秒，与图4-2所示的一样。

总之，本节说明了事务过程中的客户程序有两种可能的优化方式：

1) 不需要改动任何程序源代码，只要客户和服务器端都支持T/TCP协议，就可将TIME_WAIT的持续时间缩短到连接中重传超时的8倍，而不是原来的240秒。

2) 只修改客户程序，使其重用同一个端口号，这时不但TIME_WAIT状态的持续时间可以像前一种情况那样截断到连接中重传超时的8倍，而且，如果同一连接的另一个替身被创建，TIME_WAIT状态就会更快地终止。

4.3　设置TIME_WAIT状态的目的

TIME_WAIT状态是TCP中最容易被误解的特性之一。这很可能是因为最初的规约RFC 793中只对该状态做了扼要的解释，尽管后来的RFC（如RFC 1185），对TIME_WAIT状态做了详细说明。设置TIME_WAIT状态的原因主要有两个：

1) 它实现了全双工的连接关闭。

2) 它使过时的重复报文段作废。

下面我们对这两个原因做进一步的讨论。

TCP全双工关闭

图4-4给出了一般情况下连接关闭时的报文段交换过程。图中还给出了连接状态的变迁和在服务器端测得的RTT值。

图中左侧为客户端，右侧为服务器端。要注意，其中的任何一端都可以主动关闭连接，但一般都是客户端执行主动关闭。

下面我们来看看最后一个报文段(最后一个ACK)丢失时会发生什么现象。这个现象就显示在图4-5中。

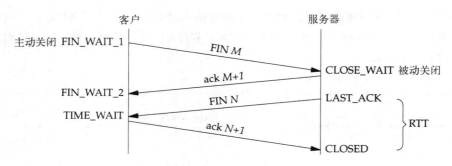

图4-4　通常情况下连接关闭时的报文段交换

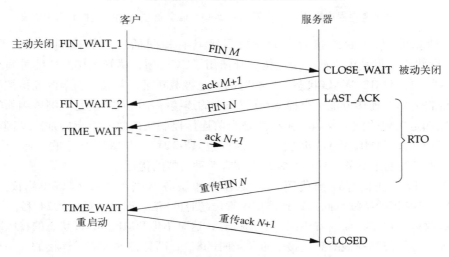

图4-5　最后一个报文段丢失时的TCP连接关闭

由于没有收到客户的最后一个确认，服务器会超时，并重传最后一个FIN报文段。我们特意把服务器的重传超时(RTO)给得比图4-4中的RTT大，这是因为RTO的取值是估计的RTT值加上若干倍的RTT方差(卷2的第25章详细论述了如何测量RTT值以及如何计算RTO)。处理最后一个FIN报文段丢失的方法也是一样：服务器在超时后继续重传FIN。

这个例子说明了为什么TIME_WAIT状态要出现在执行主动关闭的一端：该端发出最后一个ACK报文段，而如果这个ACK丢失或最后一个FIN丢失了，那么另一端将超时并重传最后的FIN报文段。因此，在主动关闭的一端保留连接的状态信息，这样它才能在需要的时候重传最后的确认报文段；否则，它收到最后的FIN报文段后就无法重传最后一个ACK，而只能发出RST报文段，从而造成虚假的错误信息。

图4-5还说明了另一个问题，即如果重传的FIN报文段在客户端主机仍处于TIME_WAIT状态的时候到达，那么不仅仅最后一个ACK会重传，而且TIME_WAIT状态也重新开始。这时，TIME_WAIT状态的持续时间定时器重置为2倍的报文段最大生存时间，即2MSL。

问题是，执行了主动关闭的一端，为了处理图4-5所示的情况，需要在TIME_WAIT状态保持多长的时间？这取决于对端的RTO值；而RTO又取决于该连接的RTT值。RFC 1185中指出RTT的值超过1分钟不太可能。但实际上RTO却很有可能长达1分钟：在广域网发生拥塞时就会有这种情形。这是因为拥塞会导致多次重传的报文段仍然丢失，从而使TCP的指数退避算法生效，RTO的值越来越大。

过时的重复报文段失效

设置TIME_WAIT状态的第二个原因是让过时的重复报文段失效。TCP协议的运行基于一个基本的假设：互联网上的每一个IP数据报都有一个有限的生存期限，这个期限值是由IP首部的TTL(生存时间)字段决定的。每一台路由器在转发IP数据报时都要将其TTL值减1；但如果该IP数据报在路由器中等待的时间超过1秒，那就要把TTL的值减去等待的时间。实际上，IP数据报在路由器中的等待时间很少超过1秒，因而每个路由器通常都是把TTL的值减1(RFC 1812的5.3.1节 [Baker 1995])。由于TTL字段的长度是8比特，因此每个IP数据报所能经历的转发次数至多为255。

RFC 793把该限制定义为报文段最大生存时间(MSL)，并规定其值为2分钟。该RFC同时指出，将MSL定义为2分钟是一个工程上的选择，其值可以根据经验进行修改。最后，RFC 793规定TIME_WAIT状态的持续时间为MSL的2倍。

图4-6给出的是一个连接关闭后在TIME_WAIT状态保持了2MSL后发起建立新的连接替身。

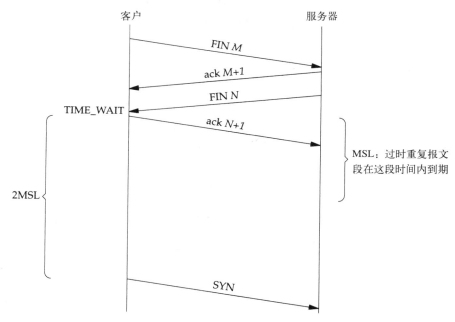

图4-6 前一个连接替身关闭2MSL后发起该连接的一个新替身

由于该连接的新替身必须在前一个连接替身关闭2MSL之后才能再次发起，而且由于前一个连接替身的过时重复报文段在TIME_WAIT状态的第1个MSL里就已经消失，因此我们可以保证前一次连接的过时重复报文段不会在新的连接中出现，也就不可能被误认为是第二次连接的报文段。

TIME_WAIT状态的自结束

RFC 793中规定，处于TIME_WAIT状态的连接在收到RST后变迁到CLOSED状态，这称为TIME_WAIT状态的自结束。RFC 1337 [Braden 1992a]中则建议不要用RST过早地结束

TIME_WAIT状态。

4.4 TIME_WAIT状态的截断

我们从图4-2和图4-3中已经看到，T/TCP协议可以截断TIME_WAIT状态的保持时间。采用T/TCP协议后，保持时间由2MSL缩短为RTO(重传超时)的8倍。在4.3节，我们也看到了设置TIME_WAIT状态的原因有两个。那么，截断了该状态的保持时间后，对应于每一个原因都分别产生了什么样的后果？

TCP全双工关闭

设置TIME_WAIT状态的第一个原因是为最后一个FIN的重传保持所需的状态信息。如图4-5所示，花在TIME_WAIT状态的时间实际上应该根据RTO来定，而不是根据MSL。T/TCP中选用乘数8是为了保证对方有足够的时间超时，并重传最后一个报文段。这样就产生了如图4-2所示的情形：双方都在等待截断的TIME_WAIT保持期(图中为12秒)过去。

但是让我们来看看图4-3中发生的情况。那里因新的客户程序又使用了同一个插口对，从而TIME_WAIT状态在8倍RTO的保持时间到期之前就被截断了。图4-7给出了一个例子。

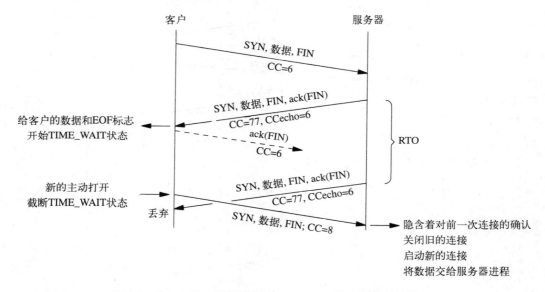

图4-7 最后一个ACK丢失时TIME_WAIT状态被截断的情形

图中，最后一个ACK丢失了，但是客户在收到服务器重传的最后一个报文段之前又再次发起了同一个连接的另一个替身。当服务器收到新的SYN报文段时，由于TAO测试成功(因为8大于6)，这就隐含着确认了服务器的待确认报文段(图中第2个报文段)。老的连接于是关闭，新的连接开始建立。由于TAO测试成功，新SYN报文段中的数据被交付给服务器进程。

有意思的是，由于T/TCP协议把TIME_WAIT状态的保持时间定义为执行主动关闭一端所测得的RTO的函数，因而就有了一个隐含的假定：两端测得的RTO值相近，并且在一定的范围之内[Olah 1995]。如果执行主动关闭的一端在另一端重传最后的FIN之前就结束了TIME_WAIT状态，那么对重传FIN报文段的响应将是RST而不是重传端所等待的ACK。

当RTT的值较小，最小的3个T/TCP交换报文段中的第3个报文段丢失，以及客户端和服务器端具有不同的软件时钟速率和不同的RTO最小值时，就会发生上述情况(14.7节给出了客户常用的一些RTO值)。无论如何，当服务器无法测量RTT的时候(由于第3个报文段丢失)，客户可以测出较小的RTT值。例如，假设客户测得的RTT值为10 ms，RTO的最小值为100 ms，这时客户在收到服务器响应800 ms以后就截断TIME_WAIT状态。但如果服务器是从伯克利演变而来的版本，那么其缺省的RTO为6秒(如图14-13所示)。当服务器在大约6秒后重传其SYN/ACK/数据/FIN时，客户端将发出一个RST作为响应，给服务器应用程序造成一个虚假的错误。

过时的重复报文段失效

TIME_WAIT状态的截断是可行的，因为CC选项能够防止过时的重复报文段错误地传递给后续连接。但截断的前提是连接的持续时间小于报文段最大生存时间(MSL)。考虑图4-8所示的情况。我们让CC生成器(tcp_ccgen)以最大可能速率递增：每两个报文段最大生存时间(2MSL)就增长$2^{32}-1$。这使得事务速率达到最大，为4 294 967 295除以240，大约为每秒18 000 000次事务。

假设tcp_ccgen的值在时刻0时为1，并以上述最大速率递增，那么在2MSL、4MSL等时刻，tcp_ccgen的值又重新回到1。而且，由于tcp_ccgen的值永远不取0，在2MSL的时间里只有$2^{32}-1$个值而不是2^{32}个值；因此，我们在图中给出MSL时，2 147 483 648这个值实际上是在MSL时刻之前很短的时间里出现。

我们假设连接始于时刻0，CC值为1，连接持续时间为100秒。TIME_WAIT状态从第100秒开始，一直保持到第112秒，或者在主机发起下一次连接时提前结束(这里假定RTO为1.5秒，因此TIME_WAIT状态的保持时间为12秒)。由于连接的持续时间(100秒)小于报文段最大生存时间(MSL=120秒)，因而可以保证该次连接的所有过时重复报文段在第220秒以后一定会消失。我们还假定tcp_ccgen计数器是以最大可能速率递增的。也就是说，主机在第0~240秒的时间里建立超过40亿条TCP连接。

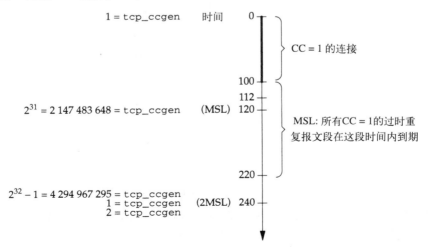

图4-8 持续时间小于MSL的连接：TIME_WAIT状态截断是可行的

因此，只要连接的持续时间小于报文段最大生存时间，将TIME_WAIT状态的保持时间截断就是安全的，因为CC选项的值直到所有的过时重复报文段都消失以后才会重复。

要明白为什么只有当连接的持续时间小于报文段最大生存时间时才能截断TIME_WAIT状态的保持时间，那得考察图4-9所示的情形。

我们仍然假设tcp_ccgen计数器以可能的最快速率递增。某个连接开始于时刻0，CC值为2，持续时间为140秒。由于持续时间大于报文段最大生存时间，故TIME_WAIT状态不能被截断，从而该连接的插口对只有等到第380秒以后才能被重用(从技术上讲，由于我们给定tcp_ccgen在0时刻的值为1，故CC值为2的连接会在0时刻稍后建立，并在第140秒稍后终止。但这不影响我们的讨论)。

在第240~260秒之间，CC值2可以重用。如果TIME_WAIT状态被截断(比如发生在第140~152秒之间的某个时刻)，并且如果同一条连接的另一次实现在第240~260秒之间重新建立且CC值为2，那么由于所有过时的重复报文段只有在第260秒以后才会全部消失，这样那些属于前一次连接的过时重复报文段就有可能被误认为是第2次连接的新报文段。在第240~260秒这段时间，其他的连接(即不同的插口对)将CC的值取为2并没有什么问题；但是同一个插口对就不能重复使用这个CC值，因为此时网络中可能还有属于该连接的过时重复报文段。

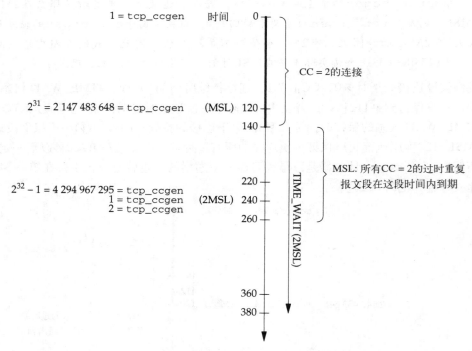

图4-9 持续时间大于MSL的连接：TIME_WAIT状态无法被截断

从应用程序的角度而言，所谓TIME_WAIT状态截断就意味着客户程序在与同一个服务器进行一系列事务时，必须选择是让一系列连接使用同一个本地端口，还是让每次事务使用各自不同的本地端口。当连接的持续时间小于报文段最大生存时间时(在事务中这是典型的情况)，重用本地端口可以节约TCP资源(即减少了对控制块内存的需求，见图4-2和图4-3)。但是如果客户程序在前一次连接的持续时间大于报文段最大生存时间的情况下试图重用本地端口,建立连接时将返回EADDRINUSE错误(图12-2)。

如图4-2所示,无论应用程序采用哪种端口使用策略,如果两端的主机都支持T/TCP协议,而且连接的持续时间小于报文段最大生存时间,那么TIME_WAIT状态的保持时间总是可以从2倍MSL截断到8倍RTO。这样就节约了资源(即内存和CPU时间)。这对支持T/TCP协议的两台主机之间的任何TCP连接(如FTP、SMTP、HTTP以及其他),只要连接持续时间小于MSL就都适用。

4.5 利用TAO跳过三次握手

T/TCP协议的主要好处就是能够跳过三次握手。为了理解何以能跳过三次握手,我们需要先了解三次握手的目的。RFC 793中对此只是做了一个简单的说明:"引入三次握手的主要目的是避免过时的重复连接在再次建立连接时造成混乱。为此,专门定义了一个特殊的控制报文reset来解决这个问题"。

在三次握手中,每一端都是先发出SYN报文段,其中含有各自的起始序列号;然后每一端都要确认对方的SYN报文段。这样就可以排除当过时的重复报文段到达某一端时可能带来的混淆。此外,常规的TCP不会在进入ESTABLISHED状态之前就把在SYN报文段中一起传送过来的数据交付给上层的用户进程。

T/TCP协议必须提供一种方法,使收到SYN报文段的一方能够不经过三次握手就保证这个SYN不是过时的重复报文段,从而使得随该SYN报文段一起传送过来的数据能立刻交付给上层的用户进程。这里的保护手段是客户发出的SYN报文段中附带的CC选项和服务器缓存的最近一次从该客户收到的合法CC值。

考虑图4-10时序图所示的情况。与图4-8中一样,我们假设tcp_ccgen计数器以最大可能速率递增:每2MSL递增$2^{32}-1$。

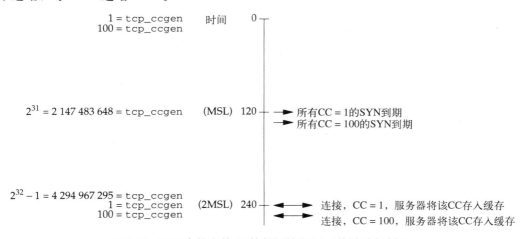

图4-10 SYN中较高的CC值保证该SYN不是过时复制品

在0时刻,tcp_ccgen的值为1;很小的一段时间后其值就变为100。由于IP数据报的生存期有限,我们可以确信在第120秒的时候(MSL秒以后),CC值为1的所有SYN报文段都已经过期而在网络中消失;此后再过一小段时间,所有CC值为100的SYN报文段也都消失了。

于是在第240秒的时候，又建立了一个CC值为1的新连接。假设服务器对该报文段的TAO测试成功，那么它就把该客户的最新CC值缓存下来。此后不久，该服务器主机又收到同一客户的另一个连接请求。由于这时SYN报文段中的CC值(100)比服务器当前保存的该客户最近一个合法CC值(1)要大，而且以前CC值为100的连接中的所有SYN都已经超过了MSL时间，因而服务器可以断定这是一个新的SYN。

事实上，这就是RFC 1644中所述的TAO测试："如果某个特定客户主机的第一个SYN报文段(即只含SYN位而不含ACK位的报文段)中所携带的CC值大于缓存中的该客户CC值，CC值的单调递增特性可以确保这是一个新的SYN报文段，可以立即接收下来。"正是CC值的单调递增特性以及下面的两个假设确保了SYN报文段是新的，使得T/TCP协议能够跳过三次握手：

1) 所有的报文段都只有有限的MSL秒的生存期；
2) tcp_ccgen计数器在2MSL的时间内的递增量不超过$2^{32}-1$。

失序的SYN报文段

图4-11给出了两台T/TCP主机和一个失序到达的SYN报文段。这个SYN并不是一个过时的重复报文段，只不过是没有按照正确的顺序到达服务器而已。

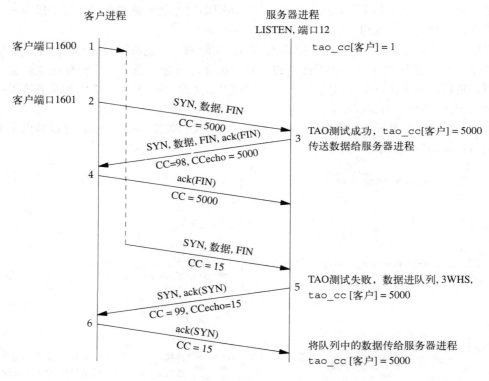

图4-11 两台T/TCP主机和失序到达的SYN报文段

服务器缓存的该客户的CC值为1。报文段1是从客户端口1600发出的，携带的CC值为15，但它在网络上延迟了一段时间。报文段2是从客户端口1601发出的，携带的CC值为5000。当报文段2到达服务器时，TAO测试成功(5000大于1)，于是对该客户缓存的最新CC值改为5000，并把数据交付给进程。报文段3和报文段4完成该次事务。

当报文段1终于到达服务器时，TAO测试失败(15小于5000)，于是服务器给出的响应也是一个SYN报文段，其中带有对所收到SYN的ACK，强迫执行三次握手过程。只有当三次握手完成后才会把数据交付给服务器进程。报文段6结束三次握手过程，队列中的数据于是被交付给服务器进程(图中没有给出该事务的后续过程)。但是，尽管三次握手成功结束，CC值为15的报文段也并不是一个过时的重复报文段(它只是到达的顺序不对)，服务器所记录的该客户的CC值并不更新。如果更新CC会使其值由5000回到15，可能会使服务器错误地收下来自该客户的、CC值介于15~5000之间的过时重复报文段。

翻转了符号位的CC值

在图4-11中我们看到，当TAO测试失败后，服务器强迫执行三次握手；即使握手过程成功结束，服务器所记录的该客户CC值也不更新。从协议的角度出发，这样做是正确的，但却降低了效率。

服务器端TAO测试失败是很可能发生的，因为CC值是客户端生成的。对客户端来说，这是所有连接的全局变量；对服务器来说，则是"翻转(wrap)了它们的符号位"(类似于TCP的序列号，CC值也是无符号的32位数。对CC值进行比较采用模运算，具体算法可见卷2第649~650页。当我们说CC值a的符号位相对于值b"翻转"了时，其具体含义是a的值增加后不再比b大了，反倒是比b小了)。看图4-12。

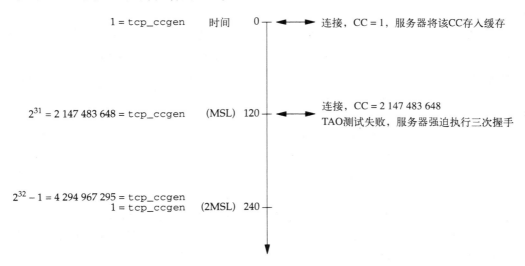

图4-12 CC的值翻转其符号位造成TAO测试失败

客户在0时刻与服务器建立连接，CC值为1。服务器TAO测试成功，并把该CC值记录为该客户当前的CC值。接着该客户与其他服务器建立了2 147 483 646个连接。在第120秒时，它与0时刻建立起连接的服务器又建立一个连接，但此时的CC值为2 147 483 648。服务器收到SYN后，TAO测试失败(按模运算，2 147 483 648比1小，如卷2的图24-26所示)，然后三次握手过程验证了该SYN报文段，但是服务器当前记录的该客户的CC值仍然是1。

这就意味着，从此开始到第240秒的这一段时间里，该客户向该服务器发送任何一个SYN都要经过三次握手过程。这里假设`tcp_ccgen`计数器持续以最快的速率递增。但更可能的情况是该计数器的递增速率会低得多，意味着计数器由2 147 483 648递增到4 294 967 295就需要不止120秒了，而可能是几个小时甚至几天的时间。而直到该计数器的符号位再次翻转以前，该客户和该服务器之间的所有T/TCP连接都要执行三次握手。

这个问题的解决需要连接双方的共同努力。首先，不仅服务器要为每个客户记录其最新的CC值，而且客户也要记录发给每个服务器的最新CC值。这两个变量即为图2-5中的tao_cc和tao_ccsent。

其次，当客户发现要使用的tcp_ccgen值小于它最近发送给服务器的CC值时，客户就发出CCnew选项而不是CC选项。该选项强迫两台主机再次同步它们各自记录的CC值。

服务器收到一个带有CCnew选项的SYN报文段后，它把该客户的tao_cc标记为0(未定义)。三次握手成功结束后，如果TAO缓存中该客户的表项还是未定义，就将其更新为这次收到的CC值。

由此可见，当客户端没有记录该服务器的CC值(比如客户端重启，或缓存中对应于该服务器的表项被冲掉)时，或者客户端检测到该服务器的CC值已翻转时，该客户将在其初始SYN报文段中发送CCnew选项而不是CC选项。

重复的SYN/ACK报文段

到目前为止，我们的注意力一直集中在服务器如何确定所收到的SYN报文段是新的还是过时和重复的。这使得服务器可以绕开三次握手的过程。但是客户端又如何确定所收到的服务器响应(SYN/ACK报文段)不是过时和重复的呢？

在常规的TCP中，客户端发送的SYN报文段中不带数据，因此服务器要确认的内容只有一个字节：SYN。此外，从伯克利演变来的实现又在建立新连接时将初始发送序号(ISS)递增64 000(TCP_ISSINCR除以2)(见卷2第808页)，这样客户端发送的后续SYN中的初始发送序号就总是比前一次连接的要大。因而过时的重复SYN/ACK报文段就不太可能含有客户端可接受的确认字段。

然而在T/TCP协议中，客户端的SYN报文段中通常都带有数据，这就扩大了客户端从服务器收到的可接受确认的范围。RFC 1379 [Braden 1992b]的图7给出的例子中，客户端就错误地接受了一个过时的重复SYN/ACK报文段。然而，该例子出现这个问题的原因在于前后两个相继连接的初始发送序号只差100，小于客户端在SYN报文段中附带的数据字节数(300字节)。我们前面提到过，从伯克利演变来的实现中，每建立一个新的连接时总会把ISS增加至少64 000。而64 000已经大于T/TCP协议的默认发送窗口宽度(通常为4096字节)，这就使客户端不可能接受一个过时的重复SYN/ACK报文段。

4.4BSD-Lite2系统中采用了我们在3.2节中讨论过的随机产生ISS值方法。ISS的实际增量平均分布于31 232和96 767之间，均值为63 999。31 232仍然比默认的发送窗口大，下面我们将要讨论的CCecho选项使得这个问题存有争议。

然而，T/TCP协议用CCecho选项对过时的重复SYN/ACK报文段问题提供完整的保护。客户端知道自己发出的SYN报文段中的CC值，而服务器必须在CCecho选项中把该值原样发回给客户端。如果服务器的响应中不含所期望的CCecho值，那么客户端就把该响应丢弃(图11-8)。CC的值具有单调递增特性，而且在至多2MSL秒的时间内就循环一次，这就可以保证客户端不会接受过时的重复SYN/ACK报文段。

注意，客户不能对服务器传来的SYN/ACK报文段执行TAO测试：太晚了。服务器已经接受了客户端的SYN，数据已经被交付给了服务器进程，而客户收到的SYN/ACK报文段中也含有服务器给出的响应，此时客户端再要强迫执行三次握手就太迟了。

重传的SYN报文段

RFC 1644和我们在本节中的讨论都忽略了客户端的SYN或服务器的SYN的重传可能性。例如，在图4-10中，我们假设tcp_ccgen在0时刻的值为1；接着假设所有CC值为1的SYN报文段在第120秒时都已经过时消失。而实际上也可能是这样的：CC值为1的SYN报文段可能在第0~75秒之间的某个时刻重传了，于是所有CC值为1的SYN报文段在第195秒时才会过时消失，而不是在第120秒时就过时了(如卷2第664页所述，从伯克利演变来的实现中，客户端SYN报文段和服务器SYN报文段的重传超时上限为75秒)。

这并不影响TAO测试的正确性，但却降低了tcp_ccgen计数器的最大递增速率。前面我们讲过，tcp_ccgen计数器的最大递增速率是在2MSL秒的时间里递增$2^{32}-1$，从而使最大事务速率达到大约每秒18 000 000次。当考虑到SYN报文段的重传之后，上述最大速率就变为在2MSL+2MRX秒的时间里递增$2^{32}-1$，其中MRX是系统规定的SYN报文段重传时限(在Net/3中是75秒)。最大事务速率也由此降低到大约每秒11 000 000次。

4.6 小结

TCP协议的TIME_WAIT状态有两个功能：

1) 实现了连接的全双工关闭。

2) 使得过时的重复报文段超时作废。

如果T/TCP连接的持续时间小于120秒(1MSL)，那么TIME_WAIT状态的保持时间只要8倍的重传超时，而不是240秒。而且，在前一次连接还处于TIME_WAIT状态时，客户端就可以建立一个连接的新的替身，从而进一步缩短了等待时间。我们说明了为什么这么做是可行的，仅受限于T/TCP协议能支持的最大事务速率(大约每秒18 000 000次)。如果T/TCP客户知道要与同一台服务器执行大量事务，那么它每次都可以使用同一个本地端口，从而可减少TIME_WAIT状态的控制块的数量。

TCP的TAO(TCP加速打开)测试使得T/TCP的客户-服务器程序可以跳过三次握手过程。这是在服务器收到客户端的CC值大于服务器记录的该客户CC值时实现的。正是CC值的单调递增性以及以下两点假定，才确保了服务器能够断定客户端的SYN是新的，使T/TCP能够跳过三次握手过程：

1) 所有报文段都有一个有限的生存期限：MSL秒；

2) tcp_ccgen计数器的最大递增速率为：在2MSL秒内增加$2^{32}-1$。

第5章 T/TCP实现：插口层

5.1 概述

从本章开始我们讨论Net/3版中T/TCP协议的实现。我们沿用卷2的编排顺序和表达风格：

- 第5章：插口层
- 第6章：路由表
- 第7章：协议控制块
- 第8章：TCP概要
- 第9章：TCP输出
- 第10章：TCP函数
- 第11章：TCP输入
- 第12章：TCP用户请求

在这些章节的介绍中，我们都假设用户已经有了本系列书的卷2或者其中源代码的副本。这样我们就只要介绍实现T/TCP协议所需的1 200行新代码，而不需要重述卷2已介绍过的15 000行代码。

T/TCP协议对插口层所做的改动是很小的：sosend函数需要处理MSG_EOF标志，允许协议调用sendto函数和sendmsg函数隐式地打开和关闭连接。

5.2 常量

T/TCP协议中需要使用三个常量：

1) <sys/socket.h>中定义的MSG_EOF。如果在调用send、sendto或sendmsg函数时设置了该标志，那么利用该连接发送数据就结束了，实际上就是结合了write和shutdown两个函数的功能。在卷2的图16-12中应该加上该标志。

2) <sys/protosw.h>中定义了一个新的协议请求PRU_SEND_EOF。在卷2的图15-17中应该加上该请求。这个请求是由sosend函数发出的，已在后面的图5-2中给出。

3) <sys/protosw.h>中定义了一个新的协议标志PR_IMPLOPCL(意指"隐式打开和关闭")。这个标志有两重含义：(a)协议允许在调用sendto或sendmsg函数时给定对等端的地址，而不必在此之前调用conncet函数(隐式打开)；(b)协议能够识别MSG_EOF标志(隐式关闭)。注意，只有在面向连接的协议(如TCP)中才需要(a)，因为在无连接的协议中总是可以直接调用sendto和sendmsg函数而不需要事先调用connect函数。应该在卷2的图7-9中加上该标志。

协议代码中switch程序块的TCP入口inetsw[2](卷2中图7-13的第51~55行)应该在其pr_flags的标志值中加上PR_IMPLOPCL。

5.3 sosend函数

sosend函数有两处改动。图5-1所示的代码用来替代卷2第397页中第314~321行的程序代码。

```
                                                                    — uipc_socket.c
320          if ((so->so_state & SS_ISCONNECTED) == 0) {
321              /*
322               * sendto and sendmsg are allowed on a connection-
323               * based socket only if it supports implied connect
324               * (e.g., T/TCP).
325               * Return ENOTCONN if not connected and no address is
326               * supplied.
327               */
328              if ((so->so_proto->pr_flags & PR_CONNREQUIRED) &&
329                  (so->so_proto->pr_flags & PR_IMPLOPCL) == 0) {
330                  if ((so->so_state & SS_ISCONFIRMING) == 0 &&
331                      !(resid == 0 && clen != 0))
332                      snderr(ENOTCONN);
333              } else if (addr == 0)
334                  snderr(so->so_proto->pr_flags & PR_CONNREQUIRED ?
335                          ENOTCONN : EDESTADDRREQ);
336          }
                                                                    — uipc_socket.c
```

图5-1 sosend函数：差错检查

　　注意，对代码的替换在这里实际上是从第320行开始的，而不是第314行。这是因为在这个文件的前面部分还有一些与T/TCP无关的修改。由于我们要用这里的17行代码替换卷2中的8行代码以支持T/TCP协议，因而该文件后面部分代码段中的行号也与卷2中对应的代码段的行号不一样。当本书提到卷2中的代码段时，我们所说的行号通常都是指在卷2中的行号。由于卷3中的代码是卷2中的相应代码经过增删后得到的，因而相同功能代码段的行号会比较接近，但不一定相同。

320-336 修改后代码段的作用是：当设置了协议的PR_IMPLOPCL标志，并且调用进程给出了目的地址时，允许在面向连接的插口上调用sendto函数和sendmsg函数。如果调用进程没有给出目的地址，那么对应于TCP插口将返回ENOTCONN，对应于UDP插口则返回EDESTADDRREQ。

330-331 这个if语句使得当连接处于SS_ISCONFIRMING状态时，允许只写控制信息而不写任何协议数据。OSI TP4协议采用了这种做法，TCP/IP则没有采用。

　　图5-2所示的是对sendto函数的修改，图中代码用来替代卷2第400页的第399~403行。

```
                                                                    — uipc_socket.c
415          s = splnet();          /* XXX */
416          /*
417           * If the user specifies MSG_EOF, and the protocol
418           * understands this flag (e.g., T/TCP), and there's
419           * nothing left to send, then PRU_SEND_EOF instead
420           * of PRU_SEND.  MSG_OOB takes priority, however.
421           */
422          req = (flags & MSG_OOB) ? PRU_SENDOOB :
423              ((flags & MSG_EOF) &&
424              (so->so_proto->pr_flags & PR_IMPLOPCL) &&
425              (resid <= 0)) ? PRU_SEND_EOF : PRU_SEND;
426          error = (*so->so_proto->pr_usrreq) (so, req, top, addr, control);
427          splx(s);
                                                                    — uipc_socket.c
```

图5-2 sosend函数：协议发送

我们第一次看到内容为XXX的评注。这是为了提醒读者，所注释的代码作用不明确，副作用也不明显，抑或是一个难题的快捷解决方法。本例中，splnet函数用于提高处理优先级，以优先执行这段代码。处理优先级用图5-2底部所示的splx恢复。卷2的1.12节叙述了Net/3中各种中断的级别。

416-427 如果指定了MSG_OOB标志，那就发出PRU_SENDOOB请求。否则，如果指定了MSG_EOF标志，协议又支持PR_IMPLOPCL标志，而且再没有数据要交给协议了(resid小于或等于0)，那就发出PRU_SEND_EOF请求而不是通常的PRU_SEND请求。

回忆3.6节中的例子。应用程序调用sendto函数发送了3300字节数据，并指定了MSG_EOF标志。在sosend函数执行的第一次循环中，图5-2所示的代码发出了一个PRU_SEND请求，以发送前2048字节数据(一个mbuf簇)。在第二次循环中，发出PRU_SEND_EOF请求，以发送剩下的1252字节数据(在另一个mbuf簇中)。

5.4 小结

T/TCP给TCP增加了隐式打开和关闭的功能。所谓隐式打开是指应用程序不是调用connect函数来建立连接，而是调用sendto函数或sendmsg函数并指定目的地址来建立连接。而隐式关闭则是指允许应用程序在调用send、sendto或sendmsg函数时指定MSG_EOF标志，从而把输出和关闭合并起来发布。图1-10中对sendto函数的调用就把打开、写和关闭合并在一个系统调用中实现。本章所示的程序代码修改给Net/3的插口层加上了隐式打开和关闭功能。

第6章 T/TCP实现：路由表

6.1 概述

T/TCP需要在其每主机高速缓存中为每一个与之进行过通信的主机创建一个记录项。每个记录项包括图2-5所示的`tao_cc`、`tao_ccsent`和`tao_mssopt`三个变量。已有的IP路由表是每主机高速缓存的最合适位置。在Net/3中，利用卷2第19章介绍的"克隆"标志，很容易为每一个主机创建一个每主机路由表记录项。

在卷2中，我们已经知道网际协议(没有T/TCP)利用了Net/3提供的一般路由表功能。卷2的图18-17说明了调用`rn_addroute`函数就可增加路由记录，调用`rn_delete`可以删除路由记录，调用`rn_match`可以查找路由记录，以及调用`rn_walktree`可以遍历整棵树(Net/3中用二叉树来存储其路由表，叫作基树(radix tree))。在TCP/IP中，除了这些一般功能外，不再需要有其他功能支持。然而在T/TCP中就不一样了。

既然一个主机可以在一个很短的时间内与成百上千的主机通信(例如几个小时，或者对于一个非常繁忙的WWW服务器来说可能不需要一个小时，详见14.10节的示例)，因此就需要有一些方法使每主机路由表中的路由记录超时作废。本章我们主要研究T/TCP协议在IP路由表中动态创建和删除每主机路由表记录项的功能。

卷2中的习题19.2给出了自动地为每一个与之通信的对等主机创建每主机路由表记录项的一个琐细方法。我们在本章中所叙述的方法在概念上与其非常相似，但对大多数TCP/IP路由都能自动进行。习题中创建的每主机路由是不会超时的；创建以后它们就一直存在，直到主机再次启动或者管理人员手工删除。这就需要有一个更好的方法来自动地管理所有的每主机路由。

并非每一个人都认为已有的路由表是开设T/TCP每主机高速缓存的好地方。另一个方法是将T/TCP每主机高速缓存在内核中作为其自身基树来存储。这项技术(一棵分立的基树)容易实现，利用了内核中已有的一般基树功能，在Net/3的网络文件系统NFS中就采用了这个方法。

6.2 代码介绍

C语言文件`netinet/in_rmx.c`中定义了T/TCP为TCP/IP的路由功能所增加的函数。这个文件中只包含了我们在本章中所介绍的专门用于Internet的函数。我们将不会介绍卷2第18、19和20章中所叙述的所有路由函数。

图6-1中给出了专门用于Internet的新增路由函数(在本章中介绍的函数用带阴影椭圆表示，函数名字用`in_`开头)和一般路由函数(这些函数的名字通常用`rn_`或`rt`开头)之间的关系。

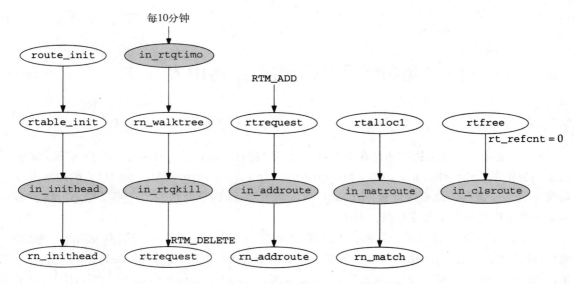

图6-1 专用于Internet的路由函数之间的关系

全局变量

图6-2中给出了专用于Internet的新增全局变量。

FreeBSD版允许系统管理员用sysctl程序修改图6-2中最后三个变量的值，程序要加前缀net.inet.ip。我们没有给出完成这个功能的程序代码，因为它只是对卷2图8-35中的ip_sysctl函数做了一些补充。

变 量	数据类型	说 明
rtq_timeout	int	in_rtqtimo运行的频率(默认值= 每一次10分钟)
rtq_toomany	int	在动态删除开始前有多少路由
rtq_reallyold	int	路由已经确实很陈旧时，存在了多长时间
rtq_minreallyold	int	rtq_reallyold最小值

图6-2 专用于Internet的全局路由变量

6.3 radix_node_head结构

在radix_node_head结构中新增加了一个指针(卷2的图18-16)：rnh_close。当它指向in_clsroute时，除了指向某个IP路由表外，它的值总是空的，见后面的图6-7中。

这个函数指针用在rtfree函数中。卷2的图19-5中的第108行和第109行之间要加上下面这些程序行，以说明并初始化自动变量rnh：

```
struct radix_node_head *rnh = rt_tables[rt_key(rt)->sa_family];
```
以下3行程序则加在第112~113行之间：

```
if(rnh->rnh_close && rt-> rt- refcnt == 0) {
    rnh->rnh_close((struct radix_node *)rt, rnh);
}
```

如果这个函数指针非空，并且引用计数达到0，就要调用关闭函数。

6.4 `rtentry`结构

T/TCP需要在rtentry结构中增加两个路由标志(卷2第464页)。但是现有的rt_flags项是一个16位短整数，并且15位已经占用了(卷2第464页)。为此要在rtentry结构中新增一个标志项rt_prflags。

> 另一个解决的方法是将短整数rt_flags改为长整数，这种做法在将来的版本中可能会有。

T/TCP使用了rt_prflags的两个标志位。

- RTPRF_WASCLONED是由rtrequest设置的(卷2第488页第335~336行)，从设置了RTF_CLONING标志的记录项创建一个新的记录项时就要设置该标志。
- RTPRF_OURS是由in_clsroute设置的(图6-7)，当IP路由的最后一个克隆参考项关闭时就要设置该标志。这时，要设置一个定时器，以便在将来的某个时间将这个路由表项删除。

6.5 `rt_metrics`结构

T/TCP修改路由表的目的是在每个路由表记录项中存储附加的每主机信息，实际上也就是三个变量：tao_cc、tao_ccsent和tao_mssopt。为了容纳这些附加的信息，在rt_metrics结构(卷2第464页)中就需要有一个新的字段：

`u_long rmx_filler[4];    /* protocal family specific metrics */`

这就有了一个16字节的协议专用向量，T/TCP可以利用，如图6-3所示。

```
                                                                   tcp_var.h
153 struct rmxp_tao {
154     tcp_cc  tao_cc;            /* latest CC in valid SYN from peer */
155     tcp_cc  tao_ccsent;        /* latest CC sent to peer */
156     u_short tao_mssopt;        /* latest MSS received from peer */
157 };

158 #define rmx_taop(r) ((struct rmxp_tao *)(r).rmx_filler)
                                                                   tcp_var.h
```

图6-3 T/TCP用作TAO高速缓存的rmxp_tao结构

153-157 tcp_cc数据类型用于连接计数，是用typedef定义的一个无符号长整数(类似于TCP的序号)。tcp_cc变量的值为0，表示它还未定义。

158 当给定一个指向rtentry结构的指针，宏rmx_taop就返回一个指向相应rmxp_tao结构的指针值。

6.6 `in_inithead`函数

卷2第504页详细介绍了Net/3中路由表初始化工作的所有步骤。T/TCP所做的第一项修改是将inetdomain结构中的dom_rtattach字段指向in_inithead，而不是指向rn_inithead(卷2第151页)。图6-4中给出了in_inithead函数。

1. 执行路由表的初始化

222-225 rn_inithead用于分配并初始化一个radix_node_head结构。在Net/3中也就

这些功能。该函数的其他功能是T/TCP新增加的，并且仅仅在"实"路由表初始化时执行。在NFS装载点初始化另一个路由表时也会调用这个函数。

2. 改变函数指针

226-229 rn_inithead还要将radix_node_head结构中取默认值的两个函数指针修改为rnh_addaddr和rnh_matchaddr。它们也是在卷2图18-17中给出的四个指针中的两个。这就使得在调用一般基结点函数前可以执行Internet中专有的一些动作。rnh_close函数指针是T/TCP中新加的。

```
                                                                    in_rmx.c
218 int
219 in_inithead(void **head, int off)
220 {
221     struct radix_node_head *rnh;
222     if (!rn_inithead(head, off))
223         return (0);
224     if (head != (void **) &rt_tables[AF_INET])
225         return (1);               /* only do this for the real routing table */
226     rnh = *head;
227     rnh->rnh_addaddr = in_addroute;
228     rnh->rnh_matchaddr = in_matroute;
229     rnh->rnh_close = in_clsroute;
230     in_rtqtimo(rnh);              /* kick off timeout first time */
231     return (1);
232 }
                                                                    in_rmx.c
```

图6-4 in_inithead函数

3. 初始化超时函数

230 in_rtqtimo是超时函数，是第一次调用。这个函数的每一次调用，它总会安排在将来再次被调用。

6.7 in_addroute函数

用rtrequest可以创建一个新的路由表记录项，它们或者是RTM_ADD命令的结果，也可能是RTM_RESOLVE命令的结果。这两个命令都会从已经存在并且设置了克隆标志的记录项中创建一个新的记录项(卷2第488~489页)。创建以后就要调用rnh_addaddr函数，我们在Internet协议中看到的是in_addroute函数。图6-5给出了这个新函数。

```
                                                                    in_rmx.c
47 static struct radix_node *
48 in_addroute(void *v_arg, void *n_arg, struct radix_node_head *head,
49         struct radix_node *treenodes)
50 {
51     struct rtentry *rt = (struct rtentry *) treenodes;
52     /*
53      * For IP, all unicast non-host routes are automatically cloning.
54      */
55     if (!(rt->rt_flags & (RTF_HOST | RTF_CLONING))) {
56         struct sockaddr_in *sin = (struct sockaddr_in *) rt_key(rt);
57         if (!IN_MULTICAST(ntohl(sin->sin_addr.s_addr))) {
```

图6-5 in_addroute函数

```
58                      rt->rt_flags |= RTF_CLONING;
59              }
60          }
61      return (rn_addroute(v_arg, n_arg, head, treenodes));
62  }
```
in_rmx.c

图6-5 （续）

52-61 如果所增加的路由不是一个主机路由，也没有设置克隆标志，这时就要检查路由表的主键(IP地址)。如果IP地址不是一个多播地址，该新创建的路由表记录项就要设置克隆标志。rn_addroute为路由表增加记录项。

这个函数的功能是为所有非多播网络路由设置克隆标志，包括默认的路由。这个克隆标志的作用是为任何一个在路由表中能够查到一条非多播网络路由或默认路由的目的地址创建一个新的主机路由。这个新克隆的主机路由是在它第一次查找时创建的。

6.8 in_matroute函数

rtalloc1(卷2第483页)在查找一个路由时调用了rnh_matchaddr指针所指向的函数(即图6-6中所示的in_matroute函数)。

in_rmx.c
```
68 static struct radix_node *
69 in_matroute(void *v_arg, struct radix_node_head *head)
70 {
71     struct radix_node *rn = rn_match(v_arg, head);
72     struct rtentry *rt = (struct rtentry *) rn;

73     if (rt && rt->rt_refcnt == 0) {      /* this is first reference */
74         if (rt->rt_prflags & RTPRF_OURS) {
75             rt->rt_prflags &= ~RTPRF_OURS;
76             rt->rt_rmx.rmx_expire = 0;
77         }
78     }
79     return (rn);
80 }
```
in_rmx.c

图6-6 in_matroute函数

调用rn_match来查找路由

71-78 rn_match在路由表中查找路由。如果找到了一个路由并且其参考计数值为0，这就是该路由表记录项的第一个参考路由。如果记录项已经超时，也就是说，如果设置了RTPRF_OURS标志，这时就要把这个标志将关闭，并且将rmx_expire定时器设置为0。当路由已经关闭，但在删除前又重新使用该路由时，就往往会发生这种情况。

6.9 in_clsroute函数

我们曾经提到过，T/TCP在radix_node_head结构中增加了一个新的函数指针rnh_close。当参考计数值为零时，这个函数就要在rtfree中调用，这又将调用in_clsroute函数，如图6-7所示。

1. 检查标志

93-99 要做以下的测试：路由必须是正常的，RTF_HOST标志必须是打开的(即这不是一个

―― *in_rmx.c*
```
 89 static void
 90 in_clsroute(struct radix_node *rn, struct radix_node_head *head)
 91 {
 92     struct rtentry *rt = (struct rtentry *) rn;
 93     if (!(rt->rt_flags & RTF_UP))
 94         return;
 95     if ((rt->rt_flags & (RTF_LLINFO | RTF_HOST)) != RTF_HOST)
 96         return;
 97     if ((rt->rt_prflags & (RTPRF_WASCLONED | RTPRF_OURS))
 98         != RTPRF_WASCLONED)
 99         return;

100     /*
101      * If rtq_reallyold is 0, just delete the route without
102      * waiting for a timeout cycle to kill it.
103      */
104     if (rtq_reallyold != 0) {
105         rt->rt_prflags |= RTPRF_OURS;
106         rt->rt_rmx.rmx_expire = time.tv_sec + rtq_reallyold;
107     } else {
108         rtrequest(RTM_DELETE,
109                 (struct sockaddr *) rt_key(rt),
110                 rt->rt_gateway, rt_mask(rt),
111                 rt->rt_flags, 0);
112     }
113 }
```
―― *in_rmx.c*

图6-7 in_clsroute函数

网络路由)，RTF_LLINFO标志必须是关闭的(对ARP记录项，该标志要打开)，RTPRF_
WASCLONED必须是打开的(记录项是克隆的)，RTPRF_OURS必须是关闭的(该记录项还未超
时)。如果这些测试中有任何一项失败，函数都将结束并返回。

2. 设置路由表记录项的终止时间

100-112 在通常的情况下，如果rtq_reallyold非零，就要打开RTPRF_OURS标志，并
且要将rmx_expire时间值设置为当前时钟的秒值(time.tv_sec)加上rtq_reallyold值
(一般为3600秒，即1小时)。如果系统管理员用sysctl程序将rtq_reallyold的值设置为0，
该路由就会立即被rtrequest删除。

6.10 in_rtqtimo函数

图6-4中，in_inithead首次调用in_rtqtimo函数。每一次调用执行in_rtqtimo时，
它都会自动安排在rtq_timeout(默认值为600秒或者10分钟)后再次得到调用。

in_rtqtimo的目的是(用一般的rn_walktree函数)找遍整个IP路由表，对每一个记
录项调用in_rtqkill。in_rtqkill要决定是否删除相应记录项。需要从
in_rtqtimo传递有关信息给in_rtqkill(回顾图6-1)，或者反过来。传递是通过给
rn_walktree的第三个变量实现的。这个变量是rn_walktree传递给in_rtqkill的
一个指针。由于该变量是一个指针，所以信息可以在in_rtqtimo和in_rtqkill之间的
任何一个方向上传递。

in_rtqtimo传递给rn_walktree的指针指向rtqk_arg结构，这个结构如图6-8所示。

-- *in_rmx.c*
```
114 struct rtqk_arg {
115     struct radix_node_head *rnh;    /* head of routing table */
116     int    found;               /* #entries found that we're timing out */
117     int    killed;              /* #entries deleted by in_rtqkill */
118     int    updating;            /* set when deleting excess entries */
119     int    draining;            /* normally 0 */
120     time_t nextstop;            /* time when to do it all again */
121 };
```
-- *in_rmx.c*

图6-8 rtqk_arg结构：in_rtqtimo与in_rtqkill之间传递的信息

研究in_rtqtimo函数时，我们可以看到这些字段是怎样用的。如图6-9所示。

-- *in_rmx.c*
```
159 static void
160 in_rtqtimo(void *rock)
161 {
162     struct radix_node_head *rnh = rock;
163     struct rtqk_arg arg;
164     struct timeval atv;
165     static time_t last_adjusted_timeout = 0;
166     int    s;

167     arg.rnh = rnh;
168     arg.found = arg.killed = arg.updating = arg.draining = 0;
169     arg.nextstop = time.tv_sec + rtq_timeout;
170     s = splnet();
171     rnh->rnh_walktree(rnh, in_rtqkill, &arg);
172     splx(s);

173     /*
174      * Attempt to be somewhat dynamic about this:
175      * If there are 'too many' routes sitting around taking up space,
176      * then crank down the timeout, and see if we can't make some more
177      * go away.  However, we make sure that we will never adjust more
178      * than once in rtq_timeout seconds, to keep from cranking down too
179      * hard.
180      */
181     if ((arg.found - arg.killed > rtq_toomany) &&
182         (time.tv_sec - last_adjusted_timeout >= rtq_timeout) &&
183         rtq_reallyold > rtq_minreallyold) {
184         rtq_reallyold = 2 * rtq_reallyold / 3;
185         if (rtq_reallyold < rtq_minreallyold)
186             rtq_reallyold = rtq_minreallyold;

187         last_adjusted_timeout = time.tv_sec;
188         log(LOG_DEBUG, "in_rtqtimo: adjusted rtq_reallyold to %d\n",
189             rtq_reallyold);
190         arg.found = arg.killed = 0;
191         arg.updating = 1;
192         s = splnet();
193         rnh->rnh_walktree(rnh, in_rtqkill, &arg);
194         splx(s);
195     }
196     atv.tv_usec = 0;
197     atv.tv_sec = arg.nextstop;
198     timeout(in_rtqtimo, rock, hzto(&atv));
199 }
```
-- *in_rmx.c*

图6-9 in_rtqtimo函数

1. 设置rtqk_arg结构并调用rn_walktree

167-172 rtqk_arg结构的初始化包括：在IP路由表的首部设置rnh，计数器found和killed清零，draining和update标志清零，将nextstop设置为当前时间(秒级)加上rtq_timeout(600秒，即10分钟)。rn_walktree要找遍整个IP路由表，对每一个记录项调用in_rtqkill(图6-11)。

2. 检查路由表记录项是否过多

173-189 如果以下三个条件满足，就说明路由表中的记录项过多：

1) 已经超时但仍未删除的路由表记录项数(found减去killed)超过了rtq_toomany(默认值为128)。

2) 上一次执行本项操作至今所经过的秒数超过了rtq_timeout(600秒，即10分钟)

3) rtq_really超过了rtq_minreallyold(默认值为10)。

如果以上条件全部成立，则将rtq_reallyold设置为其当前值的2/3(用整数除法)。由于该值的初始值为3600秒(60分钟)，因此它的取值就会分别是3600、2400、1600、1066和710，等等。但是该值不允许低于rtq_minreallyold(默认值为10秒)。当前时间值记录在静态变量。

last_adjusted_timeout中，并且要有一个调试消息发送给syslogd守护程序([Stevens 1992]的13.4.2节中给出了如何用log函数发送消息给syslogd守护程序)。这段代码以及减少rtq_reallyold值的目的是缩短路由表的处理周期，在路由表中记录项过多时删除过时的路由。

190-195 rtqk_arg结构中的计数器found和killed又初始化为0，updating标志此时设置为1，再次调用rn_walktree。

196-198 in_reqkill函数将rtqk_arg结构中的nextstop字段设置为下次调用in_rtqtimo的时间。内核的timeout函数会安排这个事件在需要的时候发生。

> 每10分钟就游历整个路由表一遍需要多大的开销？很明显这依赖于路由表中记录项的数目。在14.10节中我们模拟了一个繁忙的Web服务器中的T/TCP路由表大小，发现即使24小时内服务器要与5000个不同的客户连接，并且主机路由的超时间隔为1小时，路由表中也从不会超过550个记录项。目前，一些Internet主干路由器中有成千上万条的路由表记录项，但是它们不是主机，而是路由器。我们并不会希望主干路由器支持T/TCP，因此也不必有规律地游历这样一个非常大的路由表以删除过时的路由。

6.11 in_rtqkill函数

rn_walktree要调用in_rtqkill函数，其中rn_walktree又是被in_rtqtimo调用的。我们在图6-11中所示的程序in_rtqkill就用于在必要时删除IP路由表记录项。

1. 只处理已经超时的记录项

134-135 这个函数只对设置了RTPRF_OURS标志的记录项进行处理，也就是说，只处理已经被in_clsroute关闭了的记录项(即它们的参考计数值已经达到零)和已经过了一个超时间隔(通常为1小时)而过期的记录项。这个函数不影响正在使用的路由(因为这些路由的RTPRF_OURS标志不会打开的)。

136-146 如果设置了draining标志(在当前的实现中是永远不会设置的)，或者超时间隔已到(rmx_expire时间小于当前时间)，相应的路由就被rtrequest删除。rtqk_arg结构中的found字段累计已经设置了RTPRF_OURS标志位的路由表记录项数，killed字段则用于累计被删除的记录项数。

147-151 else语句在当前记录项还没有超时时执行。如果设置了updating标志(图6-9中我们已经看到，当过期的路由太多时就会设置该标志，或者下一次对整个路由表进行处理时也会设置该标志)，并且还远未到过期时间(一定是在将来某一时刻，以便相减时产生一个正值)，这时就将过期时间重新设置为当前时间加上rtq_reallyold。考虑图6-10所示的例子就容易理解了。

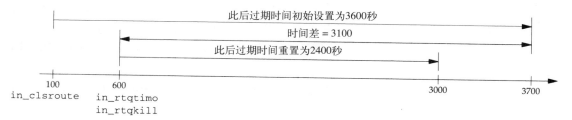

图6-10 in_rtqkill重新设置过期时间

```
                                                              ── in_rmx.c
127 static int
128 in_rtqkill(struct radix_node *rn, void *rock)
129 {
130     struct rtqk_arg *ap = rock;
131     struct radix_node_head *rnh = ap->rnh;
132     struct rtentry *rt = (struct rtentry *) rn;
133     int     err;

134     if (rt->rt_prflags & RTPRF_OURS) {
135         ap->found++;

136         if (ap->draining || rt->rt_rmx.rmx_expire <= time.tv_sec) {
137             if (rt->rt_refcnt > 0)
138                 panic("rtqkill route really not free");

139             err = rtrequest(RTM_DELETE,
140                             (struct sockaddr *) rt_key(rt),
141                             rt->rt_gateway, rt_mask(rt),
142                             rt->rt_flags, 0);
143             if (err)
144                 log(LOG_WARNING, "in_rtqkill: error %d\n", err);
145             else
146                 ap->killed++;
147         } else {
148             if (ap->updating &&
149                 (rt->rt_rmx.rmx_expire - time.tv_sec > rtq_reallyold)) {
150                 rt->rt_rmx.rmx_expire = time.tv_sec + rtq_reallyold;
151             }
152             ap->nextstop = lmin(ap->nextstop, rt->rt_rmx.rmx_expire);
153         }
154     }
155     return (0);
156 }
                                                              ── in_rmx.c
```

图6-11 in_rtqkill函数

图中x轴为时间，单位是秒。一个路由在时刻100时被in_clsroute关闭(当它的参考计数值达到零时),同时rtq_reallyold有了初始值3600(1小时)。这样,这个路由的过期时间就为3700。但在时刻600,执行了in_rtqtimo,并且路由未删除(因为它的过期时间是在3100秒,还未到),但由于路由记录项太多,使得in_rtqtimo将rtq_reallyold的值重置为2400、将updating设置为1,并且rn_walktree再次处理整个IP路由表。此时in_rtqkill发现updating已经是1并且路由将在3100秒时过期。因为3100大于2400,过期时间就要重置为过2400秒以后,也就是在3000秒的时刻。路由表变大时,过期时间也就变短。

2. 计算下一个过期时间

152-153　每当发现一个记录项已经过期但其过期时间还未到时,就要执行这段代码。nextstop要设置为其当前值与路由表记录项过期时间中的最小值。前面讲过,nextstop的初始值是由in_rtqtimo设置的,设置值为当前时间加上rtq_timeout的值(即10分钟以后)。

　　想想图6-12所示的例子。x轴代表时间,单位为秒,黑点的时刻为0、600、…,是调用in_rtqtimo函数的时刻。

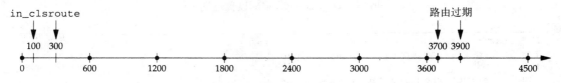

图6-12　根据路由过期时间执行in_rtqtimo

　　in_addroute创建一个IP路由,然后在时刻100时被in_clsroute关闭。它的过期时间设置为3700(1小时以后)。在时刻300创建了第二个路由,然后被关闭,其过期时间设为3900。in_rtqtimo函数每十分钟就执行一次,分别是在时刻0、600、1200、1800、2400、3000和3600等。从时刻0至时刻3000,nextstop的值设置为当前时刻加上600,这样在时刻3000为这两个路由分别调用in_rtqkill时,nextstop就改为了3600,因为3600小于3700和3900。但是在时刻3600为这两个路由分别又调用in_rtqkill时,nextstop就设置为3700,因为3700小于3900,也小于4200。这就意味着在时刻3700将再次调用in_rtqtimo,而不是在时刻4200。此外,当in_rtqkill在时刻3700被调用时,因为另一个路由需要在时刻3900过期,这就要将nextstop设置为3900。假设没有别的IP路由要过期,在时刻3900执行了in_rtqtimo以后,它将在4500、5100等时刻再次执行。

过期时间的交互影响

　　在路由表记录项的过期时间和rt_metrics结构中的rmx_expire字段之间会有一些微小的交互影响。首先,地址解析协议ARP也同样用该字段实现ARP记录项的超时(卷2的第21章)。这意味着路由表中有关本地子网中某一主机的路由表记录项(以及与其相关的TAO信息)在该主机的ARP记录项被删除时也会同时被删除,通常是每20分钟执行一次删除。这个间隔比in_rtqkill(1小时)所用的默认过期时间要短得多。回顾前面应该记得,in_clsroute明确地忽略已设置了RTM_LLINFO标志的ARP记录项(图6-7),让ARP对它们执行超时处理,而不用in_rtqkill。

　　其次,执行route程序去读取并打印一个克隆的T/TCP路由表记录项的度量数据和过期时间的副作用是会重置其过期时间。这种情况是这样的。假设有一个使用过的路由关闭了(其参考计数值变为零)。关闭时，其过期时间设置为1小时以后。59分钟过去了，但就在它即将过期前的1分钟，调用了route程序来打印这个路由的度量数据。以下是执行route程序时需要调用的内核函数：`route_output`调用`rtalloc1`，`rtalloc1`又调用`in_matroute`(Internet专有的函数`rnh_matchaddr`)，`in_matroute`函数加大了参考计数值，即从0到1。当这些操作全部完成后，假设参考值又从1回到0，`rtfree`就调用`in_clsroute`，而`in_clsroute`将过期时间重置为1小时以后。

6.12 小结

在T/TCP中，我们为`rt_metrics`结构增加了16字节。其中的10个字节被T/TCP用作TAO缓存：

- `tao_cc`，从对等端收到的最后一个有效SYN中的CC值；
- `tao_ccsent`，发给对等端的最后一个CC值；
- `tao_mssopt`，从对等端收到的最后一个MSS值。

在`radix_node_head`结构中新增加了一个函数指针：`rnh_close`字段，当路由的参考计数值达到0时，就要调用该指针所指的函数(如果有定义)。

专门为Internet协议增加了四个新的函数：

1) `in_inithead`用于初始化Internet的`radix_node_head`结构，设置我们现在讲述的这四个函数指针。

2) `in_addroute`在IP路由表中增加新路由时调用。它为每一个非主机路由和非多播地址路由的IP路由打开克隆标志。

3) `in_matroute`在每次查找到IP路由时调用。如果路由被`in_clsroute`函数设置为超时，就要把它的过期时间重置为0，因为这个路由又有用了。

4) `in_clsroute`在IP路由的最后一个参考也被关闭时调用。它将路由的过期时间设置为1小时以后。我们也看到了，如果路由表过大时，过期时间要缩短。

第7章　T/TCP实现：协议控制块

7.1　概述

对于T/TCP而言，协议控制块PCB函数(卷2的第22章)需要做一些小的修改。函数
in_pcbconnect(卷2的22.2节)现在要分为两部分：一个名为in_pcbladdr的内部例程，
用于分配本地接口地址；另一个为in_pcbconnect函数，完成原来的功能(它要调用
in_pcbladdr)。

我们把这两部分功能分开的原因是因为，当同一连接(即相同的插口对)的前一次操作还处
在TIME_WAIT状态时，T/TCP就可以发布下一个connect了。如果先前一次连接的持续时间
少于MSL，并且两端都使用了CC选项，那么处于TIME_WAIT状态的连接就关闭，允许建立
新的连接。如果我们没有做上述修改，并且T/TCP使用了未修改的in_pcbconnect，当遇
到现有PCB处于TIME_WAIT状态时，应用程序就会收到"地址已被使用"这样的出错消息。

不仅在发布TCP的connect时要调用in_pcbconnect，并且在新的TCP连接请求到达
时、发布UDP connect以及发布UDP sendto时都要调用该函数。图7-1总结了Net/3中修改
之前的调用关系。

图7-1　Net/3中调用in_pcbconnect的小结

在TCP输入和UDP中，对in_pcbconnect的调用是一样的，但是处理TCP connect
(PRU_CONNECT请求)时就要调用一个新的函数tcp_connect(图12-2和图12-3)，该函数又调
用新的函数in_pcbladdr。另外，当T/TCP客户采用sendto或sendmsg隐式打开连接时，
所产生的PRU_SEND或PRU_SEND_EOF请求也将调用tcp_connect。我们在图7-2中给出了
这种新的调用方案。

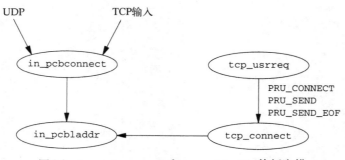

图7-2　in_pcbconnect和in_pcbladdr的新安排

7.2 in_pcbladdr函数

in_pcbladdr函数的第一部分如图7-3所示。这一部分仅仅给出了变量定义和头两行代码，它与卷2第590页的第138~139行完全相同。

```
                                                                    in_pcb.c
136  int
137  in_pcbladdr(inp, nam, plocal_sin)
138  struct inpcb *inp;
139  struct mbuf *nam;
140  struct sockaddr_in **plocal_sin;
141  {
142      struct in_ifaddr *ia;
143      struct sockaddr_in *ifaddr;
144      struct sockaddr_in *sin = mtod(nam, struct sockaddr_in *);

145      if (nam->m_len != sizeof(*sin))
146          return (EINVAL);
                                                                    in_pcb.c
```

图7-3 in_pcbladdr函数：第一部分

136-140 头两个变量与in_pcbconnect中是一样的，第三个变量是一个指针的指针，用于返回本地地址。

这个函数的其余部分与卷2中图22-25和图22-26完全相同，与该卷图22-27的大部分也相同。卷2的图22-27中最后两行，即第593页，则用图7-4中的代码代替。

```
                                                                    in_pcb.c
232          /*
233           * Don't call in_pcblookup here; return interface in
234           * plocal_sin and exit to caller, who will do the lookup.
235           */
236          *plocal_sin = &ia->ia_addr;

237      }
238      return (0);
239  }
                                                                    in_pcb.c
```

图7-4 in_pcbladdr函数：最后一部分

232-236 如果调用进程给定了通配符作为本地地址，指向sockaddr_in结构的一个指针就会通过第三个变量返回。

基本上，in_pcbladdr所做的全部操作是进行差错检查，目标地址为0.0.0.0或255.255.255.255这些特殊情况的处理，接着进行本地IP地址的分配(如果调用进程还没有分配IP地址)。connect所需要的其他处理操作都在in_pcbconnect中实现。

7.3 in_pcbconnect函数

图7-5中给出了in_pcbconnect函数。这个函数调用了上一节所介绍的in_pcbladdr，然后接下来就是卷2中图22-28中的代码。

1. 分配本地地址

255-259 如果调用进程还未将一个IP地址绑定到其插口，则调用in_pcbladdr函数计算出本地IP地址，然后通过ifaddr指针返回。

2. 验证插口对的唯一性

260-266 in_pcblookup验证插口对是唯一的。在TCP客户端调用connect(当客户端尚

未将一个本地端口或本地地址绑定到一个插口时)的一般情况下，本地端口号为0，
in_pcblookup就总是返回0，因为端口0是不会与任何一个现有的PCB匹配上的。

3. 如果还没有绑定，则绑定本地地址和本地端口

267-271   如果还没有本地地址和本地端口绑定到插口上，in_pcbbind要对这两者都进行
分配。如果只是还没有本地地址绑定到插口，本地端口号已经为非零，则in_pcbladdr返
回的本地地址记录在PCB中。在本地端口号还是0时是不可能将一个本地地址绑定上去的，因
为调用in_pcbbind函数绑定本地地址的同时会给插口分配一个临时使用的端口号。

272-273   外部地址和外部端口(in_pcbconnect的变量)记录在PCB中。

```
                                                                    ─── in_pcb.c
247 int
248 in_pcbconnect(inp, nam)
249 struct inpcb *inp;
250 struct mbuf *nam;
251 {
252     struct sockaddr_in *ifaddr;
253     struct sockaddr_in *sin = mtod(nam, struct sockaddr_in *);
254     int       error;

255     /*
256      * Call inner function to assign local interface address.
257      */
258     if (error = in_pcbladdr(inp, nam, &ifaddr))
259         return (error);

260     if (in_pcblookup(inp->inp_head,
261                     sin->sin_addr,
262                     sin->sin_port,
263               inp->inp_laddr.s_addr ? inp->inp_laddr : ifaddr->sin_addr,
264                     inp->inp_lport,
265                     0))
266         return (EADDRINUSE);
267     if (inp->inp_laddr.s_addr == INADDR_ANY) {
268         if (inp->inp_lport == 0)
269             (void) in_pcbbind(inp, (struct mbuf *) 0);
270         inp->inp_laddr = ifaddr->sin_addr;
271     }
272     inp->inp_faddr = sin->sin_addr;
273     inp->inp_fport = sin->sin_port;
274     return (0);
275 }
                                                                    ─── in_pcb.c
```

图7-5 in_pcbconnect函数

7.4   小结

T/TCP所做的修改是从in_pcbconnect函数中移去计算本地地址的所有代码，创建一个
名为in_pcbladdr的新函数来完成这项任务。in_pcbconnect调用该函数，然后完成正常
的连接处理过程。这将使处理T/TCP客户连接请求(或者用connect显式建连，或者用
sendto隐式地建连)时可以调用in_pcbladdr来计算本地地址。T/TCP客户的端处理则是复
制了图7-5中的处理步骤，但即使前一次连接尚处于TIME_WAIT状态，T/TCP也还是允许处理
同一连接的后续请求。常规的TCP是不允许这种情况发生的；这时图7-5的in_pcbconnect
将返回EADDRINUSE。

第8章　T/TCP实现：TCP概要

8.1　概述

本章内容覆盖了T/TCP对TCP数据结构和函数所做的全局性修改。增加了两个全局变量：`tcp_ccgen`，即全局CC计数器，以及`tcp_do_rfc1644`，这是一个标志变量，说明是否选用CC选项。TCP的协议交换记录项也做了修改，以支持隐式的打开和关闭。另外还在TCP控制块中增加了4个变量。

对`tcp_slowtimo`函数也做了简单修改，以便能够测量每个连接的持续时间。给定一个连接的持续时间，如果持续时间短于MSL，则如4.4节所述，T/TCP将截断TIME_WAIT状态的保持时间。

8.2　代码介绍

T/TCP没有增加新的源文件，但是需要一些新的变量。

全局变量

图8-1中给出了T/TCP新增加的全局变量，在各个TCP函数中都会用到。

变　　量	数据类型	说　　明
`tcp_ccgen`	`tcp_cc`	要发送的下一个CC值
`tcp_do_rfc1644`	`int`	如果为真(默认)，发送CC或CCnew选项

图8-1　T/TCP新增的全局变量

在第3章我们给出了一些有关`tcp_ccgen`变量的例子。在6.5节中也提到了`tcp_cc`的数据类型是用`typedef`定义的，是无符号长整数。`tcp_cc`变量值为0，表示它尚未定义。`tcp_ccgen`变量总是这样存取的：

```
tp->cc_send = CC_INC(tcp_ccgen);
```

其中`cc_send`是TCP控制块的新字段(见后面的图8-3)。宏`CC_INC`是在`<netinet/tcp_seq.h>`中定义的：

```
#define CC_INC(c)    (++(c) == 0 ? ++(c) : (c))
```

由于这个值是在使用之前增加的，因此，`tcp_ccgen`要初始化为0，且它的第一个有用值为1。

为了按照模运算比较CC的值，定义了四个宏：CC_LT、CC_LEQ、CC_GT和CC_GEQ。这四个宏与卷2第649页定义的四个SEQ_*xx*宏完全一样。

变量`tcp_do_rfc1644`与卷2中介绍的变量`tcp_do_rfc1323`相似。如果`tcp_do_rfc1644`为0，TCP不会向对方发送CC或CCnew选项。

统计量

T/TCP新增了5个计数器，如图8-2所示。它们加在`tcpstat`结构中，卷2第638页对这个结构有介绍。

tcpstat字段	说　　明
tcps_taook	TAO正确时接收到SYN
tcps_taofail	接收到带有CC选项的SYN，但TAO测试失败
tcps_badccecho	CCecho选项错误的SYN/ACK报文段
tcps_impliedack	隐含着对前一次连接的ACK的新SYN
tcps_ccdrop	因为无效的CC选项而丢弃的报文段

图8-2　在tcpstat结构中新增的T/TCP统计量

程序`netstat`必须经修改才能打印这些新字段的值。

8.3　TCP的`protosw`结构

我们在第5章提到过，TCP的`protosw`记录项`inetsw[2]`(卷2第641页)的`pr_flags`字段在T/TCP中做了修改。新的插口层标志`PR_IMPLOPCL`必须包括在内，已有的标志`PR_CONNREQUIRED`和`PR_WANTRCVD`也必须包含在内。在`sosend`中，如果调用进程给出了一个目标地址，这个新的标志允许对一个未建连接的插口调用`sendto`，并且如果指定了`MSG_EOF`标志，它所起的作用是发出一个`PRU_SEND_EOF`请求而不是`PRU_SEND`请求。

对`protosw`记录项所做的修改中有一个不是T/TCP所需的，即定义了`tcp_sysctl`函数作为`pr_sysctl`字段。这就允许系统管理员用前缀为`net.inet.tcp`的`sysctl`程序来修改能够控制TCP操作的一些变量值(卷2介绍的Net/3代码仅仅支持`sysctl`程序通过`ip_sysctl`、`icmp_sysctl`和`udp_sysctl`函数对IP、ICMP和UDP的一些变量进行控制)。在图12-6中给出了`tcp_sysctl`函数。

8.4　TCP控制块

TCP控制块中新增了四个变量，卷2第643~644页说明了TCP控制块的`tcpcb`结构。我们在图8-3中仅给出了新的字段，并非整个结构。

变　　量	数据类型	说　　明
t_duration	u_long	以500ms为单位的连接持续时间
t_maxopd	u_short	MSS加上通常选项的长度
cc_send	tcp_cc	发送给对等端的CC值
cc_recv	tcp_cc	从对等端中接收到的CC值

图8-3　T/TCP在tcpcb结构中新增的字段

`t_duration`用于确定T/TCP是否可以截断TIME_WAIT状态的保持时间，见4.4节的讨论。当控制块创建时它的值为0，由`tcp_slowtimo`(8.6节)每过500 ms加1。

`t_maxopd`是为了代码的方便而设的。它的取值是已有`t_maxseg`字段的值加上TCP选项通常所占用的字节数。`t_maxseg`是每个报文段中的数据字节数。例如，在MTU 为1500字节的一个以太网上，如果时间戳和T/TCP都用上了，`t_maxopd`将为1460，`t_maxseg`则为1440。

它们之间的差值20字节是由12字节的时间戳选项加上8字节的CC选项(图2-4)造成的。`t_maxopd`和`t_maxseg`都是在`tcp_mssrcvd`函数中计算并记录的。

最后两个变量来自RFC 1644，在第2章给出了有关这三个变量的例子。如果一个连接的两端主机都用了CC选项，`cc_recv`的值将为非0。

在TCP控制块的`t_flags`字段中新定义了6个标志，如图8-4所示，是对卷2的图24-14中的9个标志的补充。

t_flags	说　明
TF_SENDSYN	发送SYN(隐藏的半同步连接状态标志)
TF_SENDFIN	发送FIN(隐藏的状态标志)
TF_SENDCCNEW	主动打开时发送CCnew选项而不是CC选项
TF_NOPUSH	不发送报文段，只清空发送缓存
TF_RCVD_CC	当对端在SYN中发送了CC选项时设置该标志
TF_REQ_CC	已经/将在SYN中申请CC选项

图8-4 T/TCP新增的`t_flags`及其取值

不要把T/TCP中的两个标志TF_SENDFIN与TF_SENTFIN混淆，前者表示TCP需要发送FIN，而后者表示已经发出FIN。

> TF_SENDSYN和TF_SENDFIN这两个名字源于Bob Braden的"T/TCP的实现"。FreeBSD实现中将这两个名字改为TF_NEEDSYN和TF_NEEDFIN。我们选用了前面的名字，因为已经用新的标志来表示是否需要发送控制标志，如果选用后面的名字就会误解为需要接收SYN或FIN。然而请注意，因为选用了这样的名字，T/TCP的TF_SENDFIN标志和已有的TF_SENTFIN标志(表明TCP已经发出了FIN)仅有一个字符之差。

我们将在下一章的图9-3和图9-7中分别介绍TF_NOPUSH和TF_SENDCCNEW标志。

8.5 `tcp_init`函数

所有的T/TCP变量都不需要显式的初始化，因此卷2中介绍的`tcp_init`函数没有变化。全局变量`tcp_ccgen`是没有初始化的外部变量，按照C语言的规则，它的默认值为0。这样做不会出错，因为在8.2节中定义的宏CC_INC是先对该变量加1，然后再用，因此在重启动后，`tcp_ccgen`的第一个有用值是1。

T/TCP也要求在重启动时将TAO缓存全部清空，由于在重启动时要初始化IP路由表，所以TAO缓存不需要专门处理。在路由表中每增加一个新的rtentry结构，rtrequest要将该结构初始化为0(卷2第489页)。这就意味着rmxp_tao结构中3个TAO变量的默认值都为0(图6-3)。为新主机创建新的TAO记录项时，T/TCP需要将`tao_cc`的值初始化为0。

8.6 `tcp_slowtimo`函数

两个TCP定时函数中有一个增加了一行：每次处理500 ms定时器时，要对每个TCP控制块的`t_duration`字段执行加1操作，卷2第666页给出了`tcp_slowtimo`函数。下面这一行

```
tp->t_duration++;
```

加在这个图的第94~95行之间。这个变量的用途是测量每个连接的长度，以500ms为单位。如果连接持续时间短于MSL，TIME_WAIT状态的保持时间就可以截断，在4.4节中已经讨论过。

与这项优化有关的工作是在<netinet/timer.h>头文件中定义了下面这个常量：

```
#define TCPTV_TWTRUNC  8    /* RTO factor to truncate TIME_WAIT */
```

我们在图11-17和图11-19中将可以看到，如果T/TCP连接是主动关闭，并且t_duration的值小于TCPTV_MSL(60个500 ms，即30秒)，那么TIME_WAIT状态的保持时间就是当前重传超时(RTO)乘以TCPTV_TWTRUNC。在局域网环境中，RTO通常为3个500ms，即1.5秒，这将使TIME_WAIT状态的保持时间缩短到12秒。

8.7 小结

T/TCP新增了两个全局变量(tcp_ccgen和tcp_do_rfcl 644)、4个TCP控制块字段和5个TCP统计结构计数器。

tcp_slowtimo函数也做了修改，以500ms为时间单位计量每个TCP连接的持续时间。这个持续时间决定了T/TCP能否在主动关闭时截断TIME_WAIT状态的保持时间。

第9章 T/TCP实现：TCP输出

9.1 概述

本章介绍为了支持T/TCP而对`tcp_output`函数所做的修改。在TCP中有许多程序段都要调用该函数来决定是否应该发送一个报文段，并且如果必要就发送一个。在T/TCP中做了以下修改：

- 两个隐藏的状态标志可以打开TH_SYN和TH_FIN标志。
- T/TCP可以在SYN_SENT状态下发出多个报文段，但其前提是确知对等端也支持T/TCP。
- 发送程序糊涂窗口避免机制必须考虑到新的TF_NOPUSH标志，这个标志我们在3.6节中讨论过。
- 可以发出新的T/TCP选项(CC、CCnew和CCecho)。

9.2 `tcp_output`函数

新的自动变量

在`tcp_output`中说明了两个新的自动变量：

```
struct rmxp_tao *taop;
struct rmxp_tao  tao_noncached;
```

其中第一个变量是一个指针，指向相应对等端的TAO缓存记录项。如果TAO缓存记录项不存在(这种情况不应该发生)，则`taop`指向`tao_noncached`，并且将这个结构初始化为0(这样它的`tao_cc`值就是未定义的)。

增加隐藏的状态标志

在`tcp_output`的开头，要从`tcp_outflags`向量中读取说明当前连接状态的TCP标志。图2-7给出了每个状态的相关标志。图9-1中的代码用于在相应的隐藏状态标志处于开状态时，对TH_FIN标志和TH_SYN标志执行逻辑或。

```
                                                              ─── tcp_output.c
71   again:
72     sendalot = 0;
73     off = tp->snd_nxt - tp->snd_una;
74     win = min(tp->snd_wnd, tp->snd_cwnd);

75     flags = tcp_outflags[tp->t_state];
76     /*
77      * Modify standard flags, adding SYN or FIN if requested by the
78      * hidden state flags.
79      */
```

图9-1 tcp_output：增加隐藏状态标志

```
80        if (tp->t_flags & TF_SENDFIN)
81            flags |= TH_FIN;
82        if (tp->t_flags & TF_SENDSYN)
83            flags |= TH_SYN;
```
─── *tcp_output.c*

图9-1　（续）

这些代码位于卷2第681~682页。

在SYN_SENT状态不要重传SYN

图9-2中的程序读取对等端的TAO缓存内容，并且查看是否已经发出了SYN。这段代码位于卷2中图26-3的开头。

1. 读取TAO缓存记录项

117-119　读取对等端的TAO缓存内容，如果不存在，则改用自动变量tao_noncached，其初始值置为0。

> 如果使用了全0的记录项，它的值永远不变。这样，tao_noncached结构就可以静态分配并初始化为0，而不必用bzero将其设置为0。

2. 检查客户请求是否超过MSS

121-133　如果状态标志表明需要发送SYN，并且如果已经发出SYN，那么TH_SYN标志就要关闭。当一个应用程序用T/TCP向对等端发送多倍MSS数量的数据时可能发生这种情况(见3.6节)。如果对等端支持T/TCP协议，这时可以分多个报文段发送，但只有第一个报文段应该设置SYN标志。如果我们不能确定对等端是否支持T/TCP(tao_ccsent值为0)，这时我们必须在三次握手过程完成以后才可以发送多个报文段。

─── *tcp_output.c*
```
116        len = min(so->so_snd.sb_cc, win) - off;

117        if ((taop = tcp_gettaocache(tp->t_inpcb)) == NULL) {
118            taop = &tao_noncached;
119            bzero(taop, sizeof(*taop));
120        }
121        /*
122         * Turn off SYN bit if it has already been sent.
123         * Also, if the segment contains data, and if in the SYN-SENT state,
124         * and if we don't know that foreign host supports TAO, suppress
125         * sending segment.
126         */
127        if ((flags & TH_SYN) && SEQ_GT(tp->snd_nxt, tp->snd_una)) {
128            flags &= ~TH_SYN;
129            off--, len++;
130            if (len > 0 && tp->t_state == TCPS_SYN_SENT &&
131                taop->tao_ccsent == 0)
132                return (0);
133        }
134        if (len < 0) {
```
─── *tcp_output.c*

图9-2　tcp_output：在SYN_SENT状态不重传SYN

发送器的糊涂窗口避免机制

发送器的糊涂窗口避免机制有两处做了修改(卷2第715页)，如图9-3所示。

```
                                                           ─── tcp_output.c
168        if (len) {
169            if (len == tp->t_maxseg)
170                goto send;
171            if ((idle || tp->t_flags & TF_NODELAY) &&
172                (tp->t_flags & TF_NOPUSH) == 0 &&
173                len + off >= so->so_snd.sb_cc)
174                goto send;
175            if (tp->t_force)
176                goto send;
177            if (len >= tp->max_sndwnd / 2 && tp->max_sndwnd > 0)
178                goto send;
179            if (SEQ_LT(tp->snd_nxt, tp->snd_max))
180                goto send;
181        }
                                                           ─── tcp_output.c
```

图9-3 tcp_output：糊涂窗口避免机制中，确定是否发送报文段

1. 发送最大报文段

169-170 如果允许，就发出最大报文段。

2. 允许应用程序关闭隐式推送

171-174 BSD实现中是这样处理的：如果不是正在等待对等端的ACK(idle值为真)，或者如果Nagle算法禁用(TF_NODELAY值为真)，并且TCP正在清空发送缓存，那么它总是发出一个报文段。有时称这种方式为隐式推送，因为除非受Nagle算法所限，否则应用程序每写一次都会导致一个报文段发送出去。T/TCP提供了一个新的插口选项，可以使BSD的隐式推送失效，这个选项就是TCP_NOPUSH，最后变成了TF_NOPUSH标志。我们在3.6节研究过有关这个标志的一个例子。在这段代码中，我们看到了只有以下三个条件同时为真，报文段才能发出：

1) 并不在等待ACK(idle值为真)，或者Nagle算法已经禁用(TF_NODELAY值为真)；

2) TCP_NOPUSH插口选项没有使用(默认值)；

3) TCP正在清空发送缓存(即所有未发的数据可以在一个报文段中发出)。

3. 检查接收窗口是否打开了至少一半

177-178 在常规的TCP中，整个这部分代码段不会因为收到第一个SYN而执行，因为这时len应该是0。但是在T/TCP中，很有可能在接收到另一端发来的SYN之前就发送数据。这就意味着需要根据max_sndwnd是否大于0来检测接收窗口是否已经打开了一半。这个变量是对等端通告的最大窗口，但是在从对等端收到通告前，它一直是0(即一直到收到对等端的SYN)。

4. 重传定时器到时发送

179-180 重传定时器到时间后，snd_nxt小于snd_max。

有RST或SYN标志时强制发送报文段

卷2第688页的179~180行代码在SYN标志或RST标志打开时总是要发送一个报文段。这两行要用图9-4中的代码替代。

```
                                                           ─── tcp_output.c
207        if ((flags & TH_RST) ||
208            ((flags & TH_SYN) && (tp->t_flags & TF_SENDSYN) == 0))
209            goto send;
                                                           ─── tcp_output.c
```

图9-4 tcp_output：检查RST和SYN标志，确定是否发送报文段

207-209 如果RST标志打开了，就总要发出一个报文段。如果SYN标志打开了，则只有在相应的隐藏状态标志关闭时才会发出报文段。加上这项限制的理由可以看图2-7。在最后5个服务器加星状态(半同步状态)下，`TF_SENDSYN`标志是打开的，这就会使图9-1中的SYN标志被打开。在`tcp_output`中执行这项测试的目的是只在SYN_SENT、SYN_RCVD、SYN_SENT*和SYN_RCVD*状态下才发送报文段。

发送MSS选项

这一小段代码(卷2第697页)有一个小小的变化。Net/3中的函数`tcp_mss`(有两个参量)改为`tcp_msssend`(仅仅以tp为参量)。这是因为我们需要把计算MSS并发送与处理收到的MSS选项区分开来。Net/3中的`tcp_mss`函数同时完成这两项处理；在T/TCP中，我们则用两个不同的函数来完成，它们是`tcp_msssend`和`tcp_mssrcvd`，我们将在下一章讨论这两个函数。

是否发送时间戳选项

卷2第698页，如果以下三个条件都成立，就发出时间戳选项：(1)TCP配置中要求使用时间戳选项；(2)正在构造的报文段不包括RST标志；以及(3)要么这是一次主动打开或者TCP已经从另一端接收到了一个时间戳(`TF_RCVD_TSTMP`)。对主动打开的测试只要查看SYN标志是否打开以及ACK标志是否关闭即可。完成这三项测试的T/TCP代码如图9-5所示。

```
                                                          ───────────── tcp_output.c
283      /*
284       * Send a timestamp and echo-reply if this is a SYN and our side
285       * wants to use timestamps (TF_REQ_TSTMP is set) or both our side
286       * and our peer have sent timestamps in our SYN's.
287       */
288      if ((tp->t_flags & (TF_REQ_TSTMP | TF_NOOPT)) == TF_REQ_TSTMP &&
289          (flags & TH_RST) == 0 &&
290          ((flags & TH_ACK) == 0 ||
291           (tp->t_flags & TF_RCVD_TSTMP))) {
                                                          ───────────── tcp_output.c
```

图9-5 tcp_output：是否发送时间戳选项？

283-291 因为我们希望从客户端到服务器方向上发送的所有第一个报文段都携带时间戳选项(在多报文段请求的情况下，如图3-9所示)，而不仅仅只是含有SYN的第一个报文段，所以在T/TCP中第三项测试的前一半有所改变。对所有初始报文段的新测试项都是在没有ACK标志的情况下进行的。

发送T/TCP的CC选项

是否发送三个新CC选项之一的测试是看`TF_REQ_CC`标志是否打开(如果全局变量`tcp_do_rfc1644`非零，该标志由`tcp_newtcpcb`激活)、`TF_NOOPT`标志是否关闭以及RST标志是否关闭。发送哪个CC选项则取决于输出报文段中SYN标志和ACK标志的状态。这样就有四种可能的组合，前两种如图9-6所示(这段代码在卷2第698页的第268~269行)。

`TF_NOOPT`标志是由新增的`TCP_NOOPT`插口选项控制的。该插口选项出现在Thomas Skibo写的 RFC 1323 的代码中(见12.7节)。在卷2中曾指出，这个标志(不是指插口选项)自从4.2BSD以后就已经在伯克利源代码中存在了，但通常无法将其打开。

如果设置了这个选项，TCP就不用随SYN发送任何选项。新增这个选项用来处理TCP实现中的不一致性，因为这些实现不能忽略未知的TCP选项(自从RFC 1323修改以后，增加了两个新的TCP选项)。

T/TCP所做的修改并没有改变确定是否发送MSS选项的那段代码(卷2第697页)。如果TF_NOOPT标志没有设置，这段代码就不发送MSS选项。但是Bob Braden在他的RFC 1323代码中指出，没有真正的理由需要阻止发送MSS选项。MSS选项是RFC 793规范中的一部分内容。

```
                                                              ──────── tcp_output.c
299      /*
300       * Send CC-family options if our side wants to use them (TF_REQ_CC),
301       * options are allowed (!TF_NOOPT) and it's not a RST.
302       */
303      if ((tp->t_flags & (TF_REQ_CC | TF_NOOPT)) == TF_REQ_CC &&
304          (flags & TH_RST) == 0) {
305          switch (flags & (TH_SYN | TH_ACK)) {
306              /*
307               * This is a normal ACK (no SYN);
308               * send CC if we received CC from our peer.
309               */
310          case TH_ACK:
311              if (!(tp->t_flags & TF_RCVD_CC))
312                  break;
313              /* FALLTHROUGH */

314              /*
315               * We can only get here in T/TCP's SYN_SENT* state, when
316               * we're sending a non-SYN segment without waiting for
317               * the ACK of our SYN.  A check earlier in this function
318               * assures that we only do this if our peer understands T/TCP.
319               */
320          case 0:
321              opt[optlen++] = TCPOPT_NOP;
322              opt[optlen++] = TCPOPT_NOP;
323              opt[optlen++] = TCPOPT_CC;
324              opt[optlen++] = TCPOLEN_CC;
325              *(u_int32_t *) & opt[optlen] = htonl(tp->cc_send);
326              optlen += 4;
327              break;
                                                              ──────── tcp_output.c
```

图9-6 tcp_output：发送一个CC选项，第一部分

1. SYN关闭，ACK打开

310-313 如果SYN标志关闭，但ACK标志打开，这就是常规的ACK(即连接已经建立)。只有从对等端收到一个CC选项以后，才会发送CC选项。

2. SYN关闭，ACK关闭

314-320 只有在SYN_SENT*状态下，即在连接建立以前就发送了一个非SYN报文段时，这两个标志才会同时关闭。也就是说，在客户一次发送了多倍MSS数量的数据时才会这样。图9-2中的代码能够确保只有在对等端也支持T/TCP时才会进入这种状态。这种情况下就要发送CC选项。

3. 构造CC选项

321-327 在构造CC选项时，要先加上两个空字符。该连接cc_send的值就作为CC选项的

内容发送出去。

　　SYN标志和ACK标志状态组合的剩余两种情况如图9-7所示。

```
                                                                tcp_output.c
328              /*
329               * This is our initial SYN (i.e., client active open).
330               * Check whether to send CC or CCnew.
331               */
332          case TH_SYN:
333              opt[optlen++] = TCPOPT_NOP;
334              opt[optlen++] = TCPOPT_NOP;
335              opt[optlen++] =
336                  (tp->t_flags & TF_SENDCCNEW) ? TCPOPT_CCNEW : TCPOPT_CC;
337              opt[optlen++] = TCPOLEN_CC;
338              *(u_int32_t *) & opt[optlen] = htonl(tp->cc_send);
339              optlen += 4;
340              break;

341              /*
342               * This is a SYN, ACK (server response to client active open).
343               * Send CC and CCecho if we received CC or CCnew from peer.
344               */
345          case (TH_SYN | TH_ACK):
346              if (tp->t_flags & TF_RCVD_CC) {
347                  opt[optlen++] = TCPOPT_NOP;
348                  opt[optlen++] = TCPOPT_NOP;
349                  opt[optlen++] = TCPOPT_CC;
350                  opt[optlen++] = TCPOLEN_CC;
351                  *(u_int32_t *) & opt[optlen] = htonl(tp->cc_send);
352                  optlen += 4;

353                  opt[optlen++] = TCPOPT_NOP;
354                  opt[optlen++] = TCPOPT_NOP;
355                  opt[optlen++] = TCPOPT_CCECHO;
356                  opt[optlen++] = TCPOLEN_CC;
357                  *(u_int32_t *) & opt[optlen] = htonl(tp->cc_recv);
358                  optlen += 4;
359              }
360              break;
361          }
362      }
363      hdrlen += optlen;
                                                                tcp_output.c
```

图9-7　tcp_output：发送CC选项之一，第二部分

4. SYN打开，ACK关闭(客户主动打开)

328-340　　当客户执行主动打开时，SYN打开且ACK关闭。如果应该发送CCnew选项而不是CC选项，图12-3中的代码完成TF_SENDCCNEW标志的设置，同时也设置cc_send值。

5. SYN打开，ACK打开(服务器响应客户端的SYN)

341-360　　当SYN标志和ACK标志同时处于打开状态时，这就是服务器对对等端的主动打开做出了响应。如果对等端发送了CC或CCnew选项之一(设置了TF_RCVD_CC)，这时我们要向对等端发送CC选项(cc_send)和对对等端CC值(cc_recv)的CCecho。

6. 根据TCP选项调整TCP首部长度

363　　所有的TCP选项都加长了TCP首部的长度。

根据TCP选项调整数据长度

　　`t_maxopd`是`tcpcb`结构的新字段且是最大数据长度，并且也是常规TCP报文段的选项。因为窗口宽度选项和CCecho选项只在SYN报文段中出现，因此在SYN报文段中的选项(见图2-2和图2-3)很有可能会比非SYN报文段的选项(见图2-4)需要更多的字节空间。图9-8中的代码根据TCP选项的大小调整发送报文段中的数据量。这段代码用于替代卷2第698页的第270~277行。

```
─────────────────────────────────────────── tcp_output.c
364     /*
365      * Adjust data length if insertion of options will
366      * bump the packet length beyond the t_maxopd length.
367      * Clear the FIN bit because we cut off the tail of
368      * the segment.
369      */
370     if (len + optlen > tp->t_maxopd) {
371         /*
372          * If there is still more to send, don't close the connection.
373          */
374         flags &= ~TH_FIN;
375         len = tp->t_maxopd - optlen;
376         sendalot = 1;
377     }
─────────────────────────────────────────── tcp_output.c
```

图9-8　`tcp_output`：根据TCP选项的大小调整发送数据量

364-377　如果数据长度(`len`)加上选项长度超过了`t_maxopd`，发送的数据量就要缩减，FIN标志关闭(如果它原来是开状态)，且`sendalot`打开(在当前报文段发出后强迫再次执行`tcp_output`循环)。

　　　这些代码并不是T/TCP专有的。它应该对任何一个既携带数据又有TCP选项(例如RFC 1323时间戳选项)的报文段执行。

9.3　小结

　　T/TCP在原本500行的`tcp_output`函数上增加了大约100行代码。增加的大部分代码都与发送新增的T/TCP选项CC、CCnew和CCecho等有关。

　　另外，如果对等端支持T/TCP，T/TCP的`tcp_output`函数可以在SYN_SENT状态下发送多个报文段。

第10章 T/TCP实现：TCP函数

10.1 概述

本章包括了T/TCP做过修改的各个TCP函数。也就是说，`tcp_output`(前一章)、`tcp_input`，和`tcp_usrreq`(后两章)以外的所有函数。本章定义了两个新的函数，`tcp_rtlookup`和`tcp_gettaocache`，用于在TAO缓存中查找记录项。

`tcp_close`函数修改以后，当使用T/TCP的连接关闭时，可以在路由表中记录往返时间估计值(平滑的平均值和平均偏差估计)。常规协议只在连接上传送了至少16个满数据报文段后才记录。然而，T/TCP通常只发送少量数据，但与同一对等端之间的这些不同连接的估计值应该保留下来。

T/TCP中对MSS选项的处理也有所改变。有一部分改变是为了在Net/3中清理过载的`tcp_mss`函数，这样就把它分成了一个计算MSS以便发送的函数(`tcp_mssend`)和另一个处理接收到的MSS选项的函数(`tcp_mssrcvd`)。T/TCP同时也将从对等端收到的最新MSS值保存到TAO缓存记录项中。在接收到服务器的SYN和最新的MSS之前，如果要随SYN发送数据，T/TCP就用这个记录来初始化发送MSS。

Net/3中的`tcp_dooptions`函数修改以后能够识别三个新的T/TCP选项：CC、CCnew和CCecho。

10.2 `tcp_newtcpcb`函数

用PRU_ATTACH请求创建新的插口时要调用该函数。图10-1中的五行代码用来代替卷2第667页的第177~178行。

```
                                                                    tcp_subr.c
180     tp->t_maxseg = tp->t_maxopd = tcp_mssdflt;

181     if (tcp_do_rfc1323)
182         tp->t_flags = (TF_REQ_SCALE | TF_REQ_TSTMP);
183     if (tcp_do_rfc1644)
184         tp->t_flags |= TF_REQ_CC;
                                                                    tcp_subr.c
```

图10-1 tcp_newtcpcb函数：T/TCP所做的修改

180 在前面图8-3有关的介绍中提到过，t_maxopd是每个报文段中可以发送的TCP选项加上数据的最大字节数。它和t_maxseg的默认值均为512(tcp_mssdflt)。由于这两个值相等，表明报文段中不能再有TCP选项。在后面的图10-13和图10-14中，如果时间戳选项或者CC选项(或者两者同时)需要在报文段中发送，就要减小t_maxseg的值。

183-184 如果全局变量tcp_do_rfc1644非零(它的默认值为1)，且设置了TF_REQ_CC标志，这将使tcp_output伴随SYN发出CC或CCnew选项(图9-6)。

10.3 `tcp_rtlookup`函数

`tcp_mss`(卷2第717~718页)执行的第一项操作是读取为该连接所缓存的路由(存储在

```
                                                                        route.h
46 struct route {
47     struct rtentry *ro_rt;       /* pointer to struct with information */
48     struct sockaddr ro_dst;      /* destination of this route */
49 };
                                                                        route.h
```

图10-2 route结构

```
                                                                        tcp_subr.c
432 struct rtentry *
433 tcp_rtlookup(inp)
434 struct inpcb *inp;
435 {
436     struct route *ro;
437     struct rtentry *rt;

438     ro = &inp->inp_route;
439     rt = ro->ro_rt;
440     if (rt == NULL) {
441         /* No route yet, so try to acquire one */
442         if (inp->inp_faddr.s_addr != INADDR_ANY) {
443             ro->ro_dst.sa_family = AF_INET;
444             ro->ro_dst.sa_len = sizeof(ro->ro_dst);
445             ((struct sockaddr_in *) &ro->ro_dst)->sin_addr =
446                 inp->inp_faddr;
447             rtalloc(ro);
448             rt = ro->ro_rt;
449         }
450     }
451     return (rt);
452 }
                                                                        tcp_subr.c
```

图10-3 tcp_rtlookup函数

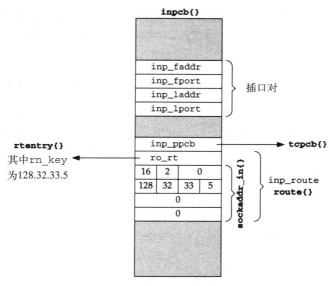

图10-4 在Internet PCB中缓存的路由全貌

Internet PCB的inp_route字段中)，如果该路由还没有缓存过，则调用rtalloc查找路由。现在这项操作安排在另一个独立的函数tcp_rtlookup中实现，我们将在图10-3中介绍。这样做是因为连接的路由表记录项中包括有TAO信息，T/TCP需要更经常地执行这一项操作。

438-452   如果这个连接的路由还没有在缓存中记录，rtalloc就计算出路由。但仅仅当PCB中的外部地址非0时才能计算路由。在调用rtalloc之前，要先填写route结构中的sockaddr_in结构。

图10-2给出了route结构，其中的一个结构在每个Internet PCB中都有。

图10-4给出了这个结构的全貌，图中假定外部地址为128.32.33.5。

10.4 tcp_gettaocache函数

一个给定主机的TAO信息保存在该主机的路由表记录项中，确切地说，是在rt_metrics结构的rmx_filler字段中(见6.5节)。图10-5所示的函数tcp_gettaocache返回指向该主机TAO缓存的指针。

```
                                                                    ── tcp_subr.c
458 struct rmxp_tao *
459 tcp_gettaocache(inp)
460 struct inpcb *inp;
461 {
462     struct rtentry *rt = tcp_rtlookup(inp);

463     /* Make sure this is a host route and is up. */
464     if (rt == NULL ||
465         (rt->rt_flags & (RTF_UP | RTF_HOST)) != (RTF_UP | RTF_HOST))
466         return (NULL);

467     return (rmx_taop(rt->rt_rmx));
468 }
                                                                    ── tcp_subr.c
```

图10-5 tcp_gettaocache函数

460-468   tcp_rtlookup返回的指针指向外部主机的rtentry结构。如果查找成功，并且RTF_UP和RTF_HOST标志均打开了，则宏rmx_taop(见图6-3)返回的指针指向rmxp_tao结构。

10.5 重传超时间隔的计算

Net/3的TCP要测量数据报文段往返时间、跟踪平滑的RTT估计器(*srtt*)和平滑的平均偏差估计器(*rttvar*)，并据此计算重传超时间隔(RTO)。平均偏差是标准差的良好逼近，比较容易计算，因为与标准差不一样，平均偏差不需要做平方根运算。文献[Jacobson 1988]给出了RTT测量的其他细节，并导出以下的计算公式：

$$delta = data - srtt$$
$$srtt \leftarrow srtt + g \times delta$$
$$rttvar \leftarrow rttvar + h(|delta| - rttvar)$$
$$RTO = srtt + 4 \times rttvar$$

其中，*delta*是刚刚得到的往返时间测量值(*data*)与当前的平滑的RTT估计器(*srtt*)之差；*g*是应用于RTT估计器的增益，等于1/8；*h*是应用于平均偏差估计器的增益，等于1/4。在RTO计算中的两个增益和乘数4特意取为2的乘幂，因此可以通过移位操作来代替乘除运算。卷2的第25章给出了如何用定点整数来保存这些值的有关细节。

在常规的TCP连接中，在计算*srtt*和*rttvar*这两个估计器时，通常要对多个RTT取样，对于图1-9中的给定最小TCP连接来说，至少要有两个样本。而且，在一定条件下，Net/3将对相同主机之间的多个连接运用这两个估计器。这是tcp_close函数实现的，在一个连接关闭时，如果有关对等端的路由表记录项不是默认路由，并且至少得到了16个RTT样值。估计的结果存储在路由表记录项中rt_metrics结构的rmx_rtt和rmx_rttvar字段中。新连接建立时，tcp_mssrcvd(见10.8节)从路由表记录项中取出这两个值作为*srtt*和*rttvar*这两个估计器的初始值。

T/TCP中出现的问题是，一个最小连接只有一个RTT测量值，而且少于16个样值是很正常的，因此在两个对等端之间相继建立拆除的T/TCP连接对上述测量和估计一点贡献也没有。这就意味着在T/TCP中，第一个报文段发出去时根本就不知道RTO的取值应该是多少。卷2的25.8节讨论了tcp_newtcpcb执行初始化时是怎样确定第一个RTO应该是6秒的。

让tcp_close在即使只收集到少于16个样值也存储对T/TCP连接的平滑估计结果并不难(在10.6节中我们会看到为此所做的修改)，但问题是：如何将新估计值与以前的估计值进行归并？不幸的是，这仍然还是一个正在研究的问题[Paxson 1995a]。

为了理解各种不同的可能性，请考虑图10-6中的情况。从作者的一台主机上通过Internet向另一台主机上的回显服务器发送100个400字节长的UDP数据报(在一个工作日的下午，通常是Internet上最为拥挤的时候)。93个数据报有回显返回(还有7个不知在Internet的哪些地方丢失了)，在图10-6中给出了前91个数据报。样值是在30分钟的时间内采集到的，前后数据报之间的时间间隔是在0~30秒之间均匀分布的随机数。实际的RTT是在客户主机上运行Tcpdump得到的。黑点就是测量得到的RTT。另外的三条实线(从上至下依次是RTO、*srtt*和*rttvar*)是运用本

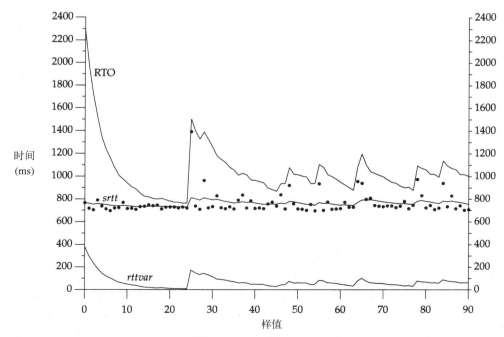

图10-6　RTT测量和对应的RTO、*srtt*和*rttvar*

节开头的公式从测得的RTT计算出来的。计算是用浮点算术完成的，而不是Net/3中实际所用的定点整数方法。图上所示的RTO就是从相应的数据点计算出来的值。也就是说，第一个数据点(大约2200 ms)的RTO是从第一个数据点计算得来的，将用作下一个报文段发送时的RTO。

尽管所测得的RTT值平均都在800 ms以下(作者的客户系统是通过拨号线上的PPP连接到Internet上的，穿越整个国家才能到达服务器)，第26个样值的RTT几乎达到1400 ms，此后有少量的一些点在1000 ms左右。[Jacobson 1994]指出，"只要是有竞争的连接共享一条路由，瞬间RTT波动达到2倍最小值是完全正常的(它们仅仅表示另外一个连接的开始或丢失后重新开始)，因此，RTO小于2×RTT从来就不会是合理的。"

当估计器有新值存储到路由表记录项中时，必须做出判断，对应于已经过去的历史，有多少信息是新的。这样，计算公式就为：

$$savesrtt = g \times savesrtt + (1-g) \times srtt$$

$$saverttvar = g \times saverttvar + (1-g) \times rttvar$$

这是一个低通滤波器，其中g是取值在0~1之间的过滤增益常量，savesrtt和saverttvar是存储在路由表记录项中的数值。当Net/3用这些公式更新路由表记录时(当一个连接关闭，并假定得到了16个样值)，它采用的增益是0.5：存储在路由表中的值有一半是路由表中的旧值，另有一半是当前估计的值。Bob Braden的T/TCP代码中取增益为0.75。

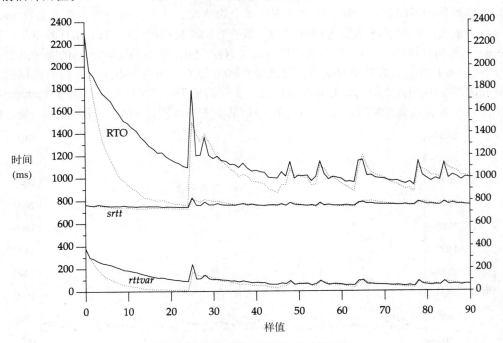

图10-7 TCP平滑与T/TCP平滑的比较

图10-7给出了从图10-6中的数据用常规TCP计算方法算出的结果与用滤波器增益0.75平滑的计算结果之间的比较。图中的三条虚线就是图10-6中的三个变量(RTO在最上方，srtt在中间，rttvar在底部)。三条实线则是假定每一个数据点都是一个独立T/TCP连接(每一个连接有一个RTT测量值)所对应的变量，并且采用滤波增益0.75进行了平滑。要知道有这样的差别：虚线对应的是一个TCP连接在30分钟内的91个RTT样本；而实线对应的则是在同样的30分钟内91

个独立的T/TCP连接，每个连接有一次RTT测量。实线同时还是91个连接的所有相继两个估计值归并后记录到两个路由度量值中的。

代表*srtt*的实线和虚线差别不大，但是代表*rttvar*的实线和虚线之间就有明显的差别。*rttvar*的实线(T/TCP情况)取值通常大于虚线(单个TCP连接)，使T/TCP的重传超时间隔可以取更大的值。

还有其他因素也在影响T/TCP中的RTT测量。从客户端来看，所测得的RTT通常包括服务器的处理时间或者服务器的延迟ACK定时值，因为服务器的应答通常会延迟到这些事件发生后才给出。在Net/3中，延迟ACK的定时器值是每200 ms到时一次，而RTT测量的时间单位为500 ms，因此应答时延不会是一个大的因素。而且T/TCP报文段的处理常常会在TCP输入处理中遭遇慢通道(例如，报文段常常不被用于首部预测)，会加大测得的RTT值(然而快通道与慢通道的差别相对于200 ms的延迟ACK定时器值来说很可能是可以忽略的)。最后，如果存储在路由表中的值"过时"了(就是说，其最后一次更新是在一个小时以前)，在当前事务完成以后，或许应该用当前的测量值直接替换路由表中的值，而不是用新的测量值与已有的测量值归并。

如RFC 1644中所指出的，需要对TCP中的动态特性做更多的研究，特别是T/TCP，以及RTT估计。

10.6 `tcp_close`函数

`tcp_close`的唯一改变是要为T/TCP事务记录RTT估计值，即使还没有凑足16个样值。我们在前一节中已经叙述了这样做的原因。图10-8给出了代码。

```
                                                                    tcp_subr.c
252    if (SEQ_LT(tp->iss + so->so_snd.sb_hiwat * 16, tp->snd_max) &&
253        (rt = inp->inp_route.ro_rt) &&
254        ((struct sockaddr_in *) rt_key(rt))->sin_addr.s_addr != INADDR_ANY) {

                          /* pp. 895-896 of Volume 2 */

304    } else if (tp->cc_recv != 0 &&
305                (rt = inp->inp_route.ro_rt) &&
306        ((struct sockaddr_in *) rt_key(rt))->sin_addr.s_addr != INADDR_ANY) {
307        /*
308         * For transactions we need to keep track of srtt and rttvar
309         * even if we don't have 'enough' data for above.
310         */

311        u_long  i;

312        if ((rt->rt_rmx.rmx_locks & RTV_RTT) == 0) {
313            i = tp->t_srtt *
314                (RTM_RTTUNIT / (PR_SLOWHZ * TCP_RTT_SCALE));
315            if (rt->rt_rmx.rmx_rtt && i)
316                /*
317                 * Filter this update to 3/4 the old plus
318                 * 1/4 the new values, converting scale.
319                 */
320                rt->rt_rmx.rmx_rtt =
321                    (3 * rt->rt_rmx.rmx_rtt + i) / 4;
322            else
323                rt->rt_rmx.rmx_rtt = i;
324        }
```

图10-8 `tcp_close`函数：为T/TCP事务保存RTT估计值

```
325          if ((rt->rt_rmx.rmx_locks & RTV_RTTVAR) == 0) {
326              i = tp->t_rttvar *
327                  (RTM_RTTUNIT / (PR_SLOWHZ * TCP_RTTVAR_SCALE));
328              if (rt->rt_rmx.rmx_rttvar && i)
329                  rt->rt_rmx.rmx_rttvar =
330                      (3 * rt->rt_rmx.rmx_rttvar + i) / 4;
331              else
332                  rt->rt_rmx.rmx_rttvar = i;
333          }
334      }
```
—— *tcp_subr.c*

图10-8 （续）

1. 只对T/TCP事务进行更新

304-311 只有在连接中使用了T/TCP(cc_recv非0)、有一路由表记录项存在及不是默认路由时才更新路由表记录项中的度量值。而且，只有当两个RTT估计值没有加锁(RTV_RTT和RTV_RTTVAR位)时才更新。

2. 更新RTT

312-324 t_srtt是以500 ms×8为时间单位保存的，rmx_rtt则以µs为单位保存。这样，t_srtt就要乘1 000 000(RTM_RTTUNIT)除2(时间单位/秒)再乘8。如果rmx_rtt已经有值，新记录值就是旧值的四分之三加上新值的四分之一。这就是取滤波增益为0.75，我们在前一节已讨论过。否则，直接将新值保存到rmx_rtt中。

3. 更新平均偏差

325-334 对平均偏差估计值应用同样的算法。它也以ms为单位保存，需要将t_rttvar中的单位时间×4。

10.7 tcp_msssend函数

在Net/3中，有一个函数tcp_mss(卷2的27.5节)，在处理MSS选项时tcp_input要调用它，在需要发送MSS选项时tcp_output也要调用它。在T/TCP中，这个函数改名为tcp_mssrcvd，在执行隐式连接建立时，收到SYN后，tcp_input要调用它(在后面的图10-18中，确定是否需要在SYN中包含MSS选项)，以及PRU_SEND和PRU_SEND_EOF请求要调用它(见图12-4)。有一个新的函数tcp_msssend，如图10-9所示，只有当发出了MSS选项时，才会被tcp_output调用。

—— *tcp_input.c*
```
1911 int
1912 tcp_msssend(tp)
1913 struct tcpcb *tp;
1914 {
1915     struct rtentry *rt;
1916     extern int tcp_mssdflt;

1917     rt = tcp_rtlookup(tp->t_inpcb);
1918     if (rt == NULL)
1919         return (tcp_mssdflt);

1920     /*
1921      * If there's an mtu associated with the route, use it,
```
图10-9 tcp_msssend函数：返回MSS值，并在MSS选项中发出

```
1922          * else use the outgoing interface mtu.
1923          */
1924         if (rt->rt_rmx.rmx_mtu)
1925             return (rt->rt_rmx.rmx_mtu - sizeof(struct tcpiphdr));

1926         return (rt->rt_ifp->if_mtu - sizeof(struct tcpiphdr));
1927 }
```
———————————————————————————————————— *tcp_input.c*

图10-9 （续）

1. 读取路由表记录项

1917-1919 为每一个对等主机搜索路由表，如果没有找到记录项，则返回默认值512(tcp_mssdflt)。除非对等主机不可达，否则总是可以查找到一个路由表记录项的。

2. 返回MSS

1920-1926 如果路由表有一个关联的MTU(rt_metrics结构中的rmx_mtu字段，系统管理员可以用route程序设置)，就返回该值。否则，返回值就取输出接口的MTU减去40(例如，以太网上是1460)。因为路由已经由tcp_rtlookup确定，输出接口也是已知的。

> 在路由表中存储MTU度量的另一个来源是利用路由MTU发现过程(卷1的24.2节)，尽管Net/3中还不支持这种方法。

这个函数不同于通常的BSD做法。如果对等端是非本地主机(由in_localaddr函数决定)，而且rmx_mtu度量值为0，则Net/3代码(卷2第719页)中总是将MSS取为512(tcp_mssdflt)。

MSS选项的目的是告诉另一端，该选项发送者准备接收多大报文段。RFC 793中指出，MSS选项"用于交流发送这个报文段的TCP的最大可接收报文段"。在一些实现中，这可能受主机能够重装的最大IP数据报限制。然而在当前的大多数系统中，合理的限制决定于输出接口的MTU，因为如果需要分段并且发生报文段丢失，则TCP的性能会下降。

下面的注释摘抄于Bob Braden的T/TCP源码修改："非常不幸，使用TCP选项要求对BSD做可观的修改，因为它对MSS的处理是错误的。BSD总是要发出MSS选项，并且对非本地网络的主机，这个选项的值是536。这是对MSS选项用途的误解，这个选项是要告诉发送者，接收者准备处理什么。这时发送主机要决定用多大的MSS，既要考虑它接收的MSS选项，还要考虑到路由情况。当我们有了MTU发现以后，这个路由很可能有一个大于536的MTU；这样，BSD就会降低吞吐率。因此，这个程序只确定了应该发送什么样的MSS选项：本地接口的MTU减去40。"(这段注释中讲到的值536应为512。)

我们在下一节(图10-12)中会看到，如果对等端是非本地主机，MSS选项的接收者才把MSS减到512。

10.8 `tcp_mssrcvd`函数

在执行隐式连接建立时，收到SYN以后的tcp_input要调用tcp_mssrcvd，PRU_SEND和PRU_SEND_EOF也都要调用它。该函数与卷2中的tcp_mss函数相似，但是它们之间还是有足够的差别，能够完成我们所需的全部功能。这个函数的主要目标是设置两个变量，一个是t_maxseg(我们在每个报文段中发送的最大数据量)，另一个是t_maxopd(在每个报文段中发送的数据加选项的最大长度)。图10-10给出了这个函数的第一部分。

```
1755 void                                                              ── tcp_input.c
1756 tcp_mssrcvd(tp, offer)
1757 struct tcpcb *tp;
1758 int      offer;
1759 {
1760     struct rtentry *rt;
1761     struct ifnet *ifp;
1762     int     rtt, mss;
1763     u_long  bufsize;
1764     struct inpcb *inp;
1765     struct socket *so;
1766     struct rmxp_tao *taop;
1767     int      origoffer = offer;
1768     extern int tcp_mssdflt;
1769     extern int tcp_do_rfc1323;
1770     extern int tcp_do_rfc1644;

1771     inp = tp->t_inpcb;
1772     if ((rt = tcp_rtlookup(inp)) == NULL) {
1773         tp->t_maxopd = tp->t_maxseg = tcp_mssdflt;
1774         return;
1775     }
1776     ifp = rt->rt_ifp;
1777     so = inp->inp_socket;

1778     taop = rmx_taop(rt->rt_rmx);
1779     /*
1780      * Offer == -1 means we haven't received a SYN yet;
1781      * use cached value in that case.
1782      */
1783     if (offer == -1)
1784         offer = taop->tao_mssopt;
1785     /*
1786      * Offer == 0 means that there was no MSS on the SYN segment,
1787      * or no value in the TAO Cache.  We use tcp_mssdflt.
1788      */
1789     if (offer == 0)
1790         offer = tcp_mssdflt;
1791     else
1792         /*
1793          * Sanity check: make sure that maxopd will be large
1794          * enough to allow some data on segments even if all
1795          * the option space is used (40 bytes).  Otherwise
1796          * funny things may happen in tcp_output.
1797          */
1798         offer = max(offer, 64);
1799     taop->tao_mssopt = offer;                                      ── tcp_input.c
```

图10-10 tcp_mssrcvd函数：第一部分

1. 取对等端的路由及其TAO缓存

1771-1777 tcp_rtlookup查找到达对等端的路由。如果由于某种原因，查找路由失败了，t_maxseg和t_maxopd就同时设置为512(tcp_mssdflt)。

1778-1799 taop指向该对等端的TAO缓存，位于路由表的记录项中。如果因为用户进程调用了sendto(一次隐式连接建立，是PRU_SEND和PRU_SEND_EOF请求的一部分)而调用tcp_mssrcvd，则offer设置为TAO缓存中保存的值。如果TAO中的该值为0，offer就设置为512。TAO缓存中的值被更新。

图10-11给出了该函数的第二部分，与卷2第718页完全相同。

```
                                                            ─── tcp_input.c
1800    /*
1801     * While we're here, check if there's an initial rtt
1802     * or rttvar.  Convert from the route-table units
1803     * to scaled multiples of the slow timeout timer.
1804     */
1805    if (tp->t_srtt == 0 && (rtt = rt->rt_rmx.rmx_rtt)) {
1806        /*
1807         * XXX the lock bit for RTT indicates that the value
1808         * is also a minimum value; this is subject to time.
1809         */
1810        if (rt->rt_rmx.rmx_locks & RTV_RTT)
1811            tp->t_rttmin = rtt / (RTM_RTTUNIT / PR_SLOWHZ);
1812        tp->t_srtt = rtt / (RTM_RTTUNIT / (PR_SLOWHZ * TCP_RTT_SCALE));
1813        if (rt->rt_rmx.rmx_rttvar)
1814            tp->t_rttvar = rt->rt_rmx.rmx_rttvar /
1815                (RTM_RTTUNIT / (PR_SLOWHZ * TCP_RTTVAR_SCALE));
1816        else
1817            /* default variation is +- 1 rtt */
1818            tp->t_rttvar =
1819                tp->t_srtt * TCP_RTTVAR_SCALE / TCP_RTT_SCALE;
1820        TCPT_RANGESET(tp->t_rxtcur,
1821                ((tp->t_srtt >> 2) + tp->t_rttvar) >> 1,
1822                tp->t_rttmin, TCPTV_REXMTMAX);
1823    }
                                                            ─── tcp_input.c
```

图10-11 tcp_mssrcvd函数：用路由表度量值初始化RTT变量

1800-1823 如果还没有该连接的RTT测量值(t_srtt为0)，并且rmx_rtt度量值为非0，这时变量t_srtt、t_rttvar和t_rxtcur就用路由表记录项中保存的度量值初始化。

如果路由表度量值加锁标志中的RTV_RTT位已经设置，则它表明还要用rmx_rtt来初始化这次连接的最小RTT(t_rttmin)。默认情况下，t_rttmin初始化为两个时钟步进，这为系统管理员替换该默认值提供了一个方法。

图10-12给出了tcp_mssrcvd的第三部分，用于设置自动变量mss的值。

```
                                                            ─── tcp_input.c
1824    /*
1825     * If there's an mtu associated with the route, use it.
1826     */
1827    if (rt->rt_rmx.rmx_mtu)
1828        mss = rt->rt_rmx.rmx_mtu - sizeof(struct tcpiphdr);
1829    else {
1830        mss = ifp->if_mtu - sizeof(struct tcpiphdr);
1831        if (!in_localaddr(inp->inp_faddr))
1832            mss = min(mss, tcp_mssdflt);
1833    }
1834    mss = min(mss, offer);

1835    /*
1836     * t_maxopd contains the maximum length of data AND options
1837     * in a segment; t_maxseg is the amount of data in a normal
1838     * segment.  We need to store this value (t_maxopd) apart
1839     * from t_maxseg, because now every segment can contain options
1840     * therefore we normally have somewhat less data in segments.
1841     */
1842    tp->t_maxopd = mss;
                                                            ─── tcp_input.c
```

图10-12 tcp_mssrcvd函数：计算mss变量的值

1824-1834   如果该路由关联于一个MTU(rmx_mtu度量值)，那就用这个值。否则，mss就取输出接口的MTU减去40。另外，如果对等端是在另一个网络，或者也可能在另一个子网(由in_localaddr函数决定)中，这时mss的最大值取为512(tcp_mssdflt)。如果路由表记录项中已经保存有MTU，那就不再进行本地-非本地测试。

2. 设置t_maxopd

1835-1842   t_maxopd设置为mss，包括了数据和选项的最大报文段长度。

图10-13给出的是第四部分代码，将mss减去在每一个报文段中都有的选项长度。

```
                                                            ─ tcp_input.c
1843      /*
1844       * Adjust mss to leave space for the usual options.  We're
1845       * called from the end of tcp_dooptions so we can use the
1846       * REQ/RCVD flags to see if options will be used.
1847       */
1848      /*
1849       * In case of T/TCP, origoffer == -1 indicates that no segments
1850       * were received yet (i.e., client has called sendto).  In this
1851       * case we just guess, otherwise we do the same as before T/TCP.
1852       */
1853      if ((tp->t_flags & (TF_REQ_TSTMP | TF_NOOPT)) == TF_REQ_TSTMP &&
1854          (origoffer == -1 ||
1855           (tp->t_flags & TF_RCVD_TSTMP) == TF_RCVD_TSTMP))
1856          mss -= TCPOLEN_TSTAMP_APPA;

1857      if ((tp->t_flags & (TF_REQ_CC | TF_NOOPT)) == TF_REQ_CC &&
1858          (origoffer == -1 ||
1859           (tp->t_flags & TF_RCVD_CC) == TF_RCVD_CC))
1860          mss -= TCPOLEN_CC_APPA;

1861 #if (MCLBYTES & (MCLBYTES - 1)) == 0
1862      if (mss > MCLBYTES)
1863          mss &= ~(MCLBYTES - 1);
1864 #else
1865      if (mss > MCLBYTES)
1866          mss = mss / MCLBYTES * MCLBYTES;
1867 #endif
                                                            ─ tcp_input.c
```

图10-13 tcp_mssrcvd函数：根据选项减小mss

3. 如果使用时间戳选项就减小mss

1843-1856   如果下面中的任何一个条件为真，则mss就减去时间戳选项的长度(TCPOLEN_TSTAMP_APPA，即12字节)：

1) 本地端将使用时间戳选项(TF_REQ_TSTAMP)，并且还没有收到另一端发来的mss选项(origoffer等于-1)；

2) 已经收到另一个端发来的时间戳选项。

在代码的注释中指出，由于tcp_mssrcvd是在tcp_dooptions结束时所有的选项处理完以后调用的(见图10-18)，因此第二项测试是成功的。

4. 如果使用CC选项，就减少mss

1857-1860   通过相似的逻辑，mss的值减去8字节(TCPOLEN_CC_APPA)。

这两个长度名称中出现术语APPA是因为，RFC 1323的附录A中建议在时间戳选项前面置两个空字符NOP，以便两个4字节时间戳值的长度都能取4字节的整数倍。

同时RFC 1644也有一个附录A, 它对选项排列没有说什么。无论怎样, 在三个CC选
项的任一个前面都置两个NOP是有一定道理的, 如图9-6所示。

5. 舍入MSS为MCLBYTES的倍数

1861-1867 mss要舍入取整为MCLBYTES的整数倍, 即每个mbuf簇的字节数(通常为1024或
2048)。

这段代码有一个糟糕的优化企图, 即如果MCLBYTES是2的整数幂, 则可以用
逻辑操作来代替乘法或除法运算。自从Net/1开始, 它就已经是一条弯路, 应该清
除掉。

图10-14给出了tcp_mssrcvd代码的最后一部分, 用于设置发送缓存和接收缓存的大小。

```
                                                                ── tcp_input.c
1868      /*
1869       * If there's a pipesize, change the socket buffer
1870       * to that size.  Make the socket buffers an integral
1871       * number of mss units; if the mss is larger than
1872       * the socket buffer, decrease the mss.
1873       */
1874      if ((bufsize = rt->rt_rmx.rmx_sendpipe) == 0)
1875          bufsize = so->so_snd.sb_hiwat;
1876      if (bufsize < mss)
1877          mss = bufsize;
1878      else {
1879          bufsize = roundup(bufsize, mss);
1880          if (bufsize > sb_max)
1881              bufsize = sb_max;
1882          (void) sbreserve(&so->so_snd, bufsize);
1883      }
1884      tp->t_maxseg = mss;

1885      if ((bufsize = rt->rt_rmx.rmx_recvpipe) == 0)
1886          bufsize = so->so_rcv.sb_hiwat;
1887      if (bufsize > mss) {
1888          bufsize = roundup(bufsize, mss);
1889          if (bufsize > sb_max)
1890              bufsize = sb_max;
1891          (void) sbreserve(&so->so_rcv, bufsize);
1892      }
1893      /*
1894       * Don't force slow-start on local network.
1895       */
1896      if (!in_localaddr(inp->inp_faddr))
1897          tp->snd_cwnd = mss;

1898      if (rt->rt_rmx.rmx_ssthresh) {
1899          /*
1900           * There's some sort of gateway or interface
1901           * buffer limit on the path.  Use this to set
1902           * the slow start threshhold, but set the
1903           * threshold to no less than 2*mss.
1904           */
1905          tp->snd_ssthresh = max(2 * mss, rt->rt_rmx.rmx_ssthresh);
1906      }
1907  }
                                                                ── tcp_input.c
```

图10-14 tcp_mssrcvd函数: 设置发送和接收缓存的大小

6. 改变插口发送缓存的大小

1868-1883   系统管理员可以用route程序设置rmx_sendpipe和rmx_recvpipe这两个度量值。bufsize的值就设置为rmx_sendpipe的值(如果已有定义),或者当前插口发送缓存的高位值。如果bufsize的值小于mss,mss值就减小为取bufsize的值(这是一种强迫MSS取比给定目标的默认值还小的取值方法)。否则,bufsize的值放大,取mss的整数倍(插口缓存的大小总是取报文段长度的整数倍)。上限为sb_max,在Net/3就是262 144。插口缓存的高位值由sbreserve设置。

7. 设置t_maxseg

1884   t_maxseg设置为TCP将发给对等端的最大数据量(不包括常规选项)。

8. 改变插口接收缓存的大小

1885-1892   插口接收缓存的高位值可以用类似的逻辑来设置。例如,对于以太网上的本地连接来说,假定时间戳选项和CC选项同时都在用,则t_maxopd将是1460,t_maxseg为1440(见图2-4)。插口发送缓存和接收缓存都将从它们的默认值8192(卷2的图16-4)舍入到8640(1440×6)。

9. 非本地对等端才有的慢启动

1893-1897   如果对等端不是在本地的网络中(in_localaddr为假),则把拥塞窗口(snd_cwnd)设置为1个报文段就开始了慢启动过程。

   仅仅当对等端在非本地网中才强迫使用慢启动是T/TCP修改后的结果。这就使T/TCP的客户端或服务器端可以向本地对等端发送多个报文段,又不需要慢启动所要求的额外RTT等待时间(见3.6节)。在Net/3中,总是执行慢启动过程(卷2第721页)。

10. 设置慢启动门限

1898-1906   如果慢启动门限度量值(rmx_ssthresh)非0,snd_ssthresh就设置取该值。

   我们在图3-1和图3-3中可以看到MSS和TAO缓存与接收缓存大小之间的交叉影响。在图3-1中,客户端执行了一次隐式连接建立,PRU_SEND_EOF请求调用tcp_mssrcvd,其中offer为-1,该函数查找到对应服务器的tao_mssopt值为0(因为客户端刚刚重启)。取MSS为默认值512,因为只使用了CC选项(在第2章的例子中,时间戳无效),减去8字节后变为504。注意,8192舍入为504的整数倍后为8568,这是客户端SYN所通告的窗口。然而,当服务器调用tcp_mssrcvd时,它已经接收到客户端的SYN,其中给定MSS为1460。这个值减去8字节(选项长度)后为1452,8192舍入到1452的整数倍后为8712。这是服务器的SYN中通告的窗口。当客户端处理完服务器的SYN后(图中第三段),客户端再次调用tcp_mssrcvd,这一次offer为1460。这就将客户端的t_maxopd增大至1460,客户端的t_maxseg则增大至1452,客户端的接收缓存因舍入而增至8712。这就是客户端在对服务器的SYN发出ACK时通告的窗口。

   在图3-3中,当客户端执行了隐式连接建立时,tao_mssopt值为1460——最近一次从对等端收到的值。客户端通告的窗口为8712,为1452的整数倍且大于8192。

10.9 `tcp_dooptions`函数

   在Net/1和Net/2版中,tcp_dooptions只能识别NOP、EOL和MSS选项,并且函数有3个参数。在Net/3中增加了对窗口宽度和时间戳选项的支持后,参数的数量也增加到7个(卷2第

745~746页)，其中有3个就是为了时间戳选项而加的。现在又需要支持CC、CCnew和CCecho选项，参数的数量不是增加反而减少到了5个，因为采用了另一种技术来返回选项是否存在以及它们各自的取值信息。

图10-15给出了tcpopt结构。其中的一个结构是在tcp_input(唯一可以调用tcp_dooptions的函数)中分配的，并且将指向该结构的指针传给tcp_dooptions，该函数填写结构的内容。在处理接收到的报文段时，tcp_input要用到存储在该结构中的值。

```
                                                                    tcp_var.h
138 struct tcpopt {
139     u_long  to_flag;              /* TOF_xxx flags */
140     u_long  to_tsval;             /* timestamp value */
141     u_long  to_tsecr;             /* timestamp echo reply */
142     tcp_cc  to_cc;                /* CC or CCnew value */
143     tcp_cc  to_ccecho;            /* CCecho value */
144 };
                                                                    tcp_var.h
```

图10-15 tcpopt结构，由tcp_dooptions填写数据

图10-16给出了to_flag字段可以组合出的4个值。

to_flag	说　　明
TOF_CC	CC选项存在
TOF_CCNEW	CCnew选项存在
TOF_CCECHO	CCecho选项存在
TOF_TS	时间戳选项存在

图10-16 to_flag的取值

图10-17给出了这个函数的参数说明。前4个参数与Net/3中的相同，但第5个参数替换了Net/3版本中的最后3个参数。

```
                                                                    tcp_input.c
1520 void
1521 tcp_dooptions(tp, cp, cnt, ti, to)
1522 struct tcpcb *tp;
1523 u_char *cp;
1524 int     cnt;
1525 struct tcpiphdr *ti;
1526 struct tcpopt *to;
1527 {
                                                                    tcp_input.c
```

图10-17 tcp_dooptions函数：参数

因为处理EOL、NOP、MSS、窗口宽度和时间戳选项的代码与卷2第745~747页的代码几乎相同，所以这里不再重复介绍(差别主要在于对新参数的处理，我们刚刚讨论过)。图10-18给出了这个函数的最后一部分代码，它们用于T/TCP处理3个新的选项。

1. 检查长度和是否处理选项

1580-1584 选项长度要验证(所有3个CC选项的长度必须都是6)。处理接收到的CC选项时，我们也必须发送相应选项(如果内核的tcp_do_rfc1644标志已经设置，则tcp_newtcpcb要设置TF_REQ_CC标志)，并且TF_NOOPT标志不能设置(最后这个标志不允许TCP在其SYN中发送任何选项)。

2. 设置相应标志并复制4字节值

1585-1588 设置相应的to_flag值。四个字节的选项值存储在tcpopt结构的to_cc字段中，并且要先转换成主机的字节顺序。

1589-1595 如果这是一个SYN报文段，要为该连接设置TF_RCVD_CC标志，因为收到了CC选项。

3. CCnew和CCecho选项

1596-1623 CCnew和CCecho选项的处理步骤与CC选项的相似。但因为CCnew和CCecho选项仅在SYN报文段中有效，所以要附加一项检测，检查报文段中是否包含SYN标志。

尽管TOF_CCNEW标志都有正确设置，但从来不去检查它。这是因为在图11-6中，如果CC选项不存在，则缓存的CC值是无效的(即需设置为0)。如果存在CCnew选项，则cc_recv仍然有正确设置(注意，在图10-18中，CC和CCnew选项都在to_cc中存储其值)，并且当三次握手完成时(图11-14)，所缓存的值tao_cc是从cc_recv中复制过来的。

4. 处理收到的MSS

1625-1626 局部变量mss记录的或者是MSS选项的值(如果选项存在)，或者是表示选项不存在的0值。在这两种情况下，tcp_mssrcvd都要设置变量t_maxseg和t_maxopd的值。在tcp_dooptions快结束时要调用该函数，因为如图10-13所示，tcp_mssrcvd使用了TF_RCVD_TSTMP和TF_RCVD_CC标志。

10.10 `tcp_reass`函数

当服务器收到包含数据的SYN时，假定TAO测试失败或报文段中不包含CC选项，那么tcp_input就将数据存入缓存队列，等待三次握手过程的完成。在图11-6中，协议的状态设置为SYN_RCVD，程序有一个分支trimthenstep6，在标号为dodata的程序行(卷2第790页)，宏TCP_REASS发现协议状态不是ESTABLISHED，因此调用tcp_reass将报文段存入该连接的失序报文队列(其中的数据并非真的失序；只是因为它是在三次握手过程完成之前到达的。然而，卷2的图27-19底部的两个统计计数器tcps_rcvoopack和tcps_rcvoobyte的累进是不正确的)。

---
tcp_input.c

```
1580        case TCPOPT_CC:
1581            if (optlen != TCPOLEN_CC)
1582                continue;
1583            if ((tp->t_flags & (TF_REQ_CC | TF_NOOPT)) != TF_REQ_CC)
1584                continue;        /* we're not sending CC opts */
1585            to->to_flag |= TOF_CC;
1586            bcopy((char *) cp + 2, (char *) &to->to_cc,
1587                sizeof(to->to_cc));
1588            NTOHL(to->to_cc);
1589            /*
1590             * A CC or CCnew option received in a SYN makes
1591             * it OK to send CC in subsequent segments.
1592             */
1593            if (ti->ti_flags & TH_SYN)
1594                tp->t_flags |= TF_RCVD_CC;
```

图10-18 tcp_dooptions函数：新T/TCP选项的处理

```
1595                break;

1596        case TCPOPT_CCNEW:
1597            if (optlen != TCPOLEN_CC)
1598                continue;
1599            if ((tp->t_flags & (TF_REQ_CC | TF_NOOPT)) != TF_REQ_CC)
1600                continue;          /* we're not sending CC opts */
1601            if (!(ti->ti_flags & TH_SYN))
1602                continue;
1603            to->to_flag |= TOF_CCNEW;
1604            bcopy((char *) cp + 2, (char *) &to->to_cc,
1605                    sizeof(to->to_cc));
1606            NTOHL(to->to_cc);
1607            /*
1608             * A CC or CCnew option received in a SYN makes
1609             * it OK to send CC in subsequent segments.
1610             */
1611            tp->t_flags |= TF_RCVD_CC;
1612            break;

1613        case TCPOPT_CCECHO:
1614            if (optlen != TCPOLEN_CC)
1615                continue;
1616            if (!(ti->ti_flags & TH_SYN))
1617                continue;
1618            to->to_flag |= TOF_CCECHO;
1619            bcopy((char *) cp + 2, (char *) &to->to_ccecho,
1620                    sizeof(to->to_ccecho));
1621            NTOHL(to->to_ccecho);
1622            break;
1623        }
1624    }
1625    if (ti->ti_flags & TH_SYN)
1626        tcp_mssrcvd(tp, mss);    /* sets t_maxseg */
1627 }
```
——— tcp_input.c

图10-18 （续）

当对服务器所发的SYN的ACK(通常是三次握手中的第三个报文段)姗姗来迟时，执行卷2
第774页的case TCPS_SYN_RECEIVED语句，使连接进入ESTABLISHED状态，然后调用
rcp_reass函数将队列中的数据交付给进程，该函数第二个参数为0。但在图11-14中，我们
会看到，如果新的报文段中有数据，或者如果设置了FIN标志，就跳过对tcp_reass函数的
调用，因为这两种情况的任何一种都会引起对标号为dodata的TCP_REASS函数的调用。问
题是，如果新的报文段完全与以前的报文段重复，则对TCP_REASS函数的调用不会强行将队
列中的数据交付给进程。

修改tcp_reass函数只需做很小的改变：将卷2第729页的第106行的return改为执行标
号为present的分支。

10.11 小结

给定主机的TAO信息保存在路由表的记录项中。函数tcp_gettaocache读取为某主机
缓存的TAO数据，但如果在PCB的路由缓存中尚不存在相应的路由，则调用tcp_rtlookup
来查找主机。

T/TCP修改tcp_close函数，在路由表中为T/TCP连接保存两个估计值*srtt*和*rttvar*，即使连接中只传送了不到16个满长度的报文段。这样就使与该主机的下一次T/TCP连接可以在开始时使用这两个估计值(假设路由表记录项在下一次连接时还没有超时)。

Net/3的函数tcp_mss在T/TCP中分成了两个函数：tcp_mssrcvd和tcp_msssend。前者在收到MSS选项后调用，后者在发出MSS选项时调用。后者与通常的BSD做法的不同之处在于，它一般声明其MSS为输出接口的MTU减去TCP和IP首部的长度。BSD系统会向非本地对等主机声明取值为512的MSS。

Net/3中的tcp_dooptions函数在T/TCP中也有改变。函数的若干个参数取消了，用一个结构来代替。这就使函数可以处理新的选项(例如T/TCP新增加的3个选项)，而不需增加参数。

第11章   T/TCP实现：TCP输入

11.1   概述

T/TCP对TCP所做的大多数修改是在`tcp_input`函数中。在整个函数的前前后后都出现的修改是`tcp_dooptions`(10.9节)中新增的变量和返回值。我们不打算给出受这一变化而影响的每一块代码。

图11-1是卷2中图28-1的重写，T/TCP所做的修改用黑体字表示。

我们在说明`tcp_input`函数所做的修改时，按照各部分在整个函数中出现的顺序来分别介绍。

```
void
tcp_input()
{
    checksum TCP header and data;
    skip over IP/TCP headers in mbuf;

findpcb:
    locate PCB for segment;
    if (not found)
        goto dropwithreset;

    reset idle time to 0 and keepalive timer to 2 hours;

    process options if not LISTEN state;

    if (packet matched by header prediction) {
        completely process received segment;
        return;
    }

    switch (tp->t_state) {
    case TCPS_LISTEN:
        if SYN flag set, accept new connection request;
        perform TAO test;
        goto trimthenstep6;

    case TCPS_SYN_SENT:
        check CCecho option;
        if ACK of our SYN, connection completed;
trimthenstep6:
        trim any data not within window;
        if (ACK flag set)
            goto processack;
        goto step6;

    case TCPS_LAST_ACK:
    case TCPS_CLOSING:
    case TCPS_TIME_WAIT:
        check for new SYN as implied ACK of previous incarnation;
    }
```

图11-1   TCP输入处理步骤小结：T/TCP所做的修改用黑体表示

```
    process RFC 1323 timestamp;
    check CC option;
    check if some data bytes are within the receive window;
    trim data segment to fit within window;

    if (RST flag set) {
        process depending on state;
        goto drop;
    }

    if (ACK flag off)
        if (SYN_RCVD || half-synchronized)
            goto step6;
        else
            goto drop;

    if (ACK flag set) {
        if (SYN_RCVD state)
            passive open or simultaneous open complete;
        if (duplicate ACK)
            fast recovery algorithm;
processsack:
        update RTT estimators if segment timed;
        if (no data was ACKed)
            goto step6;
        open congestion window;
        remove ACKed data from send buffer;
        change state if in FIN_WAIT_1, CLOSING, or LAST_ACK state;
    }

step6:
    update window information;
    process URG flag;

dodata:
    process data in segment, add to reassembly queue;

    if (FIN flag is set)
        process depending on state;

    if (SO_DEBUG socket option)
        tcp_trace(TA_INPUT);

    if (need output || ACK now)
        tcp_output();
    return;

dropafterack:
    tcp_output() to generate ACK;
    return;

dropwithreset:
    tcp_respond() to generate RST;
    return;

drop:
    if (SO_DEBUG socket option)
        tcp_trace(TA_DROP);
    return;
}
```

图11-1 （续）

11.2　预处理

定义了三个新的自动变量，其中之一是tcpopt结构，在tcp_dooptions中使用。下面的几行语句用于替换卷2第739页的第190行。

```
struct tcpopt to;              /* options in this segment */
struct rmxp_tao *taop;         /* pointer to our TAO cache entry */
struct rmxp_tao tao_noncached; /* in case there's no cached entry */
bzero((char *)&to, sizeof(to));
tcpstat.tcps_rcvtotal++;
```

将tcpopt结构初始化为0是非常重要的：这样就会将to_cc字段(接收到的CC值)设置为0，表明它未定义。

在Net/3中，唯一回到标号findpcb的分支是在一个连接处于TIME_WAIT状态时又收到一个新的SYN报文段(卷2第765~766页)。因为下面的这两行代码有问题，所以该分支存在一个缺陷：

```
m->m_data += sizeof(struct tcpiphdr) + off - sizeof(struct tcphdr);
m->m_len  -= sizeof(struct tcpiphdr) + off - sizeof(struct tcphdr);
```

这两行代码在findpcb后出现了两次，在goto后又执行了一次(这两行代码在卷2第751页出现了一次，在第752页又出现一次；这两处中只能有一处执行，决定于该报文段是否与首部所指示的相一致)。这在T/TCP之前并不会带来问题，因为SYN不携带数据，上述这个缺陷只在当一个连接处于TIME_WAIT状态又收到一个携带数据的新SYN时才会表现出来。然而在T/TCP中，还会有第2个回到findpcb的分支(在后面的图11-11中会说明，这个分支处理图4-7所示的隐式ACK)，并且要处理的SYN很可能携带数据。这样，在findpcb之前的上述这两行代码就必须删去，如图11-2所示。

```
                                                              ── tcp_input.c
274      /*
275       * Skip over TCP, IP headers, and TCP options in mbuf.
276       * optp & ti still point into TCP header, but that's OK.
277       */
278      m->m_data += sizeof(struct tcpiphdr) + off - sizeof(struct tcphdr);
279      m->m_len -= sizeof(struct tcpiphdr) + off - sizeof(struct tcphdr);

280      /*
281       * Locate pcb for segment.
282       */
283      findpcb:
                                                              ── tcp_input.c
```

图11-2　tcp_input：在findpcb前修改mbuf指针和长度

这样就从卷2的第751页和第752页中删除上述的两行。

下一个修改位于卷2第744页的第327行，这段代码在一个新报文段到达监听插口时创建一个新插口。在t_state设置为TCPS_LISTEN以后，TF_NOPUSH和TF_NOOPT这两个标志必须从监听插口复制到新的插口：

```
tp->t_flags |= tp0->t_flags & (TF_NOPUSH|TF_NOOPT);
```

其中tp0是指向监听插口tcpcb的自动变量。

卷2第745页的第344~345行中对tcp_dooptions的调用要改为新的调用序列(10.9节)：

```
if (optp && tp->t_state != TCPS_LISTEN)
    tcp_dooptions(tp, optp, optlen, ti, &to);
```

11.3 首部预测

是否应用首部预测(卷2第748页)的第一项测试是检查隐藏状态标志是否关闭。如果这些标志中有任何一个处于打开状态，则需要用`tcp_input`中的慢通道处理将其关闭。图11-3给出了新的测试过程。

tcp_input.c

```
398    if (tp->t_state == TCPS_ESTABLISHED &&
399      (tiflags & (TH_SYN | TH_FIN | TH_RST | TH_URG | TH_ACK)) == TH_ACK &&
400      ((tp->t_flags & (TF_SENDSYN | TF_SENDFIN)) == 0) &&
401      ((to.to_flag & TOF_TS) == 0 ||
402       TSTMP_GEQ(to.to_tsval, tp->ts_recent)) &&
403      /*
404       * Using the CC option is compulsory if once started:
405       *    the segment is OK if no T/TCP was negotiated or
406       *    if the segment has a CC option equal to CCrecv
407       */
408      ((tp->t_flags & (TF_REQ_CC | TF_RCVD_CC)) != (TF_REQ_CC | TF_RCVD_CC) ||
409      (to.to_flag & TOF_CC) != 0 && to.to_cc == tp->cc_recv) &&
410      ti->ti_seq == tp->rcv_nxt &&
411      tiwin && tiwin == tp->snd_wnd &&
412      tp->snd_nxt == tp->snd_max) {

413        /*
414         * If last ACK falls within this segment's sequence numbers,
415         * record the timestamp.
416         * NOTE that the test is modified according to the latest
417         * proposal of the tcplw@cray.com list (Braden 1993/04/26).
418         */
419        if ((to.to_flag & TOF_TS) != 0 &&
420            SEQ_LEQ(ti->ti_seq, tp->last_ack_sent)) {
421            tp->ts_recent_age = tcp_now;
422            tp->ts_recent = to.to_tsval;
423        }
```

tcp_input.c

图11-3 tcp_input：是否可以应用首部预测

1. 验证隐藏状态标志关闭

400 这里的第一项修改就是验证TF_SENDSYN和TF_SENDFIN标志是否同时处于关闭状态。

2. 检查时间戳选项(如果存在)

401-402 第2项修改与修改后的`tcp_dooptions`函数有关的是：不再测试`ts_present`，而是测试`to_flag`中的`TOF_TS`标志位，并且如果时间戳存在，它的值是在`to_tsval`而不是`ts_val`中。

3. 如果使用T/TCP，就验证CC

403-409 最后，如果没有完成T/TCP协商(我们要求有CC选项，但另一端没有发送，或者我们根本就没有要求)，则if测试继续进行。如果使用了T/TCP，则接收到的报文段必须包含一个CC选项，且CC值必须等于`cc_recv`值，这样才继续进行if测试。

我们希望在简短的T/TCP事务中不要频繁使用首部预测。因为在一次最小的T/TCP报文段交换中，其最初的两个报文段携带有控制标志(SYN和FIN)，这会使图11-3中在第二项测试失败。这些T/TCP报文段用tcp_input的慢通道进行处理。但是，在支持T/TCP的两个主机之间的长连接(例如成批的数据传送)可以使用CC选项，并从首部预测中获益。

4. 用接收到的时间戳更新ts_recent

413-423　ts_recent是否因该更新的测试与卷2第748页的第371~372行有所不同。图11-3中采用新测试代码的原因在卷2第694~695页有详细叙述。

11.4　被动打开的启动

我们现在替换掉卷2第755页的全部代码：处于LISTEN状态的插口处理所收到的SYN的代码的最后一部分。这是当服务器从一个客户端接收到一个SYN时被动打开的启动(我们不想重复卷2第753~754页中在该状态下进行初始化的代码)。图11-4给出了这段代码的第一部分。

```
                                                          tcp_input.c
545            tp->t_template = tcp_template(tp);
546            if (tp->t_template == 0) {
547                tp = tcp_drop(tp, ENOBUFS);
548                dropsocket = 0; /* socket is already gone */
549                goto drop;
550            }
551            if ((taop = tcp_gettaocache(inp)) == NULL) {
552                taop = &tao_noncached;
553                bzero(taop, sizeof(*taop));
554            }
555            if (optp)
556                tcp_dooptions(tp, optp, optlen, ti, &to);
557            if (iss)
558                tp->iss = iss;
559            else
560                tp->iss = tcp_iss;
561            tcp_iss += TCP_ISSINCR / 4;
562            tp->irs = ti->ti_seq;
563            tcp_sendseqinit(tp);
564            tcp_rcvseqinit(tp);
565            /*
566             * Initialization of the tcpcb for transaction:
567             *   set SND.WND = SEG.WND,
568             *   initialize CCsend and CCrecv.
569             */
570            tp->snd_wnd = tiwin;    /* initial send-window */
571            tp->cc_send = CC_INC(tcp_ccgen);
572            tp->cc_recv = to.to_cc;
                                                          tcp_input.c
```

图11-4　tcp_input：取TAO记录项，初始化事务的控制块

1. 取客户端的TAO记录项

551-554　tcp_gettaocache查找该客户端的TAO记录项。如果没有找到，在全部设置为0后使用自动变量。

2. 处理选项和初始化序号

555-564　tcp_dooptions处理所有的选项(由于连接处于LISTEN状态，这个函数在此之前是不会调用的)。初始化发送序号(iss)和初始接收序号(irs)。控制块中的所有序号变量都由tcp_sendseqinit和tcp_rcvseqinit进行初始化。

3. 更新发送窗

565-570 tiwin是在接收到的SYN中由客户端通告的窗口(卷2第742~743页)。它是新插口的初始化发送窗口。通常,发送窗口要一直等到收到了一个带有ACK的报文段才会更新(卷2第785页)。但T/TCP要利用所收到的SYN报文段中的发送窗口值,即使这个报文段不包含ACK。这个窗口影响到服务器端给出应答时可以立即发送给客户端的数据有多少(T/TCP交换中最小三报文段的第2个报文段)。

4. 设置cc_send和cc_recv

571-572 cc_send设置为tcp_ccgen的值,并且如果CC选项存在,则cc_recv设置为CC值。如果CC选项不存在,因为在函数的一开始已经将to初始化为0,所以cc_recv也是0(未定义)。

图11-5对收到的报文段执行TAO测试。

5. 执行TAO测试

573-587 仅仅在报文段中包含有CC选项时才进行TAO测试。如果接收到的CC值非0且大于该客户端的缓存值(tao_cc),则TAO测试成功。

6. TAO测试成功:更新客户端的TAO缓存

588-594 对这个客户端的缓存值进行更新,并且将连接状态设置为ESTABLISHED*(隐藏状态变量在稍后的几行中设置,使之成为半同步加星状态)。

7. 决定是否延迟发送ACK

595-606 如果报文段中包含FIN,或者如果报文段中包含数据,那么客户端应用程序必须按使用T/TCP来编程(即调用sendto,并指定MSG_EOF,在此之前不能调用connect、write和shutdown)。在这种情况下,ACK要延迟发送,以便让服务器的应答来捎带服务器给出的SYN/ACK。

```
                                                                    tcp_input.c
573            /*
574             * Perform TAO test on incoming CC (SEG.CC) option, if any.
575             * - compare SEG.CC against cached CC from the same host,
576             *   if any.
577             * - if SEG.CC > cached value, SYN must be new and is accepted
578             *   immediately: save new CC in the cache, mark the socket
579             *   connected, enter ESTABLISHED state, turn on flag to
580             *   send a SYN in the next segment.
581             *   A virtual advertised window is set in rcv_adv to
582             *   initialize SWS prevention.  Then enter normal segment
583             *   processing: drop SYN, process data and FIN.
584             * - otherwise do a normal 3-way handshake.
585             */
586            if ((to.to_flag & TOF_CC) != 0) {
587                if (taop->tao_cc != 0 && CC_GT(to.to_cc, taop->tao_cc)) {
588                    /*
589                     * There was a CC option on the received SYN
590                     * and the TAO test succeeded.
591                     */
592                    tcpstat.tcps_taook++;
593                    taop->tao_cc = to.to_cc;
594                    tp->t_state = TCPS_ESTABLISHED;

595                    /*
596                     * If there is a FIN, or if there is data and the
597                     * connection is local, then delay SYN,ACK(SYN) in
```

图11-5 tcp_input:对收到的报文段执行TAO测试

```
598                         * the hope of piggybacking it on a response
599                         * segment.  Otherwise must send ACK now in case
600                         * the other side is slow starting.
601                         */
602                        if ((tiflags & TH_FIN) ||
603                            (ti->ti_len != 0 && in_localaddr(inp->inp_faddr)))
604                                tp->t_flags |= (TF_DELACK | TF_SENDSYN);
605                        else
606                                tp->t_flags |= (TF_ACKNOW | TF_SENDSYN);
607                        tp->rcv_adv += tp->rcv_wnd;
608                        tcpstat.tcps_connects++;
609                        soisconnected(so);
610                        tp->t_timer[TCPT_KEEP] = TCPTV_KEEP_INIT;
611                        dropsocket = 0;      /* committed to socket */
612                        tcpstat.tcps_accepts++;
613                        goto trimthenstep6;
614                    } else if (taop->tao_cc != 0)
615                        tcpstat.tcps_taofail++;
```
──────── tcp_input.c

图11-5 （续）

如果FIN标志未设置，但是报文段中包含数据，那么由于报文段中同时也包含了SYN标志，这很有可能是客户端发来的多报文段数据中的第一段。在这种情况下，如果客户端不在本地子网中(`in_localaddr`函数返回的是0)，这时因为客户端可能处于慢启动状态，确认不再延迟。

8. 设置rcv_adv

607 `rcv_adv`定义为所接收通告的最高序列号加1(卷2的图24-28)，但是在图11-4中的宏 `tcp_rcvseqinit`将其初始化为接收序列号加1。在这个处理点上，`rcv_wnd`将是插口接收缓存的大小(卷2第752页)。这样，将`rcv_wnd`加到`rcv_adv`以后，后者刚好超出当前的接收窗口。`rcv_adv`必须在这里进行初始化，因为它的值要用在`tcp_output`的糊涂窗口避免机制中(卷2第700页)。`rcv_adv`在`tcp_output`快结束时设置，通常是在发送第一个报文段时(在这里应该是服务器对客户端SYN的响应SYN/ACK)。但是在T/TCP中，`rcv_adv`需要在`tcp_output`中进行第一次设置，因为我们可能在所发送的第一个报文段中发送数据。

9. 完成连接

608-609 递增`tcps_connects`和调用`soisconnected`通常是在接收到三次握手中的第三个报文段时进行的(卷2第774页)。既然连接已经完成，在T/TCP中这时就执行这两个步骤。

610-613 连接建立定时器设置为75秒，`dropsocked`标志设置为0，增加了标签为 `trimthenstep6`的分支。

图11-6给出了在LISTEN状态的插口收到一个SYN时的其余处理代码。

──────── tcp_input.c

```
616                    } else {
617                        /*
618                         * No CC option, but maybe CCnew:
619                         * invalidate cached value.
620                         */
621                        taop->tao_cc = 0;
622                    }
```

图11-6 tcp_input：LISTEN处理：没有CC选项或TAO测试失败

```
623                 /*
624                  * TAO test failed or there was no CC option,
625                  * do a standard 3-way handshake.
626                  */
627                 tp->t_flags |= TF_ACKNOW;
628                 tp->t_state = TCPS_SYN_RECEIVED;
629                 tp->t_timer[TCPT_KEEP] = TCPTV_KEEP_INIT;
630                 dropsocket = 0;         /* committed to socket */
631                 tcpstat.tcps_accepts++;
632                 goto trimthenstep6;
633             }
```
──── tcp_input.c

图11-6 (续)

10. 无CC选项；缓存设置为CC未定义

612-622　当CC选项不存在时，执行else语句(图11-5的第一个if语句在)。缓存中的CC值设置为0(即未定义)。如果该段程序中发现报文段中含有CCnew选项，则当三次握手过程完成以后要更新缓存的CC值(图11-14)。

11. 要求执行三次握手

623-633　执行到这一点，要么报文段中没有CC选项，要么有CC选项但TAO测试失败。在任何一种情况下，都要求执行三次握手过程。剩余的代码行与卷2中图28-17的最后部分完全一样：设置TF_ACKNOW标志，状态设置为SYN_RCVD状态，这样就会立即发送SYN/ACK。

11.5 主动打开的启动

　　下一个case是SYN_SENT状态。TCP先前发送过一个SYN(一次主动打开)，现在是处理服务器的应答。图11-7给出了处理程序的第一部分。相应的Net/3代码从卷2第757页开始。

──── tcp_input.c
```
634         /*
635          * If the state is SYN_SENT:
636          *   if seg contains an ACK, but not for our SYN, drop the input.
637          *   if seg contains a RST, then drop the connection.
638          *   if seg does not contain SYN, then drop it.
639          * Otherwise this is an acceptable SYN segment
640          *   initialize tp->rcv_nxt and tp->irs
641          *   if seg contains ack then advance tp->snd_una
642          *   if SYN has been acked change to ESTABLISHED else SYN_RCVD state
643          *   arrange for segment to be acked (eventually)
644          *   continue processing rest of data/controls, beginning with URG
645          */
646     case TCPS_SYN_SENT:
647         if ((taop = tcp_gettaocache(inp)) == NULL) {
648             taop = &tao_noncached;
649             bzero(taop, sizeof(*taop));
650         }
651         if ((tiflags & TH_ACK) &&
652             (SEQ_LEQ(ti->ti_ack, tp->iss) ||
653              SEQ_GT(ti->ti_ack, tp->snd_max))) {
654             /*
655              * If we have a cached CCsent for the remote host,
656              * hence we haven't just crashed and restarted,
657              * do not send a RST.  This may be a retransmission
```

图11-7 tcp_input：在SYN_SENT状态的初始处理

```
658                         * from the other side after our earlier ACK was lost.
659                         * Our new SYN, when it arrives, will serve as the
660                         * needed ACK.
661                         */
662                        if (taop->tao_ccsent != 0)
663                            goto drop;
664                        else
665                            goto dropwithreset;
666                    }
667                    if (tiflags & TH_RST) {
668                        if (tiflags & TH_ACK)
669                            tp = tcp_drop(tp, ECONNREFUSED);
670                        goto drop;
671                    }
672                    if ((tiflags & TH_SYN) == 0)
673                        goto drop;
674                    tp->snd_wnd = ti->ti_win;   /* initial send window */
675                    tp->cc_recv = to.to_cc; /* foreign CC */

676                    tp->irs = ti->ti_seq;
677                    tcp_rcvseqinit(tp);
```
——— tcp_input.c

图11-7 (续)

1. 取TAO缓存记录项

647-650 取该服务器的TAO缓存记录项。因为我们最近刚刚发送过SYN,应该有一个记录项。

2. 处理不正确的ACK

651-666 如果报文段中包含有ACK,但是其确认字段不正确(见卷2中图28-19对进行比较的几个字段的叙述),我们的应答就依赖于是否已经为该主机缓存了 `tao_ccsent`。如果 `cc_ccsent` 非0,则丢弃该报文段,而不发送RST。这个处理步骤的代码段在图4-7中的标号为"discard"处。但如果 `tao_ccsent` 为0,我们丢弃该报文段,并发送RST,这是在该状态下对不正确ACK的正常TCP响应。

3. 检查RST

667-671 如果接收到的报文段中设置了RST标志,则丢弃报文段。另外,如果设置了ACK标志,则说明服务器的TCP主动拒绝连接,并将ECONNREFUSED错误返回给调用进程。

4. 必须设置SYN

672-673 如果SYN标志没有设置,则丢弃报文段。

674-677 初始发送窗口设置为报文段中通告的窗口宽度,并将 `cc_recv` 设置为接收到的CC值(如果CC选项不存在,就为0)。`irs` 是初始接收序号,宏 `tcp_rcvseqinit` 对控制块中的接收变量进行初始化。

代码中现在开始出现分支,决定于是否报文段中包含一个对所发SYN的确认ACK(通常情况下),或者是否ACK标志没有打开(双方同时进行打开的情况较少发生)。图11-8给出了通常的情况。

——— tcp_input.c

```
678                    if (tiflags & TH_ACK) {
679                        /*
680                         * Our SYN was acked.  If segment contains CCecho
681                         * option, check it to make sure this segment really
```

图11-8 tcp_input: 在SYN_SENT状态处理SYN/ACK响应

```
682                * matches our SYN.  If not, just drop it as old
683                * duplicate, but send an RST if we're still playing
684                * by the old rules.
685                */
686               if ((to.to_flag & TOF_CCECHO) &&
687                   tp->cc_send != to.to_ccecho) {
688                   if (taop->tao_ccsent != 0) {
689                       tcpstat.tcps_badccecho++;
690                       goto drop;
691                   } else
692                       goto dropwithreset;
693               }
694               tcpstat.tcps_connects++;
695               soisconnected(so);

696               /* Do window scaling on this connection? */
697               if ((tp->t_flags & (TF_RCVD_SCALE | TF_REQ_SCALE)) ==
698                   (TF_RCVD_SCALE | TF_REQ_SCALE)) {
699                   tp->snd_scale = tp->requested_s_scale;
700                   tp->rcv_scale = tp->request_r_scale;
701               }
702               /* Segment is acceptable, update cache if undefined. */
703               if (taop->tao_ccsent == 0)
704                   taop->tao_ccsent = to.to_ccecho;

705               tp->rcv_adv += tp->rcv_wnd;
706               tp->snd_una++;          /* SYN is acked */
707               /*
708                * If there's data, delay ACK; if there's also a FIN
709                * ACKNOW will be turned on later.
710                */
711               if (ti->ti_len != 0)
712                   tp->t_flags |= TF_DELACK;
713               else
714                   tp->t_flags |= TF_ACKNOW;
715               /*
716                * Received <SYN,ACK> in SYN_SENT[*] state.
717                * Transitions:
718                *   SYN_SENT  --> ESTABLISHED
719                *   SYN_SENT* --> FIN_WAIT_1
720                */
721               if (tp->t_flags & TF_SENDFIN) {
722                   tp->t_state = TCPS_FIN_WAIT_1;
723                   tp->t_flags &= ~TF_SENDFIN;
724                   tiflags &= ~TH_SYN;
725               } else
726                   tp->t_state = TCPS_ESTABLISHED;
```
———— tcp_input.c

图11-8　(续)

5. ACK标志是打开的

678　如果ACK标志处于开的状态,我们从图11-7中的ti_ack测试可以知道,ACK确认了我们的SYN。

6. 检查CCecho值是否存在

679-693　如果报文段中包含了CCecho选项,但CCecho的值与我们发出的不相等,则丢弃该报文段(除非另一端发生故障,否则,因为已经收到了对所发SYN的ACK,所以这是"决不应该发生的")。如果我们并没有发送过CC选项(tao_ccsent为0),那么就要发送RST。

7. 标记插口为已连接和处理窗口宽度选项

694-701　插口标记为已经建立连接，并对窗口宽度选项进行处理(如果存在)。

　　Bob Braden的T/TCP实现有错误，不应在测试CCecho值之前就执行这两行代码。

8. 如果未定义，则更新TAO缓存

702-704　报文段可以接受，这样，如果这个服务器的TAO缓存还没有定义(例如客户重新启动了，或发送了一个CCnew选项)，我们就用接收到的CCecho值(如果CCecho选项不存在，它的值为0)对其进行更新。

9. 设置rcv_adv

705-706　更新rcv_adv，如图11-4所示。在发出的SYN得到确认后，snd_una(尚未确认的最小序号数据)加1。

10. 确定是否延迟发送ACK

707-714　如果服务器在其SYN中发送数据，那我们就延迟发送ACK；否则，立即发出ACK(因为这很可能是三次握手中的第二个报文段)。延迟发送ACK是因为，如果服务器发来的SYN中包含了数据，那么服务器很可能正在使用T/TCP，这样就很可能还会接收到另外的报文段，其中包含剩余的应答数据，这时就没有必要立即发送ACK。但如果这个报文段中同时还包含有服务器的FIN(最小的三报文段T/TCP交换中的第二个报文段)，图11-18中的代码会打开TF_ACKNOW标志，以便立即发送ACK。

715-726　我们知道t_state等于TCPS_SYN_SENT，但如果隐藏状态标志TF_SENDFIN也是打开的，我们的状态实际上是SYN_SENT*。在这种情况下，我们的状态变迁到FIN_WAIT_1状态(如果看看RFC 1644中的状态变迁图就可以看出，这实际上是两个状态变迁的组合。在SYN_SENT*状态下接收到SYN就变迁到FIN_WAIT_1*状态，而对SYN的ACK则变迁到FIN_WAIT_1状态)。

　　对应于图11-8开头的if的else代码如图11-9所示。它对应的是两端同时打开：我们发出了一个SYN，然后收到了一个没有ACK的SYN。这个图取代了卷2第758页的第581~582行。

```
                                                              tcp_input.c
727            } else {
728                /*
729                 * Simultaneous open.
730                 * Received initial SYN in SYN-SENT[*] state.
731                 * If segment contains CC option and there is a
732                 * cached CC, apply TAO test; if it succeeds,
733                 * connection is half-synchronized.
734                 * Otherwise, do 3-way handshake:
735                 *       SYN-SENT -> SYN-RECEIVED
736                 *       SYN-SENT* -> SYN-RECEIVED*
737                 * If there was no CC option, clear cached CC value.
738                 */
739                tp->t_flags |= TF_ACKNOW;
740                tp->t_timer[TCPT_REXMT] = 0;
741                if (to.to_flag & TOF_CC) {
742                    if (taop->tao_cc != 0 && CC_GT(to.to_cc, taop->tao_cc)) {
743                        /*
744                         * update cache and make transition:
745                         *       SYN-SENT -> ESTABLISHED*
746                         *       SYN-SENT* -> FIN-WAIT-1
```

图11-9　tcp_input：同时打开

```
747                          */
748                          tcpstat.tcps_taook++;
749                          taop->tao_cc = to.to_cc;
750                          if (tp->t_flags & TF_SENDFIN) {
751                              tp->t_state = TCPS_FIN_WAIT_1;
752                              tp->t_flags &= ~TF_SENDFIN;
753                          } else
754                              tp->t_state = TCPS_ESTABLISHED;
755                          tp->t_flags |= TF_SENDSYN;
756                      } else {
757                          tp->t_state = TCPS_SYN_RECEIVED;
758                          if (taop->tao_cc != 0)
759                              tcpstat.tcps_taofail++;
760                      }
761              } else {
762                  /* CCnew or no option => invalidate cache */
763                  taop->tao_cc = 0;
764                  tp->t_state = TCPS_SYN_RECEIVED;
765              }
766          }
```
—— *tcp_input.c*

图11-9 （续）

11. 立即ACK和关闭重传定时器

739-740   立即发出ACK，并且关闭重传定时器。尽管定时器被关闭，但由于TF_ACKNOW标志是设置了的，在tcp_input快结束时调用tcp_output。在发送ACK时，因为至少有一个数据字节(SYN)已经发出且未得到确认，重新启动重传定时器。

12. 执行TAO测试

741-755   如果报文段中包含有CC选项，那么就要执行TAO测试：缓存的值(tao_cc)必须非0，接收到的CC值必须大于缓存中的值。如果通过了TAO测试，缓存的值就要用接收到的CC值进行更新，这时要么从SYN_SENT状态变迁到ESTABLISHED*状态，要么从SYN_SNET*状态变迁到FIN_WAIT_1*状态。

13. TAO测试失败或没有CC选项

756-765   如果TAO测试失败，新的状态就是SYN_RCVD。如果没有CC选项，则TAO缓存的内容置0(未定义)，新的状态也是SYN_RCVD。

图11-10给出了标号为trimthenstep6的代码段，是在处理LISTEN状态结束时的一个分支(见图11-5)。这个图中的大部分代码是从卷2第759页复制过来的。

—— *tcp_input.c*
```
767     trimthenstep6:
768         /*
769          * Advance ti->ti_seq to correspond to first data byte.
770          * If data, trim to stay within window,
771          * dropping FIN if necessary.
772          */
773         ti->ti_seq++;
774         if (ti->ti_len > tp->rcv_wnd) {
775             todrop = ti->ti_len - tp->rcv_wnd;
776             m_adj(m, -todrop);
777             ti->ti_len = tp->rcv_wnd;
778             tiflags &= ~TH_FIN;
```

图11-10 tcp_input：处理完主动或被动打开后执行的trimthenstep6代码段

```
779                   tcpstat.tcps_rcvpackafterwin++;
780                   tcpstat.tcps_rcvbyteafterwin += todrop;
781               }
782               tp->snd_wl1 = ti->ti_seq - 1;
783               tp->rcv_up = ti->ti_seq;
784               /*
785                * Client side of transaction: already sent SYN and data.
786                * If the remote host used T/TCP to validate the SYN,
787                * our data will be ACK'd; if so, enter normal data segment
788                * processing in the middle of step 5, ack processing.
789                * Otherwise, goto step 6.
790                */
791               if (tiflags & TH_ACK)
792                   goto processack;
793               goto step6;
```
——— *tcp_input.c*

图11-10 （续）

14. 是客户端则不要跳过ACK处理

784-793 如果ACK标志打开，我们就是事务过程中的客户端。也就是说，我们发送的SYN
得到了ACK，我们是从SYN_SENT状态变迁到当前状态的，而不是从LISTEN状态变迁来的。
在这种情况下，我们不能执行step6分支，因为那样就会跳过对ACK的处理过程(见图11-1)，
而如果我们在SYN报文段中发送了数据，就需要对数据的ACK进行处理(常规的TCP会在这里
跳过对ACK的处理过程，因为它从来不会随SYN一起发送数据)。

　　处理过程中的下一个步骤是T/TCP中新加的。通常，卷2第753页开始的switch语句中只
有LISTEN和SYN_SENT状态这两个case处理代码(这两种情况我们都刚刚介绍过)。T/TCP增
加了LAST_ACK、CLOSING和TIME_WAIT状态这三段case处理代码，如图11-11所示。

——— *tcp_input.c*
```
794               /*
795                * If the state is LAST_ACK or CLOSING or TIME_WAIT:
796                *  if segment contains a SYN and CC [not CCnew] option
797                *  and peer understands T/TCP (cc_recv != 0):
798                *              if state == TIME_WAIT and connection duration > MSL,
799                *                   drop packet and send RST;
800                *
801                *          if SEG.CC > CCrecv then is new SYN, and can implicitly
802                *              ack the FIN (and data) in retransmission queue.
803                *                   Complete close and delete TCPCB.  Then reprocess
804                *                   segment, hoping to find new TCPCB in LISTEN state;
805                *
806                *          else must be old SYN; drop it.
807                *          else do normal processing.
808                */
809       case TCPS_LAST_ACK:
810       case TCPS_CLOSING:
811       case TCPS_TIME_WAIT:
812           if ((tiflags & TH_SYN) &&
813               (to.to_flag & TOF_CC) && tp->cc_recv != 0) {
814               if (tp->t_state == TCPS_TIME_WAIT &&
815                   tp->t_duration > TCPTV_MSL)
816                   goto dropwithreset;
817               if (CC_GT(to.to_cc, tp->cc_recv)) {
818                   tp = tcp_close(tp);
```

图11-11 tcp_input：LAST_ACK、CLOSING和TIME_WAIT状态的初始处理

```
819                   tcpstat.tcps_impliedack++;
820                   goto findpcb;
821              } else
822                   goto drop;
823         }
824     break;                    /* continue normal processing */
825   }
```
———————————————————————— tcp_input.c

图11-11 （续）

812-813 只有在接收到的报文段中包含了SYN和CC选项，并且我们已经有该主机的缓存CC值(cc_recv非0)，才执行接下来的特殊测试。同时知道要进入三种状态之一，TCP已发出了一个FIN，并接收到一个FIN(图2-6)。在LAST_ACK和CLOSING状态下，TCP等待对其所发FIN的ACK。所以要执行的测试是在TIME_WAIT状态下收到新的SYN时是否可以安全地截断TIME_WAIT状态，或者在LAST_ACK或CLOSING状态下收到一个新的SYN是否隐含着我们所发送FIN的ACK。

15. 如果持续时间大于MSL就不允许截断TIME_WAIT状态

814-816 通常，处于TIME_WAIT状态下的连接是允许接收新SYN的(卷2第765~766页)。这是从伯克利演变来的系统所允许的隐式截断TIME_WAIT状态，至少从NET/1以后就是这样了(卷1的习题18.5的解答就说明了这一特性)。如果连接处于TIME_WAIT状态的持续时间大于MSL，上述做法在T/TCP中是不允许的，这时要发送RST。我们在4.4节中讲到过这个限制。

16. 新SYN是现存连接的隐含ACK

817-820 如果接收到的CC值大于缓存的CC值，则TAO测试成功(即这是一个新的SYN)。这时关闭当前连接，回头执行findpcb分支，希望找到一个处于LISTEN状态的插口来处理新的SYN。图4-7给出了服务器插口的一个例子，在处理隐含的ACK时，插口处于LAST_ACK状态。

11.6 PAWS：防止序号重复

卷2第740页的PAWS测试没有变化——就是处理时间戳的代码。图11-12所示的测试在这些时间戳测试之后执行，验证接收到的CC。

———————————————————————— tcp_input.c
```
860    /*
861     * T/TCP mechanism:
862     *   If T/TCP was negotiated, and the segment doesn't have CC
863     *   or if its CC is wrong, then drop the segment.
864     *   RST segments do not have to comply with this.
865     */
866    if ((tp->t_flags & (TF_REQ_CC | TF_RCVD_CC)) == (TF_REQ_CC | TF_RCVD_CC) &&
867        ((to.to_flag & TOF_CC) == 0 || tp->cc_recv != to.to_cc) &&
868        (tiflags & TH_RST) == 0) {
869        tcpstat.tcps_ccdrop++;
870        goto dropafterack;
871    }
```
———————————————————————— tcp_input.c

图11-12 tcp_input：验证接收到的CC

860-871 如果使用T/TCP(TF_REQ_CC和TF_RCVD_CC选项同时打开)，这时接收到的报文段必须包含CC选项，且CC值必须等于该连接所用的值(cc_recv)；否则，报文段就是过时重

复的，要丢弃(但要给出确认，因为所有重复的报文段都需要确认)。如果报文段中包含了RST，就不丢弃，允许处理该报文段的函数稍后可以对RST进行处理。

11.7 ACK处理

在卷2第771页上，RST处理后，如果ACK标志没有打开，报文段就被丢弃。这是常规的TCP处理过程。T/TCP改变这一点，如图11-13所示。

```
                                                          ─── tcp_input.c
1024    /*
1025     * If the ACK bit is off: if in SYN-RECEIVED state or SENDSYN
1026     * flag is on (half-synchronized state), then queue data for
1027     * later processing; else drop segment and return.
1028     */
1029    if ((tiflags & TH_ACK) == 0) {
1030        if (tp->t_state == TCPS_SYN_RECEIVED ||
1031            (tp->t_flags & TF_SENDSYN))
1032            goto step6;
1033        else
1034            goto drop;
1035    }
                                                          ─── tcp_input.c
```

图11-13 tcp_input：处理没有ACK标志的报文段

1024-1035 如果ACK标志关闭，并且状态是SYN_RCVD，或者TF_SESNDSYN标志打开(即半同步)，则执行step6分支，而不是丢弃该报文段。这样做处理的是在连接建立前、但第一个SYN之后、不带ACK的数据报文段到达的情况(例如图3-9的第2报文段和第3报文段)。

11.8 完成被动打开和同时打开

如卷2的第29章一样，继续对ACK进行处理。第774页的大部分代码还是一样的(删除第806行)，但用图11-14的代码替代其中的813~815行。这时我们处于SYN_RCVD状态，处理的是完成三次握手的最后一个ACK。这是在服务器上对连接的常规处理过程。

1. 如果缓存的CC值未定义，就更新

1057-1064 读取这个对等端的TAO记录项，如果所缓存的CC值为0(未定义)，则用接收到的CC值更新。注意，只有在缓存的值未定义时才执行更新操作。回顾前面，图11-6的代码在CC选项不存在时明确地将tao_cc设置为0(这样，当三次握手完成时就会进行更新)。但是如果TAO测试失败，也就不会修改tao_cc的值。后面这个动作实际上就是收到了一个失序的SYN，不应引起缓存tao_cc的改变，如我们在图4-11中所述。

2. 变迁到新状态

1065-1074 从SYN_RCVD状态变迁到ESTABLISHED状态，是服务器完成三次握手过程的常规TCP状态变迁。因为进程已经用MSG_EOF标志关闭了用于发送的半个连接，连接状态从SYN_RCVD*变迁到FIN_WAIT_1状态。

```
                                                          ─── tcp_input.c
1057            /*
1058             * Upon successful completion of 3-way handshake,
1059             * update cache.CC if it was undefined, pass any queued
1060             * data to the user, and advance state appropriately.
```

图11-14 tcp_input：被动打开或同时打开的完成

```
1061              */
1062          if ((taop = tcp_gettaocache(inp)) != NULL &&
1063              taop->tao_cc == 0)
1064              taop->tao_cc = tp->cc_recv;

1065          /*
1066           * Make transitions:
1067           *      SYN-RECEIVED  -> ESTABLISHED
1068           *      SYN-RECEIVED* -> FIN-WAIT-1
1069           */
1070          if (tp->t_flags & TF_SENDFIN) {
1071              tp->t_state = TCPS_FIN_WAIT_1;
1072              tp->t_flags &= ~TF_SENDFIN;
1073          } else
1074              tp->t_state = TCPS_ESTABLISHED;

1075          /*
1076           * If segment contains data or FIN, will call tcp_reass()
1077           * later; if not, do so now to pass queued data to user.
1078           */
1079          if (ti->ti_len == 0 && (tiflags & TH_FIN) == 0)
1080              (void) tcp_reass(tp, (struct tcpiphdr *) 0,
1081                                  (struct mbuf *) 0);
1082          tp->snd_wl1 = ti->ti_seq - 1;
1083          /* fall into ... */
```
――― *tcp_input.c*

图11-14　(续)

3. 检查数据或FIN

1075-1081 　如果报文段中包含有数据或FIN标志，那么在标号为dodata的代码行就要调用
宏TCP_REASS(回顾图11-1)将数据交付给用户进程。卷2第790页给出了在标号dodata处对
这个宏的调用，这段代码在T/TCP中没有改变。否则就要调用`tcp_reass`，其第二个参数为
0，将队列中的所有数据交付给用户进程。

11.9　ACK处理(续)

　　快速重传和快速恢复算法(卷2的29.4节)保持不变。图11-15中的代码插入在卷2第779页的
899~900行之间。

――― *tcp_input.c*
```
1168          /*
1169           *  If we reach this point, ACK is not a duplicate,
1170           *      i.e., it ACKs something we sent.
1171           */
1172          if (tp->t_flags & TF_SENDSYN) {
1173              /*
1174               *   T/TCP: Connection was half-synchronized, and our
1175               *   SYN has been ACK'd (so connection is now fully
1176               *   synchronized).  Go to non-starred state and
1177               *   increment snd_una for ACK of SYN.
1178               */
1179              tp->t_flags &= ~TF_SENDSYN;
1180              tp->snd_una++;
1181          }
1182      processack:
```
――― *tcp_input.c*

图11-15　tcp_input：如果TF_SENDSYN打开了，就将其关闭

1. 关闭隐藏状态标志TF_SENDSYN

1168-1181 如果隐藏状态标志TF_SENDSYN处于打开状态，则它将被关闭。这是因为接收到的ACK确认了已经发送出去的一些东西，连接已不再是半同步。因为SYN已经得到确认，并且SYN占用了1字节序号空间，snd_una加1。

图11-16插在卷2第780~781页的926~927行之间。

```
                                                            ── tcp_input.c
1210            /*
1211             * If no data (only SYN) was ACK'd,
1212             *    skip rest of ACK processing.
1213             */
1214            if (acked == 0)
1215                goto step6;
                                                            ── tcp_input.c
```

图11-16 tcp_input：如果没有对数据的ACK就跳过剩ACK处理过程

2. 如果没有对数据的ACK，就跳过剩余ACK处理过程

1210-1215 如果没有对数据的确认(仅对我们的SYN给出了确认)，ACK处理过程的剩余部分就跳过去。跳过去的处理代码包括打开拥塞窗口和将已得到确认的数据从发送缓存中移去。

这项测试和程序分支在T/TCP中不存在。这纠正了在14.12节的最后讨论的一个程序缺陷，在那里连接的服务器端通过发送两个背靠背段来执行慢启动，而不是一个报文段。

第2个变化如图11-17所示，用于替代卷2的图29-12中的代码。这时我们处于CLOSING状态并对ACK进行处理，处理结果是将连接的状态变迁到TIME_WAIT。T/TCP允许截断TIME_WAIT状态(见4.4节)。

```
                                                            ── tcp_input.c
1266            /*
1267             * In CLOSING STATE in addition to the processing for
1268             * the ESTABLISHED state if the ACK acknowledges our FIN
1269             * then enter the TIME-WAIT state, otherwise ignore
1270             * the segment.
1271             */
1272            case TCPS_CLOSING:
1273                if (ourfinisacked) {
1274                    tp->t_state = TCPS_TIME_WAIT;
1275                    tcp_canceltimers(tp);
1276                    /* Shorten TIME_WAIT [RFC 1644, p.28] */
1277                    if (tp->cc_recv != 0 && tp->t_duration < TCPTV_MSL)
1278                        tp->t_timer[TCPT_2MSL] = tp->t_rxtcur * TCPTV_TWTRUNC;
1279                    else
1280                        tp->t_timer[TCPT_2MSL] = 2 * TCPTV_MSL;
1281                    soisdisconnected(so);
1282                }
1283                break;
                                                            ── tcp_input.c
```

图11-17 tcp_input：在CLOSING状态收到ACK：设置TIME_WAIT定时器

1276-1280 如果我们从对等端接收到一个CC值，并且连接的持续时间少于MSL，这时TIME_WAIT定时器就设置为当前重传超时的TCPTV_TWTRUNC(8)倍。否则，TIME_WAIT定时器设置为通常的2倍MSL。

11.10 FIN处理

TCP输入处理的接下来的三部分(更新窗口信息、紧急模式处理和接收数据处理)在T/TCP中都没有改变(回忆图11-1)。再回顾卷2的29.9节,如果设置了FIN标志,但因为序号空间的空洞,它不会得到确认,那一节中的代码就用于清除FIN标志。因此,在这里我们知道FIN是要等待确认的。

FIN处理过程的另一个变化如图11-18所示。这个修改用于替代卷2第791页的第1123行。

```
───────────────────────────────────────────────── tcp_input.c
1407     /*
1408      * If FIN is received ACK the FIN and let the user know
1409      * that the connection is closing.
1410      */
1411     if (tiflags & TH_FIN) {
1412         if (TCPS_HAVERCVDFIN(tp->t_state) == 0) {
1413             socantrcvmore(so);
1414             /*
1415              *  If connection is half-synchronized
1416              *  (i.e., TF_SENDSYN flag on) then delay the ACK
1417              *  so it may be piggybacked when SYN is sent.
1418              *  Else, since we received a FIN, no more
1419              *  input can be received, so we send the ACK now.
1420              */
1421             if (tp->t_flags & TF_SENDSYN)
1422                 tp->t_flags |= TF_DELACK;
1423             else
1424                 tp->t_flags |= TF_ACKNOW;
1425             tp->rcv_nxt++;
1426         }
───────────────────────────────────────────────── tcp_input.c
```

图11-18 tcp_input:确定是否延迟发送FIN的ACK

1. 决定是否延迟发送ACK

1414-1424 如果连接是半同步的(隐藏状态标志TF_SENDSYN打开),ACK就要延迟发送,试图在数据报文段中捎带ACK。这是一种典型的情况,处于LISTEN状态的T/TCP服务器收到SYN,这样图11-5中的代码就会设置TF_SENDSYN标志。注意,图中代码已将延迟发送ACK的标志打开,但这里是TCP要根据已经设置了的FIN标志确定怎样去做。如果TF_SENDSYN标志没有打开,则ACK不能延迟。

常规的变迁是从FIN_WAIT_2状态到TIME_WAIT状态,在T/TCP中这也需要修改,以便使TIME_WAIT状态可能被截断(见4.4节)。图11-19给出了这些修改,用于取代卷2第792页的1142~1152行。

```
───────────────────────────────────────────────── tcp_input.c
1443         /*
1444          * In FIN_WAIT_2 state enter the TIME_WAIT state,
1445          * starting the time-wait timer, turning off the other
1446          * standard timers.
1447          */
1448         case TCPS_FIN_WAIT_2:
1449             tp->t_state = TCPS_TIME_WAIT;
1450             tcp_canceltimers(tp);
1451             /* Shorten TIME_WAIT [RFC 1644, p.28] */
```

图11-19 tcp_input:变迁到TIME_WAIT状态以便可能截断超时间隔

```
1452                    if (tp->cc_recv != 0 && tp->t_duration < TCPTV_MSL) {
1453                        tp->t_timer[TCPT_2MSL] = tp->t_rxtcur * TCPTV_TWTRUNC;
1454                        /* For transaction client, force ACK now. */
1455                        tp->t_flags |= TF_ACKNOW;
1456                    } else
1457                        tp->t_timer[TCPT_2MSL] = 2 * TCPTV_MSL;
1458                    soisdisconnected(so);
1459                    break;
```
——— *tcp_input.c*

图11-19 （续）

2. 设置TIME_WAIT超时间隔

1451-1453　　如图11-17所示，只有当我们从对等端收到一个CC选项，并且连接时间短于MSL时，TIME_WAIT状态才能截断。

3. 强迫立即发送FIN的ACK

1454-1455　　这个变迁通常是在T/TCP的客户端，当收到服务器的响应以及服务器的SYN和FIN时发生的。服务器的FIN应该立即给出ACK，因为两端都已经发送了FIN，已经没有理由再延迟发送ACK了。

　　在两个地方要重启动TIME_WAIT定时器：处于TIME_WAIT状态时接收到ACK和处于TIME_WAIT状态时接收到FIN(卷2第784页和第792页)。T/TCP没有修改这些代码。这表明，即使状态TIME_WAIT被截断，如果在这时收到重复的ACK或FIN，定时器就要在2MSL时重启动，而不是在截断后的值。重启动定时器所需的信息在截断后的值时也能得到(即控制块)，但是由于对等端必须重传，更保守的做法是不截断TIME_WAIT状态。

11.11 小结

　　T/TCP所做的修改大部分都是在`tcp_input`中，并且其中的大部分修改都与打开新连接有关。

　　在LISTEN状态收到SYN时要执行TAO测试。如果报文段通过了这个测试，报文段就不是过时的重复报文段，三次握手也就不需要了。在SYN_SENT状态收到SYN时，CCecho选项(如果存在)就用于验证该SYN不是过时的重复报文段。当处于LAST_ACK、CLOSING和TIME_WAIT状态收到SYN时，很有可能SYN是一个隐含的ACK，可以完成现存连接的关闭。

　　当主动关闭一个连接时，如果连接的持续时间短于MSL，则TIME_WAIT状态被截断。

第12章 T/TCP实现：TCP用户请求

12.1 概述

tcp_usreq函数处理来自插口层的所有PRU_*xxx*请求。在本章中我们仅仅介绍PRU_CONNECT、PRU_SEND和PRU_SEND_EOF请求，因为T/TCP中只对这三个请求做了修改。我们也会介绍tcp_usrclosed函数，当进程发送完数据时要调用这个函数。还有tcp_sysctl函数也会介绍，它用来处理新的TCP中的sysctl变量。

我们不打算介绍tcp_ctloutput函数(见卷2的30.6节)所需的修改，这个函数用于设置和读取两个新的插口选项：TCP_NOPUSH和TCP_NOOPT。所需的修改是非常细微具体的，只要阅读源代码就很容易理解。

12.2 PRU_CONNECT请求

在Net/3中，大约需要25行代码(卷2第808~809页)来处理tcp_usrreq发出的PRU_CONECT请求。在T/TCP，大部分这些代码都移到了tcp_connect函数中(下一节介绍)，只留下了图12-1所给出的代码。

```
                                                              tcp_usrreq.c
137      case PRU_CONNECT:
138          if ((error = tcp_connect(tp, nam)) != 0)
139              break;
140          error = tcp_output(tp);
141          break;
                                                              tcp_usrreq.c
```

图12-1 PRU_CONNECT请求

137-141 tcp_connect执行连接建立所需的步骤，tcp_output发出SYN报文段(主动打开)。

当某个进程调用connect时，即使本地主机和待连接的对等端主机都支持T/TCP，仍然要经历正常的三次握手过程。这是因为不可能用connect函数传递数据，这样tcp_output就仅仅发送SYN。为了跳过三次握手过程，应用程序必须避免使用connect，而是使用sendto或sendmsg，并给定数据和对等端服务器的地址。

12.3 tcp_connect函数

新的tcp_connect函数执行主动打开所需的处理步骤。当进程调用connect(PRU_CONNECT请求)或者当进程调用sendto或sendmsg时，要改为调用该函数，指定待连接的对等端地址(PRU_SEND和PRU_SEND_EOF请求)。tcp_connect的第一部分在图12-2中给出。

1. 绑定本地端口

308-312 nam指向一个Internet插口地址结构，其中包含待连接的服务器的IP地址和端口号。

如果还没有给插口指定一个本地端口(通常的情况)，调用in_pcbbind就会分配一个端口(卷2第558页)。

2. 指定本地地址，检查插口对的唯一性

313-323 如果还没有给插口绑定一个本地IP地址(通常的情况下)，调用in_pcbladdr就可分配本地IP地址。in_pcblookup查找匹配的PCB，如果找到，就返回一个非空指针。仅仅在进程绑定了一个专门指定的本地端口时才可能找到一个匹配的PCB，因为如果in_pcbbind选择本地端口，就会选择一个目前不在使用的本地端口。但是在T/TCP中，更有可能的是一个客户端进程为一系列事务绑定同一个本地端口(见4.2节)。

3. 存在已有连接；检查TIME_WAIT状态是否可以截断

324-332 如果找到一个匹配的PCB，进行下面的三项测试：

1) PCB是否处于TIME_WAIT状态；

2) 连接持续时间是否短于MSL；

3) 连接是否使用T/TCP(也就是说，是否从对等端收到了一个CC选项或CCnew选项)。

如果上述这三个条件同时为真，则调用tcp_close关闭现有的PCB。这就是我们在4.4节中讨论过的，当一个新的连接再次使用同一插口对并执行一次主动打开时，TIME_WAIT状态的截断。

4. 在互联网PCB中完成插口对

333-336 如果本地地址还是通配符，则in_pcbladdr计算出的值存储在PCB中。外部地址和外部端口也存储在PCB中。

图12-2中的步骤与图7-5中的最后一部分相似。tcp_connect的最后一部分在图12-3中给出。这段代码与卷2第808~809页PRU_CONNECT请求的最后一部分相似。

```
                                                          tcp_usrreq.c
295 int
296 tcp_connect(tp, nam)
297 struct tcpcb *tp;
298 struct mbuf *nam;
299 {
300     struct inpcb *inp = tp->t_inpcb, *oinp;
301     struct socket *so = inp->inp_socket;
302     struct tcpcb *otp;
303     struct sockaddr_in *sin = mtod(nam, struct sockaddr_in *);
304     struct sockaddr_in *ifaddr;
305     int      error;
306     struct rmxp_tao *taop;
307     struct rmxp_tao tao_noncached;

308     if (inp->inp_lport == 0) {
309         error = in_pcbbind(inp, NULL);
310         if (error)
311             return (error);
312     }
313     /*
314      * Cannot simply call in_pcbconnect, because there might be an
315      * earlier incarnation of this same connection still in
316      * TIME_WAIT state, creating an ADDRINUSE error.
317      */
318     error = in_pcbladdr(inp, nam, &ifaddr);
319     oinp = in_pcblookup(inp->inp_head,
```

图12-2 tcp_connect函数：第一部分

```
320                              sin->sin_addr, sin->sin_port,
321                              inp->inp_laddr.s_addr != INADDR_ANY ?
322                                   inp->inp_laddr : ifaddr->sin_addr,
323                              inp->inp_lport, 0);
324        if (oinp) {
325            if (oinp != inp && (otp = intotcpcb(oinp)) != NULL &&
326                otp->t_state == TCPS_TIME_WAIT &&
327                otp->t_duration < TCPTV_MSL &&
328                (otp->t_flags & TF_RCVD_CC))
329                otp = tcp_close(otp);
330            else
331                return (EADDRINUSE);
332        }
333        if (inp->inp_laddr.s_addr == INADDR_ANY)
334            inp->inp_laddr = ifaddr->sin_addr;
335        inp->inp_faddr = sin->sin_addr;
336        inp->inp_fport = sin->sin_port;
```
                                                                    —— *tcp_usrreq.c*

图12-2 (续)

                                                                    —— *tcp_usrreq.c*
```
337        tp->t_template = tcp_template(tp);
338        if (tp->t_template == 0) {
339            in_pcbdisconnect(inp);
340            return (ENOBUFS);
341        }
342        /* Compute window scaling to request.  */
343        while (tp->request_r_scale < TCP_MAX_WINSHIFT &&
344              (TCP_MAXWIN << tp->request_r_scale) < so->so_rcv.sb_hiwat)
345            tp->request_r_scale++;

346        soisconnecting(so);
347        tcpstat.tcps_connattempt++;
348        tp->t_state = TCPS_SYN_SENT;
349        tp->t_timer[TCPT_KEEP] = TCPTV_KEEP_INIT;
350        tp->iss = tcp_iss;
351        tcp_iss += TCP_ISSINCR / 4;
352        tcp_sendseqinit(tp);

353        /*
354         * Generate a CC value for this connection and
355         * check whether CC or CCnew should be used.
356         */
357        if ((taop = tcp_gettaocache(tp->t_inpcb)) == NULL) {
358            taop = &tao_noncached;
359            bzero(taop, sizeof(*taop));
360        }
361        tp->cc_send = CC_INC(tcp_ccgen);
362        if (taop->tao_ccsent != 0 &&
363            CC_GEQ(tp->cc_send, taop->tao_ccsent)) {
364            taop->tao_ccsent = tp->cc_send;
365        } else {
366            taop->tao_ccsent = 0;
367            tp->t_flags |= TF_SENDCCNEW;
368        }

369        return (0);
370 }
```
                                                                    —— *tcp_usrreq.c*

图12-3 tcp_connect函数：第二部分

5. 初始化IP和TCP首部

337-341 `tcp_template`分配一个mbuf，用于缓存IP和TCP首部，并用尽可能多的信息来初始化这两个首部。

6. 计算窗口宽度因子

342-345 计算接收缓存的窗口宽度值。

7. 设置插口和连接的状态

346-349 `soisconnecting`在插口状态变量中设置特定的一些标志位，并设置TCP连接的状态为SYN_SENT(如果进程给出MSG_EOF标志，并调用`sendto`或者`sendmsg`，而不是调用`connect`，我们很快就会看到`tcp_usrclosed`设置TF_SENDSYN隐藏状态标志，连接状态变迁到SYN_SENT*)。连接建立定时器初始化为75秒。

8. 初始化序号

350-352 从全局变量`tcp_iss`中复制初始发送序号，然后该全局变量值要增加，即加上除以4后的TCP_ISSINCR。发送序号由`tcp_sendseqinit`初始化。

我们在3.2节中讨论过的ISS随机化在宏TCP_ISSINCR中实现。

9. 生成CC值

353-361 读取对等端的TAO缓存记录项。全局变量`tcp_ccgen`值加上CC_INC(见8.2节)后存储在T/TCP的变量`tcp_ccgen`中。如同我们以前所述，不论是否使用了CC选项，主机每建立一个连接，`tcp_ccgen`就要加1。

10. 确定是否使用CC或CCnew选项

362-368 如果对应这个主机的TAO缓存(tao_ccsent)非0(说明与该主机之间已经不是第一次连接)，并且cc_send的值大于或等于tao_ccsent(CC值还没有回到0，继续循环)，这时发出一个CC选项并用新的CC值更新TAO缓存。否则发送一个新的CCnew选项，并将tao_ccsent设置为0(即未定义)。

回想图4-12中，那里的情况可以作为上述if条件中的第二部分不成立的一个实例：最后一次发送这个主机的CC值是1(tao_ccsent)，但tcp_ccgen(对这个连接来说，变为cc_send)的当前值是2 147 483 648。这样，T/TCP就必须发送CCnew选项而不是CC选项，因为如果我们发出的CC选项值为2 147 483 648，而对方主机还在其缓存中记着我们上次发送的CC值(即1)，那个主机会强制执行三次握手操作，因为CC值已经回到0并继续循环。对方主机无法区分CC值为2 147 483 648的SYN是否是一个过时的重复报文段。而且，如果我们发送了CC选项，即使三次握手过程顺利完成，对方主机也不会更新对应于本主机的缓存记录项(请再看看图4-12)。如果发送的是CCnew选项，客户端强制执行三次握手操作，并且会使服务器在三次握手操作完成后更新对应于本主机的缓存值。

Bob Braden的T/TCP实现是在`tcp_output`中测试是发送CC选项还是CCnew选项，而不是在这个函数中。这就导致了一个微小的缺陷，见下面的解释[Olah 1995]。考虑图4-11，但假定报文段1被中途的某个路由器丢弃。报文段2~4如图所示，从客户端口1601发起的连接成功地建立。客户端发出的下一个报文段是重传的报文段1，但其中包含一个取值为15的CCnew选项。假设该报文段成功地收到，服务器强制执行三次握手，完成以后，服务器将对应于该客户端的CC缓存值更新为15。如果此后网络交付了一个过时的重复报文段2，其中的CC值为5000，服务器收到后就会收下。
解决的方法是在客户端执行主动打开时判断是发送CC选项还是CCnew选项，而不是
在tcp_output函数中发送报文段时判断。

12.4 PRU_SEND和PRU_SEND_EOF请求

在卷2第811页中，对PRU_SEND请求的处理仅仅是先调用sbappend，然后再调用
tcp_output。在T/TCP中，对这个请求的处理还是一样，只是代码中加上了对
PRU_SEND_EOF请求的处理，如图12-4所示。我们可以看到，对TCP，PRU_SEND_EOF请求
是在指定了MSG_EOF标志(见图5-2)并且当最后一个mbuf发送给协议时由sosend产生的。

```
                                                                    ── tcp_usrreq.c
189        case PRU_SEND_EOF:
190        case PRU_SEND:
191            sbappend(&so->so_snd, m);
192            if (nam && tp->t_state < TCPS_SYN_SENT) {
193                /*
194                 * Do implied connect if not yet connected,
195                 * initialize window to default value, and
196                 * initialize maxseg/maxopd using peer's cached
197                 * MSS.
198                 */
199                error = tcp_connect(tp, nam);
200                if (error)
201                    break;
202                tp->snd_wnd = TTCP_CLIENT_SND_WND;
203                tcp_mssrcvd(tp, -1);
204            }
205            if (req == PRU_SEND_EOF) {
206                /*
207                 * Close the send side of the connection after
208                 * the data is sent.
209                 */
210                socantsendmore(so);
211                tp = tcp_usrclosed(tp);
212            }
213            if (tp != NULL)
214                error = tcp_output(tp);
215            break;
                                                                    ── tcp_usrreq.c
```

图12-4 PRU_SEND和PRU_SEND_EOF请求

1. 隐式连接建立

192-202 如果nam参数非空，进程就调用sendto或sendmsg，并指定一个对等端地址。
如果连接状态是CLOSED或LISTEN，那么tcp_connect就执行隐式连接建立。初始发送窗
口设置为4 096(TTCP_CLIENT_SND_WND)，因为在T/TCP中，客户端可以在收到服务器的窗
口通告以前就发送数据(见3.6节)。

2. 为连接设置初始MSS

203-204 调用tcp_mssrcvd函数时第二个参数为-1，表示我们还没有收到SYN，所以用
这个主机的缓存值(tao_mssopt)作为初始MSS。当tcp_mssrcvd函数返回时，根据缓存的
tao_mssopt值或系统管理员在路由表记录项中设置的值(rt_metrics结构中的rmx_mtu

成员)设置变量t_maxseg和t_maxopd的值。如果并且当收到服务器发出的带有MSS选项的SYN时，tcp_mssrcvd将再次被tcp_dooptions调用。因为在收到对等端的MSS选项之前就发出了数据，现在T/TCP需要在收到SYN之前就在TCP控制块中设置MSS变量的值。

3. 处理MSG_EOF标志

205-212 如果进程指定了MSG_EOF标志，这时socantsendmore就要设置插口的SS_CANTSENDMORE标志。然后tcp_usrclosed就把连接状态从SYN_SENT(由tcp_connect设置)变迁到SYN_SENT*状态。

4. 发送第一个报文段

213-214 tcp_output检查是否应该发送报文段。在T/TCP客户端刚刚指定MSG_EOF标志调用了sendto(见图1-10)时，这个调用就发出一个报文段，其中包含SYN、数据和FIN。

12.5　tcp_usrclosed函数

Net/3中，在处理PRU_SHUTDOWN请求时，该函数由tcp_disconnect调用。我们在图12-4中可以看到，在T/TCP中，这个函数也被PRU_SEND_EOF请求调用。图12-5给出了这个函数，替代卷2第817页中的代码。

```
                                                                   ── tcp_usrreq.c
533 struct tcpcb *
534 tcp_usrclosed(tp)
535 struct tcpcb *tp;
536 {
537     switch (tp->t_state) {
538     case TCPS_CLOSED:
539     case TCPS_LISTEN:
540         tp->t_state = TCPS_CLOSED;
541         tp = tcp_close(tp);
542         break;

543     case TCPS_SYN_SENT:
544     case TCPS_SYN_RECEIVED:
545         tp->t_flags |= TF_SENDFIN;
546         break;

547     case TCPS_ESTABLISHED:
548         tp->t_state = TCPS_FIN_WAIT_1;
549         break;

550     case TCPS_CLOSE_WAIT:
551         tp->t_state = TCPS_LAST_ACK;
552         break;
553     }
554     if (tp && tp->t_state >= TCPS_FIN_WAIT_2)
555         soisdisconnected(tp->t_inpcb->inp_socket);
556     return (tp);
557 }
                                                                   ── tcp_usrreq.c
```

图12-5　tcp_usrclosed函数

541-546 在T/TCP中，通过设置TF_SENDFIN状态标志，用户在SYN_SENT或SYN_RVD状态下发起关闭过程，将状态变迁到相应的加星状态。其余的状态变迁在T/TCP中没有改变。

12.6 `tcp_sysctl`函数

在为T/TCP而做修改时，用sysctl程序修改TCP变量的能力也同时加上了。T/TCP对此功能并没有严格要求，但这个功能提供了改变特定TCP变量值的一个简便方法，而不必再使用调试程序对内核进行修补。TCP变量都以前缀net.inet.tcp来标识访问。在TCP protosw结构的pr_sysctl字段中(卷2第641页)记录着指向该函数的一个指针。图12-6给出了这个函数。

570-572 目前只支持三个变量，但是很容易加上更多的变量。

```
                                                          ———— tcp_usrreq.c
561 int
562 tcp_sysctl(name, namelen, oldp, oldlenp, newp, newlen)
563 int     *name;
564 u_int   namelen;
565 void    *oldp;
566 size_t  *oldlenp;
567 void    *newp;
568 size_t  newlen;
569 {
570     extern int tcp_do_rfc1323;
571     extern int tcp_do_rfc1644;
572     extern int tcp_mssdflt;

573     /* All sysctl names at this level are terminal. */
574     if (namelen != 1)
575         return (ENOTDIR);

576     switch (name[0]) {
577     case TCPCTL_DO_RFC1323:
578         return (sysctl_int(oldp, oldlenp, newp, newlen, &tcp_do_rfc1323));
579     case TCPCTL_DO_RFC1644:
580         return (sysctl_int(oldp, oldlenp, newp, newlen, &tcp_do_rfc1644));
581     case TCPCTL_MSSDFLT:
582         return (sysctl_int(oldp, oldlenp, newp, newlen, &tcp_mssdflt));
583     default:
584         return (ENOPROTOOPT);
585     }
586     /* NOTREACHED */
587 }
                                                          ———— tcp_usrreq.c
```

图12-6 tcp_sysctl函数

12.7 T/TCP的前景

有一件有趣的事，看看在RFC 1323中定义的TCP修改方案的普及，实际上是关于窗口宽度和时间戳选项的变化。这些变化受日益增长的网络速度(T3电话线路和FDDI)以及潜在的长时延路由(卫星线路)等的驱动。Thomas Skibo为SGI工作站所完成的修改是最早的实现之一。然后他又在伯克利 Net/2版中做了这些修改，使这些修改在1992年5月可以公开得到(图1-16中详细给出了各个BSD版本之间的区别及其发行时间)。大约一年以后(1993年4月)，Bob Braden和Liming Wei公布了SunOS 4.1.1中类似于RFC 1323的源码修改。1993年8月，伯克利把Skibo的修改加到了4.4BSD版中，这使公众在1994年4月可以得到4.4BSD-Lite版。到1995年，有一些销售商已经加上了对RFC 1323的支持，另有一些销售商则宣称准备加上对RFC 1323的支持。

但RFC 1323并不是很通用的，特别是PC机上的实现(事实上，在14.6节中我们会看到，只有不到2%的客户遇到过发送窗口宽度和时间戳选项的特殊WWW服务器)。

T/TCP很可能会走类似的路。1994年9月的第一次实现(见1.9节)只是对SunOS 4.1.3的源码做了修改，大多数用户对此都不是很感兴趣，除非他们在使用SunOS的源码。然而这只不过是T/TCP设计者的一个参考实现。普遍存在的80×86硬件平台上的FreeBSD实现(引入了SunOS源码中的修改部分)在1995年的早期就可以公开得到了，它应该会将T/TCP传播到很多的用户。

本书这部分章节的目的是用T/TCP实例来说明为什么T/TCP是对TCP的很有价值的改进，给出文档的细节并解释源码的变化。如同RFC 1323中的修改一样，T/TCP实现与非T/TCP实现可以互通，仅仅当两端同时都支持CC选项时才使用它。

12.8 小结

tcp_connect函数是新的，已经有了T/TCP所需的修改，显式connect要调用它，隐式连接建立(指定目标地址的sendto或者sendmsg)也调用它。如果连接使用的是T/TCP，并且持续时间短于MSL，则该函数允许还处于TIME_WAIT状态的连接再次建立新连接。

PRU_SEND_EOF请求是新的，它在最后一次调用协议输出并且应用程序指定了MSG_EOF标志时由插口层产生。该请求允许采用隐式连接建立，并且在指定了MSG_EOF标志时还调用tcp_usrclosed。

对tcp_usrclosed函数所做的唯一修改是允许一个进程可以关闭尚处于SYN_SENT或SYN_RCVD状态的连接。这时要设置隐藏标志TF_SENDFIN。

第二部分 TCP的其他应用

第13章 HTTP：超文本传输协议

13.1 概述

超文本传输协议(Hypertext Transfer Protocol，HTTP)是万维网(World Wide Web，WWW，也简称为Web)的基础。本章我们介绍HTTP协议，在下一章讨论一个实际的Web服务器的运作，它综合运用了卷1和卷2中的许多有关实际应用的内容。但本章并不介绍Web或如何使用Web浏览器。

NFSnet骨干网提供的统计数据(见图13-1)表明，自1994年1月以来，使用HTTP协议的增长速度令人吃惊。

月份	HTTP(%)	NNTP(%)	FTP数据(%)	Telnet(%)	SMTP(%)	DNS(%)	分组数(×10⁹)
1994.01	1.5	8.8	21.4	15.4	7.4	5.8	55
1994.04	2.8	9.0	20.0	13.2	8.4	5.0	71
1994.07	4.5	10.6	19.8	13.9	7.5	5.3	74
1994.10	7.0	9.8	19.7	12.6	8.1	5.3	100
1995.01	13.1	10.0	18.8	10.4	7.4	5.4	87
1995.04	21.4	8.1	14.0	7.5	6.4	5.4	59

图13-1 NFSnet骨干网上各种协议的分组数量百分比

以上这些百分数是基于分组数量统计得来的，而不是基于字节数的(这些统计数据均可从 `ftp://ftp.merit.edu/statistics`获得)。随着HTTP协议所占百分比的上升，FTP和Telnet的比例在下降。同时我们注意到，分组的总数量在整个1994年都在上升，而1995年初开始下降。这是因为1994年12月有其他的骨干网开始取代NFSnet骨干网。不过，分组数的百分比仍然有效，它表明使用HTTP协议的通信量在增加。

Web的简单结构如图13-2所示。

如上图示，Web客户(通常称为浏览器)与Web服务器使用一个或多个TCP连接进行通信。知名的Web服务器端口是TCP的80号端口。Web浏览时客户端与服务器在TCP连接上进行通信，所采用的协议就是本章描述的HTTP，即超文本传送协议。我们也可看出，一个Web服务器可以通过超文本链接"指向"另一Web服务器。Web服务器上的这些链接并不是只可以指向Web服务器，还可以是其他类型的服务器，例如：一台FTP或是Telnet服务器。

尽管HTTP协议从1990就开始使用，但第一个可用的文档出现在1993年([Berners-Lee 1993] 大致描述了HTTP协议的1.0版本)，但是该Internet草案早就过期了。虽然有新的可用的文档([Berners-Lee, Fielding和Nielsen 1995])出现，但是仍旧只是一个Internet草案。

[Berners-Lee, Connolly 1995]中描述了一种从Web服务器返回给客户进程的文档，称为HTML(超文本标记语言)文档。Web服务器还返回其他类型的文档(图像，PostScript文件，无格式文本文件，等等)，我们将在本章的后面举例说明这些文档。

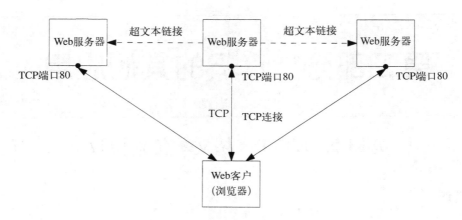

图13-2 Web客户-服务器结构

下一节我们将简要介绍HTTP协议和HTML文档，随后对协议进行详细描述。然后我们讨论一个流行的浏览器(Netscape)是怎样使用该协议的，HTTP协议使用TCP的一些统计数据和HTTP协议的一些性能问题。[Stein 1995]讨论了运作一个Web站点的许多有关细节。

13.2 HTTP和HTML概述

HTTP是一个简单的协议。客户进程建立一条同服务器进程的TCP连接，然后发出请求并读取服务器进程的响应。服务器进程关闭连接表示本次响应结束。服务器进程返回的文件通常含有指向其他服务器上文件的指针(超文本链接)。用户显然可以很轻松地沿着这些链接从一个服务器到下一个服务器。

> 客户进程(浏览器)提供简单、漂亮的图形界面。HTTP服务器进程只是简单返回客户进程所请求的文档，因此HTTP服务器软件比HTTP客户软件要小得多。例如，NCSA版本1.3的Unix服务器由大约6500行C代码写成，而X Window环境下的Unix Mosaic 2.5浏览器有约80 000行C代码。

我们可以用一个简单的方法来了解许多Internet协议是怎么工作的：那就是运行一个Telnet的客户程序与相应的服务器程序通信。这种方法对HTTP协议也是可行的，这是因为客户进程发送给服务器进程的语句包含有ASCII命令(以回车和紧跟的换行符表示结束，称为CR/LF)，服务器进程返回的内容也是以ACSII字符行开始。HTTP协议使用的是8 bit的ISO Latin 1字符集，该字符集由ASCII字符及一些西欧语言中的字符组成(以下网站可以找到各种字符集的信息：http://unicode.drg)。

下面是我们获取Addison-Wesley主页的例子。

```
sun % telnet www.aw.com 80        连接到服务器的80号端口
Trying 192.207.117.2...           由Telnet客户输出
Connected to aw.com.              由Telnet客户输出
Escape character is '^]'.         由Telnet客户输出
GET /                             我们只输入了这一行
<HTML>                            Web服务器输出的第一行
<HEAD>
<TITLE>AW's HomePage</TITLE>
</HEAD>
<BODY>
```

```
<CENTER><IMG SRC  = "awplogob.gif" ALT=" "><BR></CENTER>
<P><CENTER><H1>Addison-Wesley Longman</H1></CENTER>
Welcome to our Web server.
  ...                                  这里我们省略了33行输出
<DD><IMG ALIGN=bottom SRC="ball_whi.gif" ALT=" ">
Information Resource
<A HREF = "http://www.ncsa.uiuc.edu/SDG/Software/Mosaic/MetaIndex.html">
Meta-Index</A>
  ...                                  这里我们省略了4行输出
</BODY>
</HTML>
Connection closed by foreign host.  由Telnet客户输出
```

我们只输入了GET /，服务器却返回了51行，共3611字节。这样，从该Web服务器的根目录下取得了它的主页。Telnet的客户进程输出的最后一行信息表示服务器进程在输出最后一行后关闭了TCP连接。

一个完整的HTML文档以<HTML>开始，以</HTML>结束。大部分的HTML命令都像这样成对出现。HTML文档含有以<HEAD>开始、以</HEAD>结束的首部和以<BODY>开始、以</BODY>结束的主体部分。标题通常由客户程序显示在窗口的顶部。[Raggett, Lam, and Alexander 1996]中详细讨论了HTML。

下面这一行指定了一张图片(本例中为公司的标识)。

```
<CENTER><IMG SRC = "awplogob.gif" ALT=" "><BR></CENTER>
```

<CENTER>标志告诉客户程序将该图片放在屏幕中央，<IMG>标志含有该图片的相关信息。客户程序要取得该图片的文件名由SRC指示，ALT给出当使用纯文本客户程序时要显示的字符串(本例中是一个空字符串)。
实现强制换行。Web服务器程序返回这个主页时并不返回图片文件本身，它只返回图片文件的文件名，客户程序必须打开另一条TCP连接来取得该文件(在本章的后面我们将看到为每一个指定的图像申请不同的连接将增加Web的负载)。

下面这一行表示开始新的一段(<P>)。

```
<P><CENTER><H1>Addison-Wesley Longman</H1></CENTER>
```

这一段位于窗口的中央，它是第一级标题(<H1>)。客户程序可以选择怎样显示第一级标题(相对应的有2~7级标题)，通常采用比正常更大更粗的字体显示。

从上面可以看出，标记语言(如HTML)与其他格式化语言(如Troff, TeX, PostScript)之间的区别。HTML起源于SMGL，即标准通用标记语言(Standard Generalized Markup Language) (http://www.sgmlopen.org包含更多的有关SGML的信息)。HTML指定了文档的数据和结构(本例中为一个1级标题)，但是没有指定浏览器怎样对文档进行格式化。

接着我们先忽略主页中跟在"Welcome"后面的很多问候语，看下面几行：

```
<DD><IMG ALIGN=bottom SRC="ball_whi.gif" ALT=" ">
Information Resource
<A HREF = "http://www.ncsa.uiuc.edu/SDG/Software/Mosaic/MetaIndex.html">
Meta-Index</A>
```

其中<DD>指明一张定义表的入口。该入口以一张图片(一个白球)开始，后面跟着文字"Information Resource Meta-Index"，最后一部分指明一个超文本链接(<A>标志)和一个以"http://www.ncsa.uiuc.edu"开头的超文本引用(HREF属性)。像这样的超文本链接通常在客户程序中被加上下划线或以不同的颜色来显示。当遇到上面所示的图像(公司的标志)时，服务器不会返回超链接引用的该图像或HTML文档。客户程序通常会立即下载图像并显示在主页上，但对于超文本链接，除非用户点击(也就是说，把鼠标移到该链接上并单击)，否则客户程序通常不加处理。当用户点击了该链接，客户程序将打开一个到www.ncsa.uiuc.edu站点的HTTP连接，并执行GET，得到指明的文档。

类似http://www.ncsa.uiuc.edu/SDG/Software/Mosaic/MetaIndex.html这样的表示被称为URL：统一资源定位符(Uniform Resource Locator)。URL的详细说明和意义在RFC 1738 [Berners-Lee, Masinter and McCahill 1994], 和RFC 1808 [Fielding 1995]中给出。URL是另一个重要的机制：统一资源标识符URI(Uniform Resource Identifier)的一部分，URI还包括通用资源名称URN(Universal Resource Name)。RFC 1630 [Berners-Lee 1994]中描述了URI。URN试图比URL做得更好，但还没有制定出来。

> 大多数浏览器都提供查看Web页面HTML源文件的功能，例如，Netscape和Mosaic都提供"View Source"的特性。

13.3 HTTP

上节的例子中，客户程序发出的GET /命令是HTTP版本0.9的命令，大多数服务器均支持这个版本(为了提供向后兼容性)。但目前HTTP的版本是1.0。因为1.0版本HTTP协议的客户程序在请求命令行中指出版本号，例如：

```
GET  /  HTTP/1.0
```

因此服务器能得知客户程序所采用的HTTP协议的版本。本节我们将更详细地了解HTTP/1.0。

报文类型：请求与响应

HTTP/1.0报文有两种类型：请求和响应。HTTP/1.0请求的格式是：

request-line
headers (0或有多个)
<blank line>
body (只对POST请求有效)
*request-line*的格式是：
request request-URI HTTP版本号
支持以下三种请求：

1) GET请求，返回*request-URI*所指出的任意信息。
2) HEAD请求，类似于GET请求，但服务器程序只返回指定文档的首部信息，而不包含实际的文档内容。该请求通常被用来测试超文本链接的正确性、可访问性和最近的修改。
3) POST请求，用来发送电子邮件、新闻或者能由交互用户填写的表格。这是唯一需要在请求中发送body的请求。使用POST请求时需要在报文首部Content-Length字段中指出body的长度。

对一个繁忙的Web服务器进行采样，统计结果表明：500 000个客户程序的请求中有

99.68%是GET请求，0.25%是HEAD请求，0.07%是POST请求。当然，如果是在一个接受比萨饼定购的站点上，POST请求的百分比将会更高。

HTTP/1.0响应的格式是：

> *status-line*
> *headers* (0个或有多个)
> *<blank line>*
> *body*

*status-line*的格式是：

> HTTP版本号 *response-code response-phrase*

下面我们就要讨论这几个字段。

首部字段

HTTP/1.0的请求和响应报文的首部均可包含可变数量的字段。用一个空行将所有首部字段与报文主体分隔开来。一个首部字段由字段名(如图13-3所示)和随后的冒号、一个空格和字段值组成，字段名不区分大小写。

报文头可分为三类：一类应用于请求，一类应用于响应，还有一类描述主体。有一些报文头(例如：Date)既可用于请求又可用于响应。描述主体的报文头可以出现在POST请求和所有响应报文中。图13-3列出了17种不同的报文头，它们在[Berners-Lee, Fielding, and Nielsen 1995]中均有详细的描述。未知的报文头字段将被接收者忽略。我们讨论完响应代码后将回过头来看几个通用的报文头例子。

首部名称	请求?	响应?	主体?
Allow			•
Authorization	•		
Content-Encoding			•
Content-Length			•
Content-Type			•
Date	•	•	
Expires			•
From	•		
If-Modified-Since	•		
Last-Modified			•
Location		•	
MIME-Version	•	•	
Pragma	•	•	
Referer	•		
Server		•	
User-Agent	•		
WWW-Authenticate		•	

图13-3 HTTP报文首部的名称

响应代码

服务器程序响应的第一行叫状态行。状态行以HTTP版本号开始，后面跟着3位数字表示响应代码，最后是易读的响应短语。图13-4列出了3位数字的响应代码的含义。根据第一位可以把响应分成5类。

使用这种3位的响应代码并不是任意的选择。我们将看到NNTP(见图15-2)及其他的Internet应用如FTP、SMTP也使用这些类型的响应代码。

响　应	说　明
1yz	信息型，当前不用
	成功：
200	OK，请求成功
201	OK，新的资源建立(POST命令)
202	请求被接受，但处理未完成
204	OK，但没有内容返回
	重定向；需要用户代理执行更多的动作：
301	所请求的资源已被指派为新的固定URL
302	所请求的资源临时位于另外的URL
304	文档没有修改(条件GET)
	客户差错：
400	错误的请求
401	未被授权；该请求要求用户认证
403	不明原因的禁止
404	没有找到
	服务器差错：
500	内部服务器差错
501	没有实现
502	错误的网关；网关或上游服务器来的无效响应
503	服务暂时失效

图13-4　HTTP 3位响应码

各种报文头举例

如果我们使用HTTP/1.0来获取上节列出的主页中所引用的标识图，则需要执行以下一些操作：

```
sun % telnet www.aw.com 80
Trying 192.207.117.2...
Connected to aw.com.
Escape character is '^]'.
GET /awplogob.gif HTTP/1.0          我们输入了这一行
From: rstevens@noao.edu            以及这一行
                                   然后输入一个空行表示请求结束
                                   服务器响应的第一行
HTTP/1.0 200 OK
Date: Saturday, 19-Aug-95 20:23:52 GMT
Server: NCSA/1.3
MIME-version: 1.0
Content-type: image/gif
Last-modified: Monday, 13-Mar-95 01:47:51 GMT
Content-length: 2859
                                   空行表示服务器响应头部的结束
                              ←    这里收到了2859字节的二进制GIF图像
Connection closed by foreign host.   由Telnet客户输出
```

- 在GET请求中指出版本1.0。

- 发送一个可以被服务器记录的简单的报文头：From。

- 服务器返回的状态行给出了版本号、响应代码200和响应短语 "OK"。
- Date报文头给出服务器上的时间和日期，通常是格林尼治时间。上例中服务器返回一个老式时间串。推荐的格式是：缩写的天，日期中不含连字符，4位数的年。例如：

```
Date: Sat, 19 Aug 1995 20:23:52 GMT
```

- 服务器程序的类型和版本号分别是：NCSA Server版本1.3。
- MIME版本是1.0。在卷1的28.4节和 [Rose 1993]中有较多关于MIME的内容。
- 报文体的数据类型由Content-Type和Content-Encoding字段指出。Content-Type指出的是类型，类型后跟一 '/'，然后是子类型。本例中类型是image，子类型是gif。HTTP使用的Internet媒体类型在最近的Assigned Number RFC文档中定义(本书写作时最新的文档是：[Reynolds and Postel 1994])。

其他的典型值是：

```
Content-Type: text/html
Content-Type: text/plain
Content-Type: application/postscript
```

如果报文主体是经过编码的，则Content-Encoding报文头也会出现。例如：如果返回的报文中含有经过Unix的compress程序压缩的PostScript文件(通常带有.ps.Z后缀)，下面的两种报文头会同时出现：

```
Content-Type: application/postscript
Content-Encoding: x-compress
```

- Last-Modified指出了最后一次修改资源的时间。
- 图像文件的长度(2859字节)在Content-Length报文头中指出。

在最后一个响应报文首部的后面，服务器程序紧跟着图像后发送了一个空行(一个回车/换行对)。因为HTTP协议交换8位的字节数据，所以可以通过TCP连接发送二进制数据。这点不同于其他的Internet应用，特别是SMTP协议(卷1的第28章)，它通过TCP连接传输7位的ASCII字符，显式地将每字节的高位设置为0，阻止了二进制数据的交换。

User-Agent是公用的客户程序报文头，它用来标识客户程序的类型。下面是一些公用报文头的例子：

```
User-Agent: Mozilla/1.1N (Windows; I; 16bit)
User-Agent: NCSA Mosaic/2.6b1 (X11;SunOS 5.4 sun4m)  libwww/2.12 modified
```

例子：客户程序缓存

许多客户程序根据获取文件中的日期和时间在硬盘上缓存HTTP文档。如果客户程序要获取的文档已存储在客户程序的缓存中，则客户程序将发送If-Modified-Since 报文首部。这样，如果服务器程序发现该文档没有发生任何变化，就无须再发送一次该文档了。这称为条件GET请求。

```
sun % telnet www.aw.com 80
Trying 192.207.117.2...
Connected to aw.com.
Escape character is '^]'.
GET /awplogob.gif HTTP/1.0
If-Modified-Since: Saturday, 08-Aug-95 20:20:14 GMT
                            用空行结束客户请求
HTTP/1.0 304 Not modified
```

```
Date: Saturday, 19-Aug-95 20:25:26 GMT
Server: NCSA/1.3
MIME-version: 1.0
```
　　　　　　　　　　　　　　　　　　　　空行表示服务器响应头部的结束
```
Connection closed by foreign host.
```

上例中响应报文的响应代码为304，它表示文档没有变化。从TCP协议来看，这样做避免了将文档的主体(上例中是一个2859字节的GIF图像)从服务器程序传送给客户程序。但是余下的TCP连接的开销(三次握手、终止连接的四个分组)还是必需的。

例子：服务器重定向

下面是一个服务器重定向的例子。我们试着去获取作者的主页，但是故意省略最后的"/"(这是用来指定目录的URL所必需的一部分)。

```
sun % telnet www.noao.edu 80
Trying 140.252.1.11...
Connected to gemini.tuc.noao.edu.
Escape character is '^]'.
GET /~rstevens HTTP/1.0
```
　　　　　　　　　　　　　　　　　　　　用空行结束客户请求
```
HTTP/1.0 302 Found
Date: Wed, 18 Oct 1995 16:37:23 GMT
Server: NCSA/1.4
Location: http://www.noao.edu/~rstevens/
Content-type: text/html
```
　　　　　　　　　　　　　　　　　　　　空行表示服务器响应头部的结束
```
<HEAD><TITLE>Document moved</TITLE></HEAD>
<BODY><H1>Document moved</H1>
This document has moved <A HREF="http://www.noao.edu/~rstevens/">here</A>.<P>
</BODY>
Connection closed by foreign host.
```

例子中响应报文的响应代码为302，表示所请求的URL已经被移动。Location报文首部指出了以"/"结尾的新位置。许多浏览器能自动去连接这个新的URL。但如果浏览器不愿意自动去访问这个新的URL，服务器程序也将返回一个可供浏览器显示的HTML文件。

13.4 一个例子

下面有一个使用流行的Web客户程序(Netscape 1.1N)的详细例子，通过它我们来逐一查看HTTP和TCP的使用。我们从Addison-Wesley的主页(http://www.aw.com)开始，然后到它指向的三个链接(都在www.aw.com上)，最后到卷1中描述过的页面上结束。共使用17条TCP连接，客户主机发送3132字节，服务器主机返回47 483字节。在17条连接中，4条是为了传输HTML文档(共28 159字节)，还有13条是传输GIF图像(共19 324字节)。在进行这个会话前，先清除硬盘上的Netscape使用的缓存，迫使客户程序从服务器重新取得所有文件。我们还在客户主机上运行Tcpdump软件，记录客户程序发送和接收的所有报文段。

如我们所预期的，第一条TCP连接是访问主页(GET/)，主页的HTML文档共涉及了7个GIF图像。客户程序收到这个主页后，马上并行地打开4条TCP连接去获取前4个GIF图像。这是Netscape程序为了减少打开主页总时间的一种方法(大多数Web客户程序并不像这样，而是只能一次下载一个图像)。并行连接数量可由用户来配置，默认是4个。当这些连接中有一条结束时，客户程序会立即打开一条新的连接来获取下一个图像，直到客户程序取得全部7个图像。图13-5表示这8条TCP连接的时间线，y轴是时间，单位为秒。

　　这8条TCP连接都由客户程序发起，依次使用1114~1121的8个端口号。而8条连接均由服务器程序关闭。我们把客户程序发送最初的SYN(客户的connect)看作连接的开始，客户程序收到服务器程序的FIN后发送FIN(客户的close)认为是连接的结束。取得这个主页以及它所涉及的所有7个图像共需要约12秒的时间。

　　下一章的图14-22中给出了由客户程序发起的第一条连接(端口号1114)的Tcpdump分组跟踪情况。

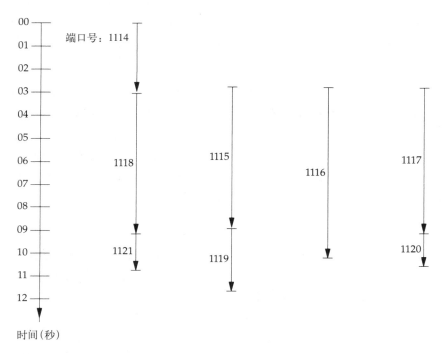

图13-5　一个主页和7个GIF图像的8条TCP连接的时间线

　　注意，端口号为1115、1116、1117的三条连接是在第一条连接(端口号为1114)结束之前建立的，这是因为Netscape的客户程序在读到第一条连接上的文件结束标志以后，并在关闭第一条连接之前发起三条无阻塞的连接。实际上，在图14-22中我们可以注意到，客户程序在收到FIN标志后约半秒钟才发出FIN分组。

　　同时使用多条TCP连接是否真的能减少交互式用户所需的处理时间呢？为了测试这一点，我们在主机sun上运行Netscape客户程序(图1-13)，还是来获取Addison-Wesley的主页。但这台主机是采用如今常用的方式连接Internet，即通过拨号调制解调器以28.8 kb/s的速度连接Internet。我们修改客户程序的首选文件，对客户程序最大的连接数从1至7都进行了测试。测试时关闭了客户程序的硬盘缓存功能。在每一种最大连接数下客户程序均运行三次，取结果的平均值。图13-6是测试结果。

　　从图中可以看出，从1到4，随着连接数增加，总时间在减

同时存在 的连接数	总时间(秒)
1	14.5
2	11.4
3	10.5
4	10.2
5	10.2
6	10.2
7	10.2

图13-6　Web客户程序并行
连接数与总时间的比较

少。但是如果用Tcpdump来跟踪这种交换，我们会发现，虽然用户可能把连接数设成超过4，但是程序的极限是4。不管怎么说，超过4条连接后增加连接数对总时间即便有影响也是很小，不如从1~2、2~3、3~4那么明显。

图13-5所示的总时间比图13-6所示的最短时间(10.2秒)要多约2秒，这是因为客户主机的显示硬件速度有差异。图13-6所示的测试是客户程序运行在一台工作站上，而图13-5所示的测试客户程序运行在一台显示速度和运行速度均较慢的个人计算机上。

[Padmanabhan 1995]指出了多连接方法的两个问题。首先，这样做对其他协议不公平。例如，FTP协议获取多个文件时每次只能使用一条连接(不包括控制连接)。其次，当在一条连接上遇到拥塞并执行拥塞避免(在卷1的21.6节中有描述)时，拥塞避免信息不会传递到其他连接上去。

对客户程序来说，同时对同一主机使用多条连接实际上使用的可能是同一条路径。如果处于瓶颈的路由器因为拥塞而丢弃某条连接的分组，那么其他连接的分组通过该路由器时也同样可能会被丢弃。

客户程序同时使用多个连接带来的另一个问题是容易造成服务器程序未完成的连接队列溢出，这样会使得客户主机重传它的SYN分组而造成较大的时延。下一章我们讨论Web服务器时，将在14.5节中详细讨论服务器程序的未完成连接队列。

13.5 HTTP的统计资料

在下一章中我们将仔细讨论TCP/IP协议族的一些特性和怎样在一个繁忙的HTTP服务器上使用(和误用)它们。本节我们感兴趣的是一个典型的HTTP连接到底是怎么回事。我们将使用下一章一开始要讲到的24小时的Tcpdump数据集。

图13-7列出了对近130 000个独立的HTTP连接进行统计的结果。如果客户程序非正常关闭连接，例如电话掉线等，我们就无法通过Tcpdump的输出计算图中字节计数的中间值(median)或均值(mean)或两者的值。存在一些因服务器超时而结束的连接会使图中连接持续时间的均值比正常值偏高。

	中 值	均 值
客户发送的字节数/连接	224	266
服务器发送的字节/连接	3 093	7 900
连接持续时间(秒)	3.4	22.3

图13-7 独立的HTTP连接的统计

大多数关于HTTP连接的统计均采用中间值和均值。中间值能较好地体现"正常"连接的情况，而均值则会因为少数长文件而较高。[Mogul 1995b]中统计了200 000个HTTP连接，发现服务器返回数据量的中间值和均值分别为1770字节和12 925字节。此文还对另一个服务器上约150万个检索进行统计，结论是返回数据量的中间值和均值分别为958字节和2394字节。[Braun and Claffy 1994] 列出的对NCSA服务器进行统计的结果是中间值为3000字节，均值为17 000字节。明显可以看出服务器返回数据量的大小取决于该服务器上所提供的文件，不同的服务器之间有很大的差别。

在本节中迄今为止我们讨论的都是单个使用TCP的HTTP连接。大多数运行Web浏览器的用户会在一个HTTP会话期间访问给定服务器的多个文件。因为服务器可利用的信息就是客户主机的IP地址，所以要测量HTTP会话的特性比较困难。多个用户能在同一时间利用同一客户主机访问同一个服务器。此外，还有一些组织把所有的HTTP客户请求集中起来通过少数几个服务器(有时结合防火墙网关使用)去访问外部网的Web服务器，这样在Web服务器端看起来很多用户都在使用少数几个IP地址(这些少数的服务器通常称为代理服务器，在[Stein 1995]的第4章中对它进行了讨论)。不管怎么说，[Kwan, McGrath, and Reed 1995] 还是试图在NCSA服务器上对会话的特性进行测定，并定义一个会话最长持续时间为30分钟。在这30分钟的会话中平均每个客户执行6个HTTP请求，服务器共返回95 000字节数据。

本节中提到的统计都是在服务器端进行测量的，因此结论都受服务器所提供的HTTP文档类型的影响，例如，一个提供庞大气象图的Web服务器平均每个HTTP会话所返回的字节数要比一个主要提供文本信息的服务器大得多。通常在Web上跟踪大量客户程序对不同服务器的HTTP请求能获得更好的统计结果。[Cunha, Bestavros, and Crovella 1995]中提供了一组测量数据。他们对4 700个HTTP会话进行了测试，其中包括591个不同用户对575 772个文件的访问。测量的结果表明这些文件的平均长度为11 500字节，同时他们也提供了不同类型文件(如HTTP、图像、声音、视频、文本等)的平均长度。通过其他测试，他们发现文件长度的分布状态曲线有一个大尾巴，即有大量的大型文件，这些文件影响了文件的平均字节数。他们发现大量被访问的是小文件。

13.6　性能问题

随着HTTP协议使用的增长(图13-1)，它对Internet产生了广泛而重要的影响。[Kwan, McGrath, and Reed 1995]中给出了NCSA服务器上HTTP协议一般应用的特性。1994年，上文的作者对服务器的日志文件进行了为期五个月的检查后得出了一些结论。例如，他们注意到58%的客户请求是由个人计算机发起的，这类请求的每月增长率在11%~14%之间。他们在文中还提供了一周中各天的请求数量、平均连接时间等统计数据。[Braun and Claffy 1994]中提供了对NCSA服务器的其他分析。在这篇论文中，作者还讨论了HTTP服务器可以通过缓存经常被访问的文档来提高性能。

影响交互式用户响应时间的最大因素是HTTP协议中使用的TCP连接。前面我们看到每个要传输的文档使用一个TCP连接。[Spero 1994a]中以"HTTP／1.0与TCP交互不协调"为标题对这个问题进行了描述。客户与服务器之间的RTT和服务器的负载是影响响应时间的其他因素。

[Spero 1994a]也提出连接建立较慢(卷1的20.6节中有描述)增加了时延。连接建立时间主要取决于客户请求报文和服务器的MSS通告报文(通过Internet的客户连接，典型长度为512或536字节)的长度。设想如果客户的请求报文小于或等于512字节，一个MSS报文的长度为512字节，那么连接建立时间就不会长了(但是要注意，很多基于伯克利的实现中的对mbuf(在14.11节中有描述)的访问会引起连接建立慢的问题)。当客户的请求报文超过服务器的MSS时，较慢的建立还要加上额外的RTT。客户请求报文的长度取决于浏览器软件。[Spero 1994a]中提到当Xmoasic浏览器请求三个TCP报文段时发起了一个1130字节的请求报文(这个请求报文共有42行，其中41行是Accept报文首部)。在13.4节的例子中，Netscape 1.1N浏览器共发起17

个请求，报文长度的范围是150~197字节，因此没有发生长时延的情况。图13-7列出了客户程序请求报文长度的中间值和平均值，从中可以看出大多数客户发起向服务器的请求不会引起长时延，但服务器的应答报文则会引起长时延。

我们刚刚提到，Mosaic客户程序会发出许多Accept报文首部，但这些报文首部并没有在图13-3中列出来(因为它们没有在[Berners-Lee, Fielding, and Nielsen 1995]中出现)。因为少数服务器不对这些报文首部做任何处理，所以在这个Internet草案中没有提到它们。这些报文首部的作用是告诉服务器，客户程序能接受哪些数据格式，如GIF图像、PostScript文件等。但也有少数服务器提供一个文档的不同格式的副本，而且目前还没有提供客户程序与服务器协商文档内容的方法。

另外重要的一点是：HTTP连接通常由服务器关闭，服务器经过TIME_WAIT时延后关闭连接，导致在繁忙的服务器上许多控制块停留在该状态。

[Padmanabhan 1995]和[Mogul 1995b]中建议客户与服务器保持一个打开的TCP连接，而不是服务器在发出响应后关闭连接。当服务器知道生成的响应报文的长度时才可以这样做，回想前面13.3节中我们提到的例子，Content-Length报文首部中指出GIF图像的大小。否则，服务器必须通过关闭连接来为客户程序指出响应的结尾。对协议做这样的修改必须同时修改客户端和服务器端。客户端规定Pragma: hold-connection报文首部，提供向后兼容的能力。如果服务器不能识别这种Pragma，就会忽略它，然后在发送完响应后关闭连接。这种Pragma允许新客户程序在尽可能情况下保持连接，同时访问新的服务器，还允许现有所有客户和服务器交互操作。

HTPP协议的下一版本(版本1.1)中可能会支持持续的连接，虽然具体怎么做可能会有变化。

在这里我们实际上提到了当前定义的三种服务器结束响应的方法。最好的办法是使用Content-Length报文首部，其次是服务器发送一个带有boundary = 属性的Content-Type报文首部([Rose 1993]的6.1.1节中给出了怎样使用这种属性的例子，但是并非所有的客户程序都支持这种特性)。最差的选择(但最广泛运用的)便是服务器关闭连接。

Padmanabhan和Mogul也提出两种新的客户请求报文，用来允许服务器流水线式的响应。这两种请求是GETALL(服务器将在单个响应内返回一个HTML文档和所有内嵌的图像)和GETLIST(类似客户程序执行一系列的GET请求)。当客户程序确认在它的缓存中没有所要请求的任何文件时，可以使用GETALL报文。当客户程序发起对一个HTML文档的GET请求后，用GETLIST命令可以取得该HTML文档所引用的、不在缓存中的所有文件。

HTTP协议的一个重要问题是：面向字节的TCP数据流与面向报文的HTTP服务不匹配。一种理想的解决方法是：在TCP协议之上制定一个在HTTP客户和服务器之间、单个TCP连接之上、提供面向报文接口的会话层协议。[Spero 1994b]中描述了这样一种称为HTTP-NG的解决方法。HTTP-NG在单个TCP连接上提供多个会话。其中一个会话携带控制信息(客户请求和服务器响应报文)，其他的会话从服务器返回所请求的文件。通过TCP连接交换的数据包括一个8字节的会话首部(包含一些标志位、一个会话ID和所跟数据的长度)，会话首部后跟着这个会话的数据。

13.7　小结

HTTP是一个简单的协议。客户程序与服务器建立一个TCP连接，发送请求并读回服务器的响应。服务器通过关闭连接来指示它的响应结束。服务器所返回的文件通常含有指针(超文本链接)指向一些位于其他服务器的文件。用户可以轻松地跟随这些链接从一个服务器到另一个服务器。

客户请求是简单的ASCII文本，服务器的响应也是以ASCII文本开始(首部)，后面跟着数据(可以是ASCII或二进制数据)。客户程序软件(浏览器)分析服务器的响应，并把它格式化输出，同时以高亮显示指向其他文档的链接。

通过HTTP连接传输的数据量较小。客户请求报文长度，为几百字节，服务器响应报文的典型值也在几百字节至10 000字节间。因为一些大文档(如图像或大的PostScript文件)会将服务器响应报文长度的平均值拉大，所以HTTP统计通常报告中间值。许多研究表明，服务器响应报文长度的中间值小于3000字节。

HTTP带来的最大的性能问题是每个文件使用一条TCP连接。我们看一下13.4节中提到的例子，为了打开一个主页，客户程序建立了8条TCP连接。当客户请求报文的长度超过服务器通告的MSS时，缓慢的建立使每一个TCP连接增加了额外的时延。另一个问题是：服务器进程正常关闭连接将引起在服务器主机上产生TIME_WAIT时延，在一个繁忙的服务器上可以看到很多这种待终止的连接。

我们比较一下几乎与HTTP协议同时开发的Gopher协议。Gopher协议的文档号是RFC 1436[Anklesaria et al. 1993]。从网络的观点来看，HTTP与Gopher非常相似。客户程序打开一条与服务器的连接(Gopher使用70号端口)，并发起请求。服务器返回带有应答的响应，并关闭连接。它们的主要区别在于服务器送回给客户的报文的内容。尽管Gopher协议允许服务器返回非文本信息，如GIF文件，但大多数Gopher客户程序是为ASCII终端设计的。因此Gopher服务器返回的文档，大多数是ASCII文本文件。因为HTTP协议有明显的优势，所以写作本书时Internet上的许多站点已关闭了它们的Gopher服务程序。当URL为gopher://hostname时，也有很多Web浏览器能识别Gopher协议，并与这些Gopher服务器通信。

HTTP协议的下一个版本(HTTP / 1.1)将在1995年12月作为一个Internet草案公布。届时，包括认证(MD5签名)、持续的TCP连接、连接协商等方面均将有所增强。

第14章 在HTTP服务器上找到的分组

14.1 概述

本章我们将通过分析一个繁忙的HTTP服务器上所处理的分组，从另外的角度来分析HTTP协议，同时还将对Internet协议族中的一些特性进行一般性的分析。这样我们就能把卷1和卷2中描述的TCP/IP协议的一些特性与现实世界中的联系起来。从本章也可看到，TCP协议的行为和实现的变化很多，有时甚至明显不合理。本章有很多主题，我们把它们近似地按照TCP连接动作的顺序来安排：连接建立、数据传输和连接终止。

我们是从一个商业的Internet服务提供商的系统上收集数据。这个系统为22个组织提供HTTP服务，同时运行NCSA httpd服务器的22个副本(我们将在下一节中讨论运行多个服务器程序)。该系统的CPU是Intel奔腾处理器，运行的操作系统是BSD / OS V1.1。

我们收集了三种数据：

1) 在连续的5天当中每小时运行一次netstat程序，运行该程序时带-s选项，用来收集Internet协议维护的所有计数器。这些计数器在卷2中我们都有介绍，如第164页(IP)、第639页(TCP)等。

2) 在这5天当中Tcpdump程序(见卷1附录A)24小时运行，记录所有发出的和从80端口来的带有SYN、FIN或RST标志的TCP分组。这样，我们可以详细考查TCP连接的统计结果。在这期间共收集到686 755个符合上述条件的分组，它们分属于147 103次TCP连接尝试。

3) 在5天的测量中，做了一次为期2.5小时的统计，记录所有发出的和从80端口来的TCP分组。因为我们可以对除了带有SYN、FIN或RST标记以外的更多的分组进行检查，所以我们可以对少数特殊情况进行更详细的分析。在这次统计中共记录了1 039 235个分组，平均每秒115个。

收集24小时内的SYS / FIN / RST分组的命令是：

```
$ tcpdump -p -w data.out 'tcp and port 80 and tcp[13:1] & 0x7 != 0'
```

-p标志没有把网络接口置于混合(promiscuous)模式，所以只有运行Tcpdump程序的主机发出或接收的分组才可能被捕捉，这也正是我们所需要的。这样减少了从本地网络中收集的数据量，同时也使Tcpdump程序减少了分组的丢失。

> 这个标志没有保证非混合模式。也有人可以将网络接口设为混合模式。
>
> 在这个主机上多次长时间运行Tcpdump，报告的分组丢失情况为：每16 000个丢失1个至每22 000个丢失1个之间。

-w标志将收集结果以二进制格式存入文件，而不是以文本方式在终端上输出。这个输出文件的二进制数据随后可以用-r标志转换成我们所期望的文本文件。

只有发出的或从80端口来的TCP分组才被收集。此外还要求：从TCP分组首部开始算，取第13字节与数字7进行逻辑与运算，结果必须为0。这是用来测试SYN、FIN或RST标志是否被置位(见卷1第171页)。通过收集满足上述条件的分组，然后分析SYN和FIN上的TCP序号，我们能得到连接的每个方向上，传输数据的字节数。Vern Paxson的tcpdump-reduce软件就是采用了这种简化方式(http://town.hall.org/Archive/pub/ITA)。

我们给出的第一张图(图14-1)是5天中尝试连接的总数，包括主动和被动建立的连接。图中表示的是两个TCP计数器：tcps_connattempt和tcps_accepts的时间曲线，摘自卷2第639页。当为了打开连接而发送一个SYN分组时，第一个计数器加一；当在侦听端口收到一个SYN分组时，第二个计数器加一。这些计数器对主机上的所有TCP连接进行计数，而不只是HTTP连接。我们期望系统收到的连接请求比它发出的连接请求要多，因为系统主要提供Web服务(当然系统也用作其他用途，但主要的TCP / IP流量是由HTTP分组组成)。

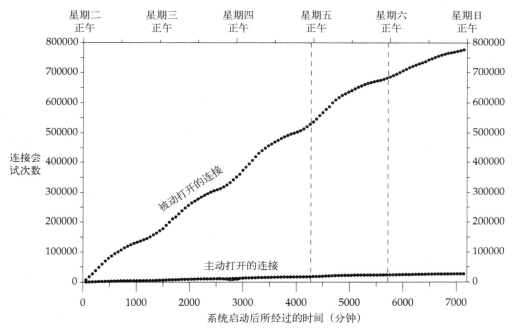

图14-1 主动与被动连接尝试次数累计

图中星期五正午附近和星期六正午附近的虚线描绘了一个24小时周期，在这24小时中对SYN/FIN/RST分组进行了跟踪、收集。注意被动连接尝试的次数曲线，它的斜率像我们所预期的那样在正午后一直到午夜前都比较大。我们也可看出，从星期五的午夜开始到周末这段时间，曲线的斜率一直在减小。我们绘出每小时被动连接尝试次数的曲线，如图14-2所示，从中很容易看出每天的周期性规律。

"繁忙"服务器的定义是什么？我们进行分析的系统每天收到超过150 000个TCP连接请求，这相当于平均每秒1.74个连接请求。[Braun and Claffy 1994]提供了NCSA服务器的详细情况：在1994年9月，平均每天有360 000个TCP连接请求(这个数据每6~8个星期翻一番)。[Mogul 1995b]中描述了两个被作者称为"相对繁忙"的服务器，其中一个是每天处理100万个连接请求，而另一个则是在近3个月时间内平均每天收到40 000个连接请求。1995年6月21日的《华尔街》杂志列出了最繁忙的10个Web服务器，统计了从1995年5月1日至7日之间对它们的点击次数，最高的达每周430万次(www.netscape.com)，最低的每天也有30万次。说了这么多，我们还是得提醒读者注意他们声称的Web服务器的性能和统计数据。如本章中我们所看到的,以下这些提法有很大的区别:每天点击次数、每天连接数、每天客户数和每天会话数。另一个要搞清的事实是一个组织的Web服务器程序运行在几台主机上,我们将在下一节讨论这种情况。

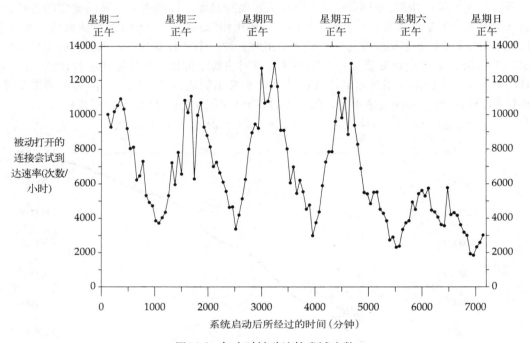

图14-2　每小时被动连接尝试次数

14.2　多个HTTP服务器

最简单的HTTP服务器安排是一台主机上运行一个HTTP服务器程序。有很多Web站点是这样做的,但也有两种较为普遍的变形:

1) 一台主机,多个服务器程序。本章中所分析的数据就来源于一台按这种方式运行的主机。单个主机为多个组织提供HTTP服务。每一个组织的WWW域名(www.organization.com)映射一个不同的IP地址(都在同一子网上),单个以太网接口分别对每一个不同的IP地址赋予别名(6.6节中描述了Net / 3怎样允许单个网络接口上的多个IP地址。在主IP地址之后指派给网络接口的IP地址均称为别名)。这22个httpd服务器实例中的每一个都只使用一个IP地址。当服务器程序启动时,它把本地的IP地址绑定到它的监听TCP插口上,因此它只收到那些目的地址是它的IP地址的连接。

2) 多台主机,每台均提供服务器程序的一个副本。这种技术用于繁忙的组织在多个主机上分布输入负载(即负载平衡)。对应组织的WWW域名:www.organization.com指派了多个IP地址,每一个提供HTTP服务的主机有不同的IP地址(卷1的第14章,DNS中的多条A记录)。这种组织的DNS服务器响应DNS客户请求时,必须能以不同的顺序返回多个不同的IP地址。DNS中把这个称为循环使用(round-robin),例如,在通常的DNS服务器程序当前版本中均支持这种功能。

例如,NCSA提供9个HTTP服务器。我们第一次查询它们的域名服务器时,返回如下:

```
$ host   -t a   www.ncsa.uiuc.edu   newton.ncsa.uiuc.edu
Server: newton.ncsa.uiuc.edu
Address: 141.142.6.6 141.142.2.2
   www.ncsa.uiuc.edu          A          141.142.3.129
   www.ncsa.uiuc.edu          A          141.142.3.131
   www.ncsa.uiuc.edu          A          141.142.3.132
   www.ncsa.uiuc.edu          A          141.142.3.134
   www.ncsa.uiuc.edu          A          141.142.3.76
   www.ncsa.uiuc.edu          A          141.142.3.70
   www.ncsa.uiuc.edu          A          141.142.3.74
   www.ncsa.uiuc.edu          A          141.142.3.30
   www.ncsa.uiuc.edu          A          141.142.3.130
```

(host程序在卷1第14章有描述并用到了它。)上例命令中的最后一个参数是我们要查询的NCSA的DNS服务器的名字，使用该参数的原因是：在缺省情况下，host程序将使用本地DNS服务器，而本地域名服务器的缓存中可能有这9个记录，而且可能每次返回同一个IP地址。

第二次我们再运行上例中的程序时，得到了不同次序。

```
$ host   -t a   www.ncsa.uiuc.edu   newton.ncsa.uiuc.edu
Server: newton.ncsa.uiuc.edu
Address: 141.142.6.6 141.142.2.2

   www.ncsa.uiuc.edu          A          141.142.3.132
   www.ncsa.uiuc.edu          A          141.142.3.134
   www.ncsa.uiuc.edu          A          141.142.3.76
   www.ncsa.uiuc.edu          A          141.142.3.70
   www.ncsa.uiuc.edu          A          141.142.3.74
   www.ncsa.uiuc.edu          A          141.142.3.30
   www.ncsa.uiuc.edu          A          141.142.3.130
   www.ncsa.uiuc.edu          A          141.142.3.129
   www.ncsa.uiuc.edu          A          141.142.3.131
```

14.3　客户端SYN的到达间隔时间

下面我们来做一件有趣的事情：通过观察客户端SYN的到达，我们来看平均请求速率和最大请求速率之间的区别。服务器应有能力应付峰值负载，而不是平均负载。

通过对SYN / FIN / RST进行24小时跟踪，我们可以分析客户端SYN的到达时间间隔。在这个24小时的跟踪期间共有160 948个SYN到达(在本章的开头我们曾提到，在这期间有147 103次连接尝试。这中间的不同是因为SYN的重传。注意到，大约有10%的SYN须重传)。最小的到达间隔时间是0.1 ms，最大值是44.5秒，平均值是538 ms，中间值是222 ms。91%的到达间隔时间小于1.5秒。图14-3给出了到达间隔时间的柱状图。

这张图虽然有趣，但它不能提供峰值到达速率。为了测定峰值速率，我们把一天的24小时划分为1秒的时间间隔，并计算每秒的SYN到达个数(实际测量了86 622秒，比24小时长几分钟)。图14-4列出了前20个时间间隔内计数器的值。图中第二列给出了所有到达的SYN数，第三列的计数器表示的是忽略重传后的SYN到达数。在本节的最后，我们将用到第三列的数据。

例如，考虑所有到达的SYN，一天有27 868秒 (一天中的32%)内没有SYN到达，22 471秒(一天中的26%)内只有一次SYN到达，等等。一秒中最大的SYN到达数为73次，一天中共有两次这种情况。我们观察所有SYN到达次数超过50次的"秒"，将发现它们都在一个3分钟的时间段内，这就是我们要找的峰值。

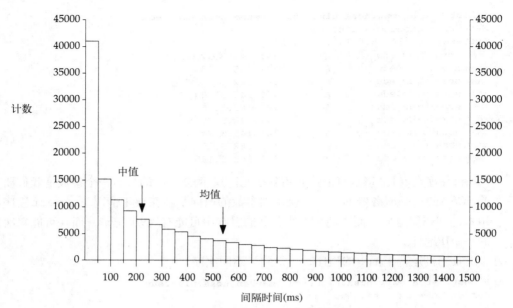

图14-3 客户端SYN的到达间隔时间分布

1秒钟内到达 的SYN个数	所有SYN 的累计数	新SYN的 累计数
0	27 868	30 565
1	22 471	22 695
2	13 036	12 374
3	7 906	7 316
4	5 499	5 125
5	3 752	3 441
6	2 525	2 197
7	1 456	1 240
8	823	693
9	536	437
10	323	266
11	163	130
12	90	66
13	50	32
14	22	18
15	14	10
16	12	9
17	4	3
18	5	2
19	2	1
20	3	0
	86 560	86 620

图14-4 给定秒数内到达的SYN数

图14-6是含有峰值的那个小时的情况。在这个图中，我们把每30秒到达的SYN数取平均值，y轴表示的是每秒到达的SYN数，平均到达速率约为每秒3.5个，因此，这个小时处理的到达的SYN几乎为平均值的两倍。

图14-7给出了包含峰值的那个3分钟的更详细的情况。

在这3分钟中的变化有违人们的直觉，也表明某些客户有反常行为。如果我们检查这3分钟Tcpdump程序的输出会发现，问题果然来自一个特别的客户。在包含图14-7最左边尖峰的30秒中，那个客户在两个不同的端口发送1 024个SYN，平均每秒30个。有少数几秒还在60~65次之间，再加上其他客户发送的，在图中的峰值就接近70个。图14-7中间的尖峰也是由这个客户引起的。

图14-5列出了与这个客户相关的部分Tcmdump输出。

```
 1   0.0                         client.1537 > server.80: S 1317079:1317079(0)
                                               win 2048 <mss 1460>
 2   0.001650 (0.0016)  server.80 > client.1537: S 2104019969:2104019969(0)
                                               ack 1317080 win 4096 <mss 512>
 3   0.020060 (0.0184)  client.1537 > server.80: S 1317092:1317092(0)
                                               win 2048 <mss 1460>
 4   0.020332 (0.0003)  server.80 > client.1537: R 2104019970:2104019970(0)
                                               ack 1317080 win 4096
 5   0.020702 (0.0004)  server.80 > client.1537: R 0:0(0)
                                               ack 1317093 win 0
 6   1.938627 (1.9179)  client.1537 > server.80: R 1317080:1317080(0) win 2048
 7   1.958848 (0.0202)  client.1537 > server.80: S 1319042:1319042(0)
                                               win 2048 <mss 1460>
 8   1.959802 (0.0010)  server.80 > client.1537: S 2105107969:2105107969(0)
                                               ack 1319043 win 4096 <mss 512>
 9   2.026194 (0.0664)  client.1537 > server.80: S 1319083:1319083(0)
                                               win 2048 <mss 1460>
10   2.027382 (0.0012)  server.80 > client.1537: R 2105107970:2105107970(0)
                                               ack 1319043 win 4096
11   2.027998 (0.0006)  server.80 > client.1537: R 0:0(0)
                                               ack 1319084 win 0
```

图14-5 违规的客户以高速率发送无效的SYN

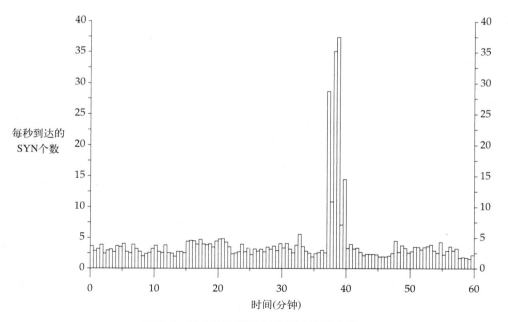

图14-6 60分钟时间内每秒到达的SYN数

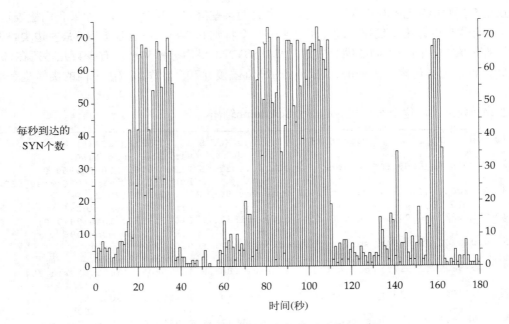

图14-7 3分钟的峰值时间内每秒到达的SYN数

第一行是表示客户的SYN，第二行是服务器的SYN／ACK。第三行是从同一个客户的同一个端口来的另一个SYN，但它的起始序列号是13，比第一行的高。第四行是服务器发送一个RST，第五行发送另一个RST，第六行是客户发送的RST。从第7行开始又重复这个情况。

为什么服务器要在一行内给客户发送两个RST(第五行和第六行)？可能是由于设有打印出来的某些数据段引起，因为遗憾的是Tcpdump跟踪程序仅包含有SYN、FIN或RST标志的报文段。然而，这个客户显然违规了，在同一个端口如此高速率地发送SYN，并且从一个SYN到下一个的序列号增加很小。

忽略重传的SYN后的计算结果

我们需要忽略重传的SYN，重新分析客户SYN的到达间隔时间。因为从上面我们可以看出，一个违反常规的客户就可以将数据拉出显著的峰值来。正如我们在本节的前面所提到的，忽略重传可以减少约10%的SYN。同样，通过考察有效的SYN，我们可以来分析连接到达服务器的速率。所有到达的SYN均影响TCP/IP协议的处理(因为每一个SYN要经过设备驱动程序、IP输入，然后才是TCP输入)，连接的到达速率影响HTTP服务器(服务器程序为每一个连接处理新的客户请求)。

在忽略重传SYN后，图14-3中的平均值由538 ms增加至600 ms，中间值由222 ms增加至251 ms。在图14-4中我们已给出每秒到达的SYN的分布图。峰值也像图14-6中表示的那样，不过要小得多。一天中到达的SYN数最大的3秒内分别为有19、21、33个SYN到达。这就给我们一个范围，从每秒4个(由到达时间间隔中值251 ms得来)到33个SYN，约为8倍的关系。这就意味着，当我们设计一个Web服务器时，应使它能适应的峰值在这种平均值之上。在14.5节中我们将看到这种入连接请求队列中的峰值到达速率的作用。

14.4 RTT的测量

下一个我们感兴趣的内容是各种客户与服务器之间的往返时间。不幸的是，我们不能通过在服务器上跟踪SYN/FIN/RST来测量它。图14-8描述了TCP三次握手和用四个报文段来终止一个连接的情况(第一个FIN由服务器发出)。加粗的线表示在跟踪SYN / FIN / RST时可以被跟踪到。

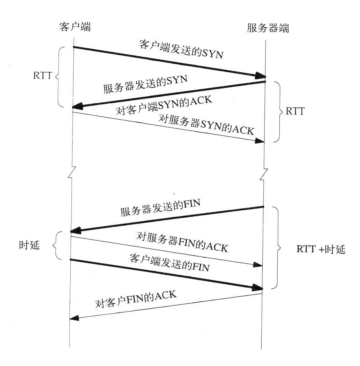

图14-8 TCP的三次握手和连接终止

在客户端可以测量RTT，即发送SYN与接收服务器发来的SYN之间的时间间隔，但我们的测量均在服务器端。我们可以通过测量服务器发送FIN与接收客户发来的FIN之间的时间间隔来测量RTT，但是这种测量包含一个不确定的时延：客户应用程序收到文件结束标志与关闭连接之间的时间。

我们需要跟踪服务器上的所有分组来测量RTT，因此我们使用前面提到的2.5小时的跟踪，并测量服务器发送SYN / ACK与收到客户的ACK之间的时间间隔。客户发送的、用来确认服务器SYN的ACK报文通常不会被延迟(卷2第758页)，因此这种测量不会包含一个时延的ACK。这些报文通常都是尽可能的小(服务器的SYN为44字节，通常包括一个服务器上使用的MSS选项，客户的ACK为40字节)，因此在较慢的SLIP或PPP链路上也不会产生明显的时延。

在2.5小时内，进行了19 195次RTT的测量，涉及810个不同的IP地址。最小的RTT等于0(从同一主机的客户程序)，最大的RTT是12.3秒，平均值是445 ms，中间值是187 ms。图14-9给出了3秒以内的RTT的分布。98.5% 的RTT在3秒以内。这些测量表明，由大西洋岸至太平洋岸的RTT最好的情况在60 ms左右，典型情况下的RTT值至少是这个值的3倍。

为什么中间值(178 ms)比由大西洋岸至太平洋岸的RTT(60 ms)小这么多？一种可能是目前情况下，大量的用户仍使用拨号线访问Internet，即使是最快的调制解调器(28 800 bps)，也给每个RTT增加100~200 ms的时延。另外一个原因是，有些客户实现在处理三次握手的第三个报文段(客户发送的、用来确认服务器SYN的ACK报文)时产生了时延。

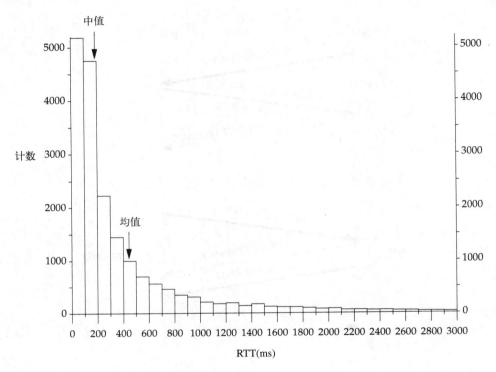

图14-9 客户往返时间的分布

14.5 用 `listen` 设置入连接队列的容量

为了准备一个接收入连接请求的插口，服务器通常执行下面的调用：

```
listen(sockfd, 5);
```

第二个参数称为*backlog*，指示 `listen` 调用的入连接队列的容量。BSD内核因为历史的原因，通过在 `<sys/socket.h>` 头文件中定义SOMAXCONN常量，将入连接队列的容量的上限设为5。如果应用程序指定了一个大于5的值，内核将不做任何提示地把它置为SOMAXCONN。新的内核将SOMAXCONN的值增加至10或更高，增加的原因我们马上要介绍。

在插口数据结构中，`so_qlimit` 值就等于backlog参数值(卷2第365页)。当一个TCP入连接请求到达时(客户端的SYN)，TCP程序执行 `sonewconn` 调用，紧跟着进行如下测试(卷2第370页的第130~131行)：

```
if (head->so_qlen + head->so_q0len > 3 * head->so_qlimit / 2)
    return ((struct socket *)0);
```

正如卷2中所描述的，把应用程序指定的backlog乘以一个毫无根据的因子：3/2，确实能在内核指定backlog为5时将等待的连接数增加至8。这个毫无根据的因子只在基于伯克利的实现中有作用(卷1第195页)。

这个队列长度的上限限制以下两项的和:

1) 未完成连接队列(so_q0len, 一个SYN已经到达、但三次握手还没有完成的连接)中的项数。

2) 已完成连接队列(so_qlen, 三次握手已完成、内核正等待进程执行accept调用)中的项数。

卷2第369页详细描述了当一个TCP连接请求到达时, 服务器端处理的步骤。

当已完成连接队列被填满(例如, 服务器进程或服务器主机非常繁忙时, 进程执行accept调用不够快, 不能及时清空队列), 或未完成连接队列被填满时, 将达到backlog的上限。当服务器主机与客户主机的往返时间较长, 而相比较而言, 新的连接请求到达较快, 那么服务器就要面对上述的后一个问题, 因为一个新的SYN占用队列中的一个记录项的时间是一次往返时间。图14-10描述了未完成连接队列的这部分时间。

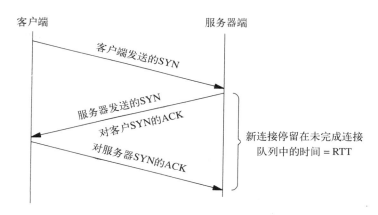

图14-10 用分组表示的未完成连接队列中一个记录项的占用时间。

为了检验未完成连接队列是否已满(不是已完成连接队列), 我们使用一个被修改过的netstat程序, 在最繁忙的HTTP监听服务器上连续打印so_q0len和so_qlen这两个变量的值。这个程序共运行了2个小时, 进行了379 076次采样, 或者说约每19 ms进行一次采样。图14-11给出了结果。

前面曾经提到, 将backlog设为5时, 实际上可以有8条连接在排队。已完成连接队列绝大部分时间是空的, 因为当有连接进入这个队列时, 只要服务器程序的accept调用一返回, 这条连接便会马上从该队列中被取走。

当队列已满时, TCP丢弃入连接请求(卷2第743页), 并且假定客户程序会发生超时, 重传它的SYN, 希望在几秒钟以后在队列中找到空闲位置。但是Net/3的内核并不提供有关丢失的SYN的统计数据, 因此系统管理员无法知道这种情况发生的频度。我们把系统中这一段代码做了如下修改:

队列长度	未完成连接队列计数	已完成连接队列计数
0	167 123	379 075
1	116 175	1
2	42 185	
3	18 842	
4	12 871	
5	14 581	
6	6 346	
7	708	
8	245	
	379 076	379 076

图14-11 繁忙的HTTP服务器的连接队列长度分布

```
if (so->so_options & SO_ACCEPTCONN) {
    so = sonewconn(so, 0);
    if (so == 0) {
        tcpstat.tcp_listendrop++;    /* new counter */
        goto drop;
    }
```

所做的修改就是增加了一个计数器。

图14-12中列出了为期5天、一小时采集一次得到的该计数器的值。这个计数器是对主机上的所有服务器程序进行统计的，但是我们假定所监视的主机主要是作为一台Web服务器，实际上绝大多数的溢出也是发生在httpd的侦听插口上。从平均上来说，这台主机每分钟的呼入连接请求溢出刚好超过三个(22 918次溢出除以7139分钟)，但是这里也有几个值得注意的连接丢失数量的跳跃点。大约在第4500分钟(星期五下午4：00)左右，一个小时内丢弃了1964个入连接请求，约为每分钟32个(每两秒钟一个)。其他两次值得注意的跳跃发生在星期二下午的早些时候。

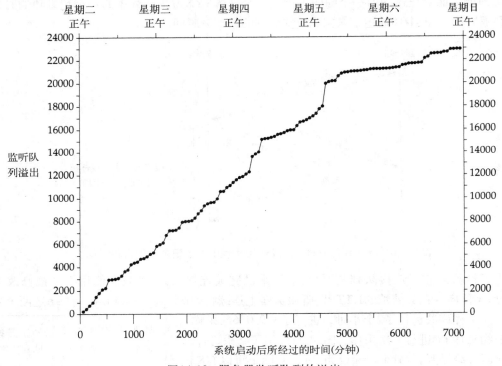

图14-12 服务器监听队列的溢出

必须增加支持繁忙服务器的内核的backlog参数的上限，同时必须修改繁忙服务器应用程序(例如httpd)，使之设置一个更大的backlog。例如，httpd的1.3版就存在这个问题，因为它用下面的语句将backlog强制设置为5：

```
listen(sd, 5);
```

1.4版将backlog增加到了35，但这对于某些繁忙的服务器来说还是不够。

不同的厂商采用不同的方法来增加内核的backlog的上限。例如，BSD / OS V2.0内核将somaxconn全局变量指定为16，但系统管理员可以将它调整至更大的值。Solaris 2.4允许系统管理员使用ndd程序改变TCP参数：tcp_conn_req_max，这个参数的默认值为5，最大可以到32。Solaris 2.5将默认值增加到32，而最大可以到1 024。不幸的是，应用程序使用listen调用时，没有一个简单的办法来确定当前操作系统内核所允许的队列最大值，所以最好的办法是应用程序的代码中给这个参数赋一个很大的值(因为使用`listen`调用时不会因为这个值太大而返回错误)，或者让用户可以在命令行中指定这个参数。在[Mogul 1995c]提出一种思想，认为在listen调用中应忽略这个参数，而由系统内核直接把它设为最大值。

有些应用程序特意将backlog参数设为一个较低的值来限制服务器的负载，因此，在这种情况下我们要避免增加这些应用程序中的这个参数值。

SYN_RCVD错误

当我们检查netstat的输出时发现，插口在SYN_RCVD状态下保持了几分钟。Net / 3用它的连接建立定时器限制这个状态保持的时间为75秒(卷2第664页和755页)，为什么还会出现这种现象？图14-13列出了Tcpdump的输出。

```
 1   0.0               client.4821 > server.80: S 32320000:32320000(0)
                                                win 61440 <mss 512>
 2   0.001045 ( 0.0010) server.80 > client.4821: S 365777409:365777409(0)
                                                ack 32320001 win 4096 <mss 512>
 3   5.791575 ( 5.7905) server.80 > client.4821: S 365777409:365777409(0)
                                                ack 32320001 win 4096 <mss 512>
 4   5.827420 ( 0.0358) client.4821 > server.80: S 32320000:32320000(0)
                                                win 61440 <mss 512>
 5   5.827730 ( 0.0003) server.80 > client.4821: S 365777409:365777409(0)
                                                ack 32320001 win 4096 <mss 512>
 6  29.801493 (23.9738) server.80 > client.4821: S 365777409:365777409(0)
                                                ack 32320001 win 4096 <mss 512>
 7  29.828256 ( 0.0268) client.4821 > server.80: S 32320000:32320000(0)
                                                win 61440 <mss 512>
 8  29.828600 ( 0.0003) server.80 > client.4821: S 365777409:365777409(0)
                                                ack 32320001 win 4096 <mss 512>
 9  77.811791 (47.9832) server.80 > client.4821: S 365777409:365777409(0)
                                                ack 32320001 win 4096 <mss 512>
10 141.821740 (64.0099) server.80 > client.4821: S 365777409:365777409(0)
                                                ack 32320001 win 4096 <mss 512>

                      服务器每64秒重传ACK / SYN

18 654.197350 (64.1911) server.80 > client.4821: S 365777409:365777409(0)
                                                ack 32320001 win 4096 <mss 512>
```

图14-13 服务器插口在SYN_RCVD状态被阻塞近11分钟

客户发送的SYN在第一个报文段中到达，服务器的SYN / ACK在第二个报文段发出。同时服务器设置连接建立定时器为75秒，重传定时器为6秒。上图的第3行中，重传定时器溢出，服务器重传SYN / ACK。这正是我们所期望的。

第4行中可以看到客户端的响应，但这个响应是重传第1行中的最初的那个SYN，而不是我们所期望的对服务器SYN的响应ACK。客户端好像是被中断了。服务器给出了正确的响应：重传SYN / ACK。收到第4个报文段后，服务器端的TCP程序将这条连接的保活定时器(keepalive timer)的超时间隔设为2小时(卷2第745页)。但是，保活定时器与连接建立定时器使用连接控制块中的同一个计数器(卷2的图25-2)，因此，程序清除该计数器的当前值69秒，而把它设成2小时。通常客户端用一个响应服务器SYN的ACK来完成三次握手，建立TCP连接。当这个ACK报文被处理后，保活定时器被设为2小时，重传定时器则被关闭。

第6、7、8行的情况类似。服务器的重传定时器在24秒后超时，重传它的SYN / ACK，但是客户端的响应(它又一次重传了最初的SYN)不正确，因此服务器再次正确地重传SYN / ACK。在第9行可以看到，服务器的重传定时器在48秒后再次超时，同样重传它的SYN / ACK。这样，重传定时器到了它的最大值：64秒，在连接被丢弃之前共发生了12次重传(12是卷2第674页中的常量TCP_MAXRXTSHIFT的值)。

因为保活定时器、连接建立定时器共用TCPT_KEEP计数器，所以修补这个故障的方法是：连接还没有完全建立好时(卷2第745页)，不将保活定时器的超时间隔设为2小时。当然，做了上述修改后，就要求当连接转移到已建立的状态后把保活定时器设置成初始值2小时。

14.6 客户端的SYN选项

我们在为期24小时的跟踪中收集了所有的SYN报文段，从中我们可以看到伴随SYN的一些不同的参数和选项。

客户端口号

基于伯克利的系统分配的客户临时使用的端口号的范围是1024~5000(卷2第588页)。正如我们所期望的那样，超过160 000个客户中有93.5%使用的端口在这个范围内。有14个客户连接请求使用的端口号小于1024(端口号小于1024的在Net / 3中通常作为保留端口)，其余6.5%的端口号都在5001~65535之间。有些系统，特别是Solaris 2.x，分配的客户端口号都大于32768。

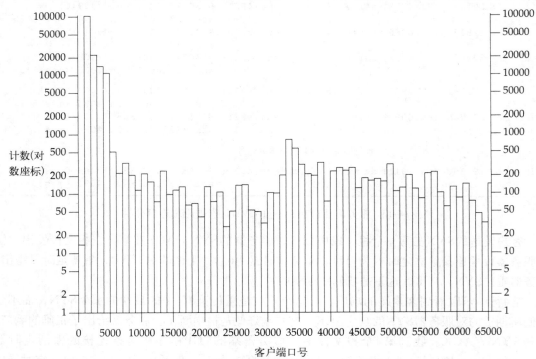

图14-14 客户端口号的范围

图14-14是一个客户使用端口号的分布图,每1000个端口(如1001~2000、2001~3000)作为一个统计范围。请注意y轴是对数座标。同时我们也看到,绝大部分客户使用的端口在1024~5000之间,而且2 / 3的端口在1024~2000之间。

最大报文长度

可以基于选用网络的MTU(见前面我们对图10-9的讨论)或直接使用固定值(非本地的同层之间使用512或536,较老的BSD系统使1024,等等)来设置MSS。RFC 1191[Mogul and Deering 1990]列出了典型的16种不同的MTU。因此,在实验中我们希望能找到Web客户所发出的不同的MSS的值有十几种或更多。事实上我们找到了117种不同的值,范围在128~17 520之间。

图14-15列出了最常见的13种客户通告的MSS的值。这5071个连到Web服务器的客户占总客户数5386的94%。第一栏中标记"none"的意思是客户的SYN中没有通告MSS。

MSS	计　数	注　释
无	703	RFC 1122指出如不使用选项,则设为536
212	53	
216	47	256−40
256	516	MTU为296的PPP或SLIP链路
408	24	
472	21	512−40
512	465	非本地主机的常用默认值
536	1097	非本地主机的常用默认值
966	123	ARPANET MTU (1006) − 40
1024	31	老版本BSD中本地主机的默认值
1396	117	
1440	248	以太网MTU (1500) − 40
1460	1626	
	5071	

图14-15　客户所通告的MSS值的分布

初始窗口宽度通告

客户的SYN中也包含了客户端的初始窗口宽度的通告。这里共有117种不同的值,跨越了整个允许值的范围:0~65535。图14-16列出了最常见的14种值的使用统计数。这4990个值占5386个不同客户的93%。有些值有特殊的意义,但有些值让人感到迷惑,例如22099。

好像有些PC平台上的Web浏览器允许用户指定MSS和初始窗口尺寸。这就是我们看到一些奇怪值的一个原因,用户设置这些值时可能并没有理解它们的作用。

不管怎么说,我们共找到117种不同的MSS值和117种不同的初始窗口尺寸,并检查了267种不同的MSS和初始窗口尺寸的组合,并没有发现它们之间有明显的相关性。

窗　口	计　数	注　释
0	317	
512	94	
848	66	
1024	67	
2048	254	
2920	296	2×1460
4096	2062	接收缓存大小的默认值
8192	683	小于常用的默认值
8760	179	6×1460 (以太网上常用)
16384	175	
22099	486	7×7×11×41?
22792	128	7×8×11×37?
32768	94	
61440	89	60×1024
	4990	

图14-16　客户所通告的初始窗口
尺寸的分布

窗口比例和时戳选项

RFC 1323指定了窗口比例和时戳选项(图2-1)。在5386个不同的客户中共有78个只发送了窗口比例选项，23个既发送了窗口比例选项又发送了时戳选项，没有一个只发送时戳选项。在所有的窗口比例选项中都通告了偏移因子0(意味着比例因子是1，或就是通告的TCP窗口的宽度)。

利用SYN发送数据

五个客户在发送的SYN中捎带数据，但这些SYN并不包含新的T／TCP的选项。检查这些分组，发现这些连接都是同一个模式。客户发送一个普通的SYN，不含任何数据。三次握手的第二个报文段是服务器的响应，但是响应好像丢失了，因此客户重传了它的SYN。但是每一个客户重传的SYN中都包含有数据(在200~300字节之间，一个常见的HTTP客户请求)。

路径MTU发现

在RFC 1191[Mogul and Deering 1990]和卷1的24.2节均描述了路径MTU发现。通过检查客户所发送的SYN报文段中的DF位(不分段)，可以判断客户是否支持这个选项。在我们的例子中，共有679个客户(占12.6%)支持路径MTU发现。

客户初始序列号

有大量的客户(超过10%)使用0作为初始序列号，用0作为初始序列号明显违反了TCP规范。这些客户的TCP／IP实现中对所有的主动连接都使用0作为初始序列号，在跟踪中我们发现，同一个客户在几秒钟内在不同端口发出的多个连接请求均使用0作为初始序列号。图14-19 列出一个这样的客户。

14.7 客户端的SYN重传

伯克利派生系统是在初始SYN发出6秒后重传SYN(如果需要)，如果在24秒内仍收不到响应，就再重传(卷2第664页)。因为在24小时的跟踪中我们记录下了所有的SYN报文(包括那些没有被网络和Tcpdump丢弃的)，所以我们能从中看出客户重传SYN有多频繁和每一次重传之间的时间。

在这24小时的跟踪中共有160 948个SYN到达(见14.3节)，其中17 680个(占11%)是重复的(真正的重传数量要小一些，因为如果指定IP地址和端口号的连续两个SYN报文之间的时间非常长，那么第二个SYN就不是重传，而是后来发起的另一条连接。我们没有试图去减掉这部分重传，因为它只占11%中的一小部分)。

SYN只重传一次(最通常的情况)，重传时间典型值是在发出初始SYN以后3、4或5秒。如果要重传多次，许多客户使用BSD的算法：第一次重传是在6秒以后，接着的下一次是24秒后。我们用{6, 24}来表示这种序列。其他观察到的序列是：

- {3, 6, 12, 14}；
- {5, 10, 20, 40, 60, 60}；
- {4, 4, 4, 4}(违反了RFC 1122中指数增长的要求)；

- {0.7, 1.3}(20跳以外的主机过分频繁的重传；实际上，在这个主机上有20个连接重传SYN，所有的重传间隔都小于500 ms！)；
- {3, 6.5, 13, 26, 3, 6.5, 13, 26, 3, 6.5, 13, 26}(这个主机每4次重传后重新按指数退避方法重传)；
- {2.75, 5.5, 11, 22, 44}；
- {21, 17, 106}；
- {5, 0.1, 0.2, 0.4, 0.8, 1.4, 3.2, 6.4}(第一次超时后太主动地重传)；
- {0.4, 0.9, 2, 4}(另一个19跳以外的主机过分频繁的重传)；
- {3, 18, 168, 120, 120, 240}。

就像我们所看到的，上面有些奇怪的序列。有些SYN被重传很多次，可能是因为发送它的客户有路由问题：它能发送数据到服务器，但收不到服务器的任何响应。同样，也有可能是前一个连接请求的新的实例(卷2第765~766页描述了BSD服务器是如何处理这种情况的：当新的SYN的序列号比处在TIME_WAIT状态的连接的最后一个SYN的序列号还大时，服务器将接受这个新的连接请求)，但是这个时间(例如，明显的是3秒或6秒的倍数)又让人看起来不太像。

14.8 域名

在24小时期间共有5386个不同IP地址的客户连接到Web服务器。因为Tcpdump(带-w标志)只记录带IP地址的分组首部，因此我们必须再来找相应的域名。

我们第一轮用DNS查找名字，试图把这些IP地址映射到它们的域名，只找到了4052个(占75%)。然后我们在DNS上运行了一天，查找剩下的1334个IP地址，又找到了62个域名。这意味着有23.6%的客户的IP地址到域名的逆映射不正确(卷1的14.5节讨论了这些指针查询)。虽然这些客户中的大部分都是通过拨号上网，而且大部分时间是离线的，但他们也应该有他们的名字服务器来提供名字服务，而且名字服务器应是任何时候都接入Internet的。

在DNS查找名字失败后，我们马上对剩下的1272个客户运行Ping程序，验证这些没有地址-名字映射的客户是不是会临时不可达。结果是Ping测试成功了520台主机(占41%)。

分析这些没有映射到一个域名的IP地址的顶级域名的分布，发现它们来自57个不同的顶级域名。其中50个是除美国以外其他国家的两个字母的域名，这也说明用"世界范围内(world wide)"这个词来形容Web是恰当的。

14.9 超时的持续探测

Net / 3从没有放弃过发送持续探测(persist probe)。那就是，当Net / 3收到对等端发送的宽度为0的窗口通告后，它不管是否曾经收到过对方的任何报文，都不断地发送持续探测。当对等端完全消失时(例如，在SLIP或PPP连接时挂断电话)，这样做就会产生问题。回忆一下卷2第723页提到的，当客户端消失时，有些中间路由器会发送一个主机不可达错误的ICMP报文，一旦连接建立，TCP将忽略这些错误。

如果连接没有被丢弃，TCP会每60秒往已经消失了的主机发送一个持续探测报文(浪费Internet资源)，同时每一条连接还继续占用主机上的内存和TCP访问控制块。

图14-17列出的4.4BSD-Lite2中的代码修补了这个问题，用它来替代卷2第662页的代码。

tcp_timer.c

```
case TCPT_PERSIST:
    tcpstat.tcps_persisttimeo++;
    /*
     * Hack: if the peer is dead/unreachable, we do not
     * time out if the window is closed.  After a full
     * backoff, drop the connection if the idle time
     * (no responses to probes) reaches the maximum
     * backoff that we would use if retransmitting.
     */
    if (tp->t_rxtshift == TCP_MAXRXTSHIFT &&
        (tp->t_idle >= tcp_maxpersistidle ||
         tp->t_idle >= TCP_REXMTVAL(tp) * tcp_totbackoff)) {
            tcpstat.tcps_persistdrop++;
            tp = tcp_drop(tp, ETIMEDOUT);
            break;
    }
    tcp_setpersist(tp);
    tp->t_force = 1;
    (void) tcp_output(tp);
    tp->t_force = 0;
    break;
```

tcp_timer.c

图14-17 正确处理持续超时的代码

图中的if语句是新代码。变量tcp_maxpersistidle是一个新定义的变量，它的初值是TCPTV_KEEP_IDLE(14 400个500 ms的时钟滴答(clock tick)，或2小时)。变量tcp_totbackoff也是一个新变量，它的值是511，是tcp_backoff数组(卷2第669页)中所有元素之和。最后，tcps_persistdrop是tcpstat结构(卷2第638页)中的一个新的计数器，它统计被丢弃的连接。

TCP_MAXRXTSHIFT指定了TCP在等待ACK时的最大重传次数，它的值是12。如果在2小时或对等端的当前RTO的511倍(取两个中较小的)内没有收到对方任何报文，在12次重传后将丢弃连接。例如，RTO是2.5秒(5个时钟滴答，一个合理的值)，在22分钟(即2640个时钟滴答)后，OR测试条件中的后一个将引起丢弃连接，因为2640大于2555(即5×511)。

代码中的"Hack"注释不是必需的。RFC 1122中规定：即使提供的窗口宽度为0，但只要接收TCP继续给探测报文发送响应，TCP就必须无限期地保持一个连接在打开状态。如果长时间内探测没有响应，最好还是丢弃连接。

在系统中加入的代码可以看出这种情况的发生有多频繁。图14-18给出了为期5天的这个新计数器的值。这个系统平均每天丢弃90个连接，每小时约4个。

让我们详细看一下其中一条连接。图14-19给出了Tcpdump分组跟踪的详细情况。

第1~3行中除了初始序列号错误(0)、MSS值有些奇怪以外，是比较常见的TCP三次握手过程。在第4行，客户发送了一个182字节的请求报文。第5行中服务器对请求进行了响应，在响应报文中包含了应答数据的前512字节，第6行是包含后512字节数据的应答。

在第7行客户发送了一个FIN，第8行中服务器对FIN进行了响应：ACK，紧接着在第9行服务器发送了1024字节的应答。客户在第10行确认了服务器的前512字节的应答，并重传它的FIN。第11行、第12行是服务器的后1024字节的应答。第13~15行中延续了这种情况。

注意，当服务器发送数据时，客户在第7、10、13和16行通告了窗口的减小，直到第17行

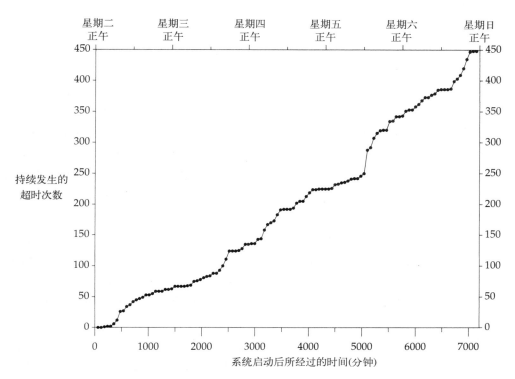

图14-18 持续探测超时后丢弃连接的数量

```
 1    0.0                         client.1464 > serv.80: S 0:0(0) win 4096 <mss 1396>
 2    0.001212   (0.0012)         serv.80 > client.1464: S 323930113:323930113(0)
                                                         ack 1 win 4096 <mss 512>
 3    0.364841   (0.3636)         client.1464 > serv.80: P ack 1 win 4096
 4    0.481275   (0.1164)         client.1464 > serv.80: P 1:183(182) ack 1 win 4096
 5    0.546304   (0.0650)         serv.80 > client.1464: . 1:513(512) ack 183 win 4096
 6    0.546761   (0.0005)         serv.80 > client.1464: P 513:1025(512) ack 183 win 4096
 7    1.393139   (0.8464)         client.1464 > serv.80: FP 183:183(0) ack 513 win 3584
 8    1.394103   (0.0010)         serv.80 > client.1464: . 1025:1537(512) ack 184 win 4096
 9    1.394587   (0.0005)         serv.80 > client.1464: . 1537:2049(512) ack 184 win 4096
10    1.582501   (0.1879)         client.1464 > serv.80: FP 183:183(0) ack 1025 win 3072
11    1.583139   (0.0006)         serv.80 > client.1464: . 2049:2561(512) ack 184 win 4096
12    1.583608   (0.0005)         serv.80 > client.1464: . 2561:3073(512) ack 184 win 4096
13    2.851548   (1.2679)         client.1464 > serv.80: P ack 2049 win 2048
14    2.852214   (0.0007)         serv.80 > client.1464: . 3073:3585(512) ack 184 win 4096
15    2.852672   (0.0005)         serv.80 > client.1464: . 3585:4097(512) ack 184 win 4096
16    3.812675   (0.9600)         client.1464 > serv.80: P ack 3073 win 1024
17    5.257997   (1.4453)         client.1464 > serv.80: P ack 4097 win 0
18   10.024936   (4.7669)         serv.80 > client.1464: . 4097:4098(1) ack 184 win 4096
19   16.035379   (6.0104)         serv.80 > client.1464: . 4097:4098(1) ack 184 win 4096
20   28.055130  (12.0198)         serv.80 > client.1464: . 4097:4098(1) ack 184 win 4096
21   52.086026  (24.0309)         serv.80 > client.1464: . 4097:4098(1) ack 184 win 4096
22  100.135380  (48.0494)         serv.80 > client.1464: . 4097:4098(1) ack 184 win 4096
23  160.195529  (60.0601)         serv.80 > client.1464: . 4097:4098(1) ack 184 win 4096
24  220.255059  (60.0595)         serv.80 > client.1464: . 4097:4098(1) ack 184 win 4096
```

图14-19 Tcpdump对持续超时的跟踪

```
                   持续探测连续进行
140  7187.603975  (60.0501)  serv.80 > client.1464:  .  4097:4098(1) ack 184 win 4096
141  7247.643905  (60.0399)  serv.80 > client.1464: R  4098:4098(0) ack 184 win 4096
```

图14-19　（续）

窗口变为0。到17行为止，客户已接收了从服务器发来的4096字节的数据，4096字节的接收缓存已满了，所以客户通告窗口为0。客户端应用程序没有从接收缓存区中读任何数据。

第18行中服务器发出了它的第一个持续探测报文，它是收到客户窗口为0的通告约5秒钟后发出的。持续探测报文的间隔时间按照卷2图25-14的典型情况进行。在第17行和18行之间的时间内，客户离开了Internet。在接下来的2小时内，服务器共发送了124个持续探测报文，最后服务器丢弃了连接，并在第141行发送了一个RST报文(RST是由tcp_drop调用发送的，见卷2第713页)。

为什么这个例子中服务器发送持续探测报文时间长达2小时，为什么没有按我们在本节前面讨论过的4.4BSD-Lite2源代码中的OR测试的后半个条件来执行？我们所监视的系统使用的是BSD／OS V2.0，其中持续超时测试代码只测试t_idle是否大于或等于tcp_maxpersistidle。OR条件测试的后半部分是在4.4BSD-Lite2中加入的新代码。在上面的例子中，我们也可以看出加入这段代码的原因：当通信的另一端显然已离开了Internet时，就不再需要进行2小时的持续探测了。

我们在上面提到系统平均每天有90个这种持续超时的连接，这就意味着如果系统内核不终止这些连接，4天以后系统中将有360个这样的“保留”连接，这将引起每秒发送6个无用的TCP报文。另外，因为HTTP服务器还将试图给这些客户发送数据，所以还会产生一些mbuf在连接发送等待队列中等待发送。[Mogul 1995a]中提到：“当客户过早地终止TCP连接时，会引发服务器程序中隐藏的故障，从而真正地影响性能”。

图14-19的第7行中，服务器收到客户发来的一个FIN。这使服务器把连接置为CLOSE_WAIT状态。但在跟踪过程中，有时服务器调用close调用，而转至LAST_ACK状态，我们并不能从Tcpdump的输出中区别出来。的确，绝大多数这种连接均在LAST_ACK状态持续发送探测报文。

在1995年早期，最初开始对插口阻塞在LAST_ACK状态的问题进行讨论时，有人建议设置SO_KEEPALIVE选项来检测客户退出的时间，然后终止连接(卷1的第23章讨论了这个选项是怎么工作的，卷2的25.6节提供了使用它的细节)。不幸的是，这样做还是解决不了问题。注意卷2第663页，KEEPALIVE选项在FIN_WAIT_1、FIN_WAIT_2、CLOSING和LAST_ACK状态并不终止连接。据报道，有些厂商对此做了改变。

14.10　T/TCP路由表大小的模拟

实现T/TCP的主机为每一个与它通信的主机保留一条路由表的表项(第6章)。如今的大部分主机维护的路由表只有一条缺省路由和少数显式指定的路由，所以实现T/TCP可能要建立一个比通常使用的路由表大得多的路由表。我们将使用HTTP服务器发出的数据来模拟T/TCP的路由表，看它的空间大小是怎么变化的。

我们只进行简单的模拟。我们通过对这个主机进行24小时的分组跟踪来建立一个路由表，其中包含每一个与HTTP服务器通信的主机(共有5386个不同的IP地址)的路由。路由表保留的每一条路由信息都设有最后一次更新后的失效时间。我们把失效时间分别设为30分钟、60分钟和2小时来进行仿真。每10分钟扫描一次路由表，把所有超过失效时间的路由信息删除(模仿6.10节中的in_rtqtimo的动作)，用一个计数器来记录表中剩下的条目。这些计数器都列在图14-20中。

在卷2的习题18.2中我们注意到，每一条Net／3的路由表表项要占用152字节。在T/TCP中，这个数字变成了168字节，增加的16字节是rt_metrics结构，用作TAO缓存，不过在BSD的内存分配策略中，实际分配的是256字节。如果取最大的失效时间：2小时，路由表的表项数将达到1000个，即需要256 000字节。将失效时间减半，可以使内存的占用量减小一半。

当有5386个不同的IP地址访问这个服务器时，如果失效时间设为30分钟，路由表最大可到约300条表项。这样的空间对路由表而言并不是很不切实际的。

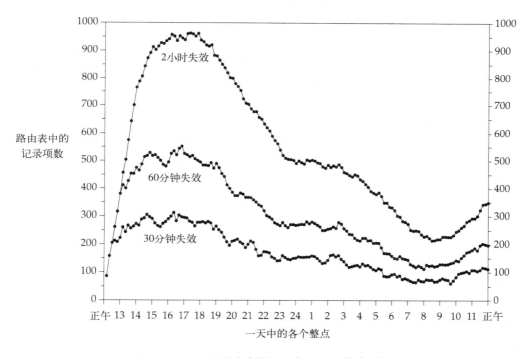

图14-20　T/TCP路由表模拟：每次不同的表项数

路由表的重用

图14-20告诉我们当使用不同的失效时间时路由表会变得多大。但是另一个我们关心的问题是：路由表中保留的这些路由信息中有多少被重用。没有必要保留那些很少用第二次的路由信息。

为了考察这一点，我们检查从24小时跟踪中得来的686 755个分组，并从中找寻在客户发出最后一个分组至少10分钟以后发出的SYN。图14-21给出了主机数与静默时间(分钟)的相对关系图。例如，在5386个不同的客户所在的主机中，有683台主机在10分钟或超过10分钟的静默时间后发送了另一个SYN。在11分钟或超过11分钟的静默时间后发送了另一个SYN的主机减少至669台，静默时间超过120分钟发送了另一个SYN的主机为367台。

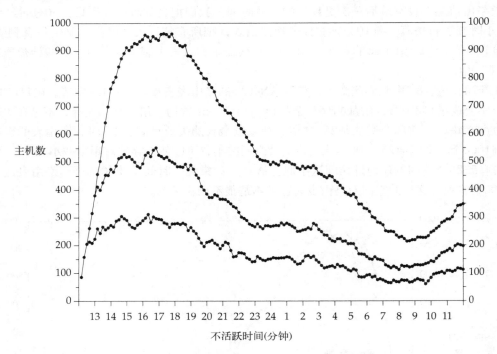

图14-21 在一段时间的静默后发送一个SYN的主机数

如果我们留意一下静默一段时间后又重现的主机，它们的IP地址所对应的主机名都是一些wwwproxy1、webgate1、proxy、gateway和类似于这样的名字，也就是说，多数是一些组织的代理服务器。

14.11 mbuf的交互

在用Tcpdump对HTTP数据交换进行监视时，我们发现了一个有趣的现象。尽管MSS的值大于208(通常都是这样)，可是当应用程序写数据的字节数在101~208之间时，4.4BSD系统还是把它分成了两个mbuf(一个用来存放前100字节，另一个存放剩余的1~108字节)，这样成了两个TCP报文段。这个反常现象的原因是：sosend函数(卷2第399页和第400页)。因为TCP不是一个原子协议，所以每填充一个mbuf，协议的输出函数就被调用一次。

使事情变得更糟的是：因为现在客户的请求被分成多个报文，慢启动现象就产生了。客户只有在收到服务器对第一个报文的确认后才发送第二个报文，这样就增加了一个RTT时延。

大量的HTTP请求的长度在101~208字节间。的确，在13.4节中我们讨论的17个请求的长度均在152~197字节间。这是因为客户的请求基本上都是一个固定的格式，从一个请求转换到另一个请求只是改变URL。

要修补这个问题很简单(如果你有系统内核的源代码)。常量MINCLSIZE的值应从208改为101。这就使得要写101~208字节时，不再使用两个mbuf，而是把超过100字节的数据放入一个或多个mbuf串中。做了这个改变后，还可以摆脱在图A-6和A-7中200字节数据附近的尖峰现象。

图14-22(后面给出)中Tcpdump跟踪的客户就已经做了这个修补。如果没有进行这个修补，客户的第一个报文将只含有100字节，客户将为了等待这个报文的确认而花去一个RTT(慢起动)，然后客户才发送剩余的52字节。只有在收到剩余的字节后，服务器才会发出第一个应答报文。

这里有一些其他的修补方法。第一种方法是：一个mbuf的大小可以由128字节增加至256字节，有些基于伯克利源码的系统已经做了这种修改(例如，AIX)。第二种：对sosend做修改，当使用多个mbuf时，避免多次调用TCP输出。

14.12 TCP的PCB高速缓存和首部预测

当Net/3收到一个报文时，它把指针保存在相应的Internet PCB(指向inpcb结构的tcp_last_inpcb指针，见卷2图28-5)中，并希望下个到达的报文还是属于同一条连接。这样做避免了查找TCP的PCB链表，而这样的查找的代价是昂贵的。每一次缓存比较失败，计数器tcps_pcbcachemiss就增加。在卷2图24-5的抽样统计中缓存的命中率接近80%，但被统计的系统不是一个HTTP服务器而是一个普通的分时系统。

当给定连接所接收的下一个报文不是下一个希望的ACK(在数据发送方)，就是下一个希望的数据报文(在数据接收方)时，TCP的输入也执行一些首部预测(卷2 28.4节)。

在本章讨论的HTTP服务器上，我们观察到了下面的一些百分数：

- 20%的PCB缓存命中率(18%~20%)；
- 对下一个ACK报文的15%的首部预测率(14%~15%)；
- 对下一个数据报文的30%的首部预测率(20%~35%)。

所有这些比率都是比较低的。两天中每个小时对这些百分数进行测量，发现它们的变化都很小：上面括号中列出了高低值的范围。

作为一个在同一时刻有大量不同客户使用TCP的HTTP服务器，PCB缓存命中率比较低并不让人感到奇怪。这种低的比率与HTTP是一个传输协议相适应，[McKenney and Dove 1992]中表明了Net／3的PCB缓存机制对事务协议不太有效。

通常一个HTTP服务器发送的数据报文比它接收的要多。图14-22是图13-5中客户的第一个HTTP请求的时间线(客户端口号为1114)。客户的请求是第4段报文，服务器的应答是第5、6、8、9、11、13和14段报文。这里，服务器只有一个可能的数据报文预测，那就是第4段报文。服务器的下一个可能的ACK报文预测是第7、10、12、15和16段报文(当第3段报文到达时，连接还没有完全建立好，第17段报文中FIN标志使程序不再对首部进行预测)。这些ACK报文究竟会不会限制依赖于窗口通告的首部预测，取决于客户端发送ACK时它读取了多少服务器返回的数据。例如在第7段报文，TCP确认了收到1024字节数据，但是HTTP客户应用程序只从插口缓存中读取了260字节数据(1024−8192+7428)。

当TCP的200 ms定时器超时时，会发送一个延迟的ACK，它带有一个可笑的窗口通告。同样都是延迟的ACK，第7段与第12段报文时间上的差距是799 ms：4个TCP 的200 ms时钟中断。这就暗示它们都是延迟的ACK，发送它们是因为时钟中断，而不是因为进程执行了新的、从插口缓存读数据的调用。第10段报文看上去好像也是延迟的ACK，因为它与第7段报文之间的时间为603 ms。

带有小的窗口通告的ACK报文的发送也会使首部预测失效，因为只有当窗口通告的值等于当前发送窗口的值时，才会执行首部预测。

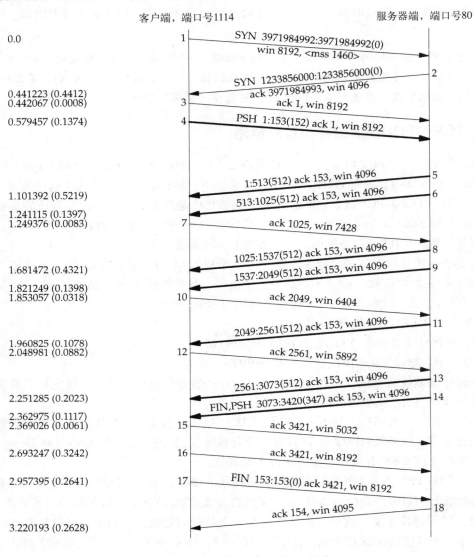

图14-22 HTTP客户−服务器事务

总的来说，我们对HTTP服务器上首部预测成功率低并不感到惊讶。在TCP连接上交换大量的数据时首部预测工作得最好。因为系统内核首部预测的统计是计算所有的TCP连接，我们只能猜测这台主机上对下一个数据报文的首部预测的高百分比(与对下一个ACK的预测相比)是来自非常长时间的NNTP连接(图15-3)，这种NNTP连接平均每条TCP连接接收约1300万字节。

慢启动错误

注意到图14-22中当服务器发送它的应答时没有像预期的那样发生慢启动。我们预期的是服务器先发送512字节的报文，等待客户的ACK，然后发送下一个512字节的报文。而服务器不是这样做的，它没有等待客户的ACK而是立即发送了两个512字节的报文(第5段和第6段报文)。事实上这种现象在绝大多数伯克利的派生系统是很少见和异常的，因为许多应用程序都是由客户发送大多数数据给服务器。甚至对于FTP也是这样，例如，从一个FTP服务器上获取一个文件时，FTP服务器打开一个数据传输连接，实际上成了数据传输的客户端(卷1图27-7给出了一个这样的例子)。

这个错误出在tcp_input函数上。新的连接启动时拥塞窗口为一个报文。当客户完成连接建立后(卷2图28-21)，代码执行转移到step6，跳过了ACK的处理。当客户发送第一个数据段时，它的拥塞窗口是一个报文，这是不正确的。但是，当服务器完成连接建立后(卷2图29-2)，紧接着执行处理ACK的代码，收到ACK后拥塞窗口增加1个报文(卷2图29-7)。这就是为什么服务器一开始就连续发送两个报文。解决这个问题的办法是把图11-16中的代码加进去，不管这样是不是支持T/TCP。

当服务器在第7段报文中收到ACK时，它的拥塞窗口增加至3个报文段，但接着服务器却只发送2个报文段(第8和第9段报文)。我们不能从图14-22中找出原因来，因为我们只在连接的一端记录报文(在客户端运行Tcpdump)，第10段和第11段报文可能在网络中客户端与服务器端中间的什么地方。如果真是这样，那么服务器就的确像我们所预期的那样：拥塞窗口的宽度为3个报文段。

这些报文交互的线索是从对分组跟踪得来的RTT值。在客户端测量出来的第1段与第2段报文之间的RTT是441 ms，第4段与第5段之间是521 ms，第7段与第8段之间是432 ms。这些都是可能的值，在客户端使用Ping程序(指定分组长度为300字节)也表明到这个服务器之间的RTT大约是461 ms。但第10段与第11段报文之间的RTT非常小，只有107 ms。

14.13 小结

通过运行一个繁忙的Web服务器来重点考察TCP / IP的实现。我们可以看到，服务器会收到Internet上各种各样的客户发来的一些奇怪的分组。

在本章中，我们对一个繁忙的Web服务器的分组进行跟踪，并对跟踪结果进行分析，着眼于各种实现中的特性。我们得到了如下结论：

- 客户端SYN的峰值到达速率约为平均到达速率的8倍(忽略不正常的客户)。
- 客户到服务器之间的RTT平均值是445 ms，中间值是187 ms。
- 采用典型的backlog极限值5或10时，未完成连接队列很容易溢出。这个问题不是因为服务器进程太忙，而是因为客户的SYN至少要在队列中停留一个RTT时间。一个繁忙的Web服务器的这个队列需要比这大得多的容量。同时内核也提供一个计数器对这个队列的溢出次数进行统计，这样系统管理员就可以知道这种溢出发生的频度。
- 对阻塞在LAST_ACK状态的连接不断进行持续探测，因为这种情况经常出现，所以系统必须提供一种办法能让这种连接超时。
- 许多伯克利派生系统在客户请求报文的长度为101~208字节时(通常许多客户均为这样)使用mubf的效率比较低。
- 许多伯克利派生系统的实现提供TCP PCB高速缓存，同时绝大多数的系统也提供首部预测，但是它们对一个繁忙的Web服务器的帮助却很小。

[Mogul 1995d]中提供了对另一个繁忙的Web服务器进行了相似的分析。

第15章　NNTP：网络新闻传输协议

15.1　概述

NNTP，即网络新闻传输协议，在协作的主机之间发布新闻文章。NNTP是一个使用TCP的应用协议，RFC 977[Kantor and Lapsley 1986]对它进行了详细描述。[Barber 1995]对它的一般实现进行了扩展。RFC 1036 [Horton and Adams 1987]对新闻文章中的各种首部字段进行了说明。

网络新闻起源于ARPANET上的邮件列表，随后发展成为Usenet新闻系统。邮件列表今天还很流行，但如果纯粹从容量来看，网络新闻在过去的十年有很大的增长。从图13-1中可以看出，NNTP有跟电子邮件一样多的分组数。[Paxson 1994a]中提到，从1984年以来网络新闻的流量保持了每年约75%的增长。

Usenet不是一个物理的网络，而是建立在多个不同类型物理网络上的一个逻辑网。多年以前，在Usenet上流行的交换网络新闻的手段是通过电话线拨号(为了省钱通常在几个小时以后)，而在今天，Internet是绝大多数新闻发布的主要渠道。[Salus 1995]中的第15章详细讲述了Usenet的历史。

图15-1是一个典型的新闻系统的概况。一台作为组织的新闻服务器的主机在磁盘上保留

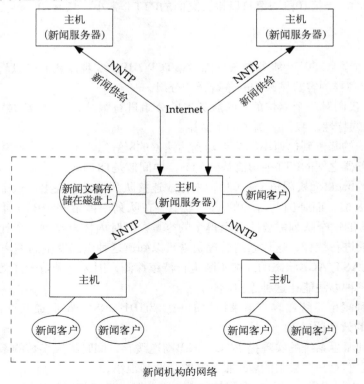

图15-1　典型的新闻系统

了所有新闻文章。这个新闻服务器通过Internet与其他的新闻服务器通信，互相供给新闻。新闻服务器之间的通信使用NNTP协议。新闻服务器有各种不同的实现，INN(InterNetNews)正成为Unix平台上最流行的新闻服务器程序。

组织中的其他主机通过访问新闻服务器来阅读新闻文章和选择新闻组粘贴新闻。我们把这些客户程序称为"新闻客户"。这些客户程序与新闻服务器之间的通信也采用NNTP协议。另外，如果新闻客户与新闻服务器在同一主机上，客户也用NNTP阅读和粘贴新闻。

不同的客户操作系统平台上有十几种新闻阅读器(客户程序)。最原始的Unix新闻客户程序是Readnews，接着是Rn和它的变种：Rrn是一个支持远程操作(remote)的版本，它允许客户和服务器在不同的主机上；Trn的意思是"线索(threaded)Rn"，它可以使用多条线索在一个新闻组中讨论；Xrn是Rn的X11窗口系统的版本。GNUS是一个内含Emacs编辑器的流行的新闻阅读器。也有一些通用的Web浏览器，例如Netscape，在浏览器中内置访问新闻服务器的接口，这样就不需要单独的新闻客户程序。就像不同的电子邮件程序提供许多不同的用户接口一样，每一种不同的新闻客户程序也提供不同的用户接口。

不管使用哪种客户程序，对新闻服务器来说，这些不同的新闻客户程序的相同点是：都使用NNTP协议，这正是我们在本章要讨论的。

15.2 NNTP

NNTP使用TCP协议，知名的NNTP服务的端口号是119。NNTP也像其他的Internet应用(HTTP，FTP，SMTP，等等)一样，客户发送ASCII命令给服务器，服务器返回数值的响应码，后面跟着可选的ASCII数据(取决于客户的命令)。命令和响应都以回车加换行结束。

考察这种协议最简单的办法就是用Telnet程序来连接一台主机上的NNTP端口，当然，这台主机运行了NNTP服务器程序。但是，通常我们必须从一台能被服务器主机识别的主机上运行客户程序，典型的情况就是从同一组织网络中的一台主机。例如，我们通过Internet从其他网络的主机上来登录本地的新闻服务器，会收到如下的错误信息：

```
vangogh.cs.berkley.edu % telnet noao.edu nntp
Trying 140.252.1.54...                              由Telnet客户程序输出
Connected to noao.edu.                              由Telnet客户程序输出
Escape character is '^]'.                            由Telnet客户程序输出
502 You have no permission to talk.  Goodbye.
Connection closed by foreign host.                  由Telnet客户程序输出
```

输出的第4行是由NNTP服务器输出的，响应码是502。当TCP连接被建立后，NNTP服务器收到客户的IP地址，将它与配置中允许的IP地址进行比较。

在下面的例子中，我们从一台"本地"主机连接到新闻服务器。

```
sun.tuc.noao.edu % telnet noao.edu nntp
Trying 140.252.1.54...
Connected to noao.edu.
Escape character is '^]'.
200 noao InterNetNews NNRP server INN 1.4 22-Dec-93 ready (posting ok).
```

这次从服务器来的响应码为200(命令OK)，响应行中余下的是服务器的有关信息。返回信息的最后是"posting ok"或"no posting"，这取决于是否允许客户粘贴新闻(这个由系统管理员根据客户的IP地址来控制)。

我们注意到服务器的响应信息中提到，这个服务器是NNRP(Network News Reading Protocol)服务器，而不是INND(InterNetNews daemon)服务器。先是INND服务器接收客户的请求，查找客户的IP地址。如果客户的IP地址是被允许的，并且客户不是一个已知的、提供新闻的主机，那么NNRP服务器被激活，替代INND服务器，假定客户是想要读新闻而不是想要给服务器提供新闻。这就可以将新闻供给服务器(约10 000行C代码)与新闻阅读服务器(约5000行C代码)分别来实现。

图15-2列出了数字响应码中第1位和第2位的含义。这与FTP中的用法也很相似(卷1的319页)。

应　答	说　明
1yz	报告情况的消息
2yz	命令执行成功
3yz	迄今为止命令执行成功；发送余下的命令
4yz	命令正确，但因为某些原因不能执行
5yz	命令未实现，或命令不正确，或遇到了严重的程序差错
x0z	连接、设置和杂项消息
x1z	新闻组选择
x2z	文章选择
x3z	分发功能
x4z	发送
x8z	非标准扩展
x9z	调试用输出

图15-2　三位响应码中第1位和第2位的含义

我们发给新闻服务器的第一个命令是help，help命令会将这个新闻服务器支持的所有命令列出来。

```
help
100 Legal commands                          100是响应码
   authinfo user Name|pass Password
   article [MessageID|Number]
   body [MessageID|Number]
   date
   group newsgroup
   head [MessageID|Number]
   help
   ihave
   last
   list [active|newsgroups|distributions|schema]
   listgroup newsgroup
   mode reader
   newgroups yymmdd hhmmss ["GMT"] [<distributions>]
   newnews newsgroups yymmdd hhmmss ["GMT"] [<distributions>]
   next
   post
   slave
   stat [MessageID|Number]
   xgtitle [group_pattern]
   xhdr header [range|MessageID]
   xover [range]
   xpat header range|MessageID pat [morepat...]
   xpath xpath MessageID
Report problems to <usenet@noao.edu>
.                               这一行只有一个句点，表示服务器响应的结束
```

　　因为客户无法确认服务器返回的信息到底有多少行，所以协议要求服务器以一个只包含句号的行来结束返回。如果某一行恰好就是要以句号开头，那么服务器会在前面再加上一个句号再发送，客户收到这行后先去掉这个句号。

　　下面我们来看一下list命令。如果不带任何参数执行list命令，它列出所有本服务器上每一个新闻组的名字，后面跟着这个组中最后一篇新闻和组中第一篇新闻的编号，最后是"y"或"m"，表示是否允许这个组粘贴新闻或只是一个普通的组。

```
list
215 Newsgroups in form "group high low flags".          215是响应码
alt.activism 0000113976 13444 y
alt.aquaria 0000050114 44782 y

                                                    还有许多行没有显示出来

comp.protocols.tcp-ip 0000043831 41289 y
comp.security.announce 0000000141 00117 m

                                                    还有许多行没有显示出来

rec.skiing.alpine 0000025451 03612 y
rec.skiing.nordic 0000007641 01507 y
.                                       这一行只有一个句点，表示服务器响应的结束
```

　　当然，215是响应码，而不是新闻组的编号。这个例子中的服务器向客户返回了4238个新闻组的情况，共175 833字节的TCP数据。返回的新闻组信息没有按字母排序。

　　在新闻客户上通过较慢的拨号线从一个新闻服务器获取这样一个列表，通常会感到很慢。例如，如果数据传输速率是28 800 b/s，那么这个过程将花费约1分钟(实际测量时，使用这样一个调制解调器，并在数据发送时进行压缩，大约需50秒)。在以太网上，这个过程所需时间不到1秒。

　　group命令用来指定某一新闻组作为客户的"当前"新闻组。下面的命令就是把comp.protocols.tcp-ip设为当前新闻组。

```
group comp.protocols.tcp-ip
211 181 41 289 43 831  comp.protocols.tcp-ip
```

　　服务器以响应码211(命令执行成功)开头，后面跟着这个组中新闻总数的估计值(181)，然后是本组中第一篇新闻文章的编号(41289)、最后一篇新闻文章的编号(43831)和新闻组的名字。在新闻文章的起始和结束编号之间的差值(43831−41289=2542)通常大于新闻文章数(181)。一方面是因为有些文章是典型的FAQ(Frequently Asked Questions)，它们的失效时间(通常为1个月)比起其他大多数新闻(很少的几天，取决于服务器硬盘的容量)要长得多。另一个原因是这些文章能被显式地删除。

　　下面我们用head命令来看一篇特殊文章(编号为43814)的首部内容。

```
head 43814
221 43814 <3vtrje$ote@noao.edu> head
Path: noao!rstevens
From. rstevens@noao.edu (W. Richard Stevens)
Newsgroups: comp.protocols.tcp-ip
Subject: Re: IP Mapper:  Using RAW sockets?
Date: 4 Aug 1995 19:14:54 GMT
Organization: National Optical Astronomy Observatories, Tucson, AZ, USA
Lines: 29
Message-ID: <3vtrje$ote@noao.edu>
```

```
References: <3vtdhb$jnf@oclc.org>
NNTP-Posting-Host: gemini.tuc.noao.edu
```

应答的第一行带有响应码221(命令执行成功)，后面是10行的首部，最后是只含有句号的一行。

　　大多数首部字段无须解释，但消息的ID看上去有些让人迷惑。INN试图按下面的格式生成唯一的消息ID格式：当前时间，一个$符号，进程ID，一个@符号，本地主机的完整域名。时间和进程号的数值都以32进制的数字串输出：数字由每5位二进制数为一组，每一组用字母：0...9a...v来表示。

接着我们用body命令返回同一篇文章的主体。

```
body 43814
222 43814 <3vtrje$ote@noao.edu> body
> My group is looking at implementing an IP address mapper on a UNIX
```
文章中还有28行没有列出来

新闻的首部和主体可以用一个命令(article)获取，但绝大多数新闻客户是先取得文章的首部，允许客户根据新闻的主题进行选择，然后只取回用户所选取的文章的主体。

我们用quit命令来终止到服务器的连接。

```
quit
205
Connection closed by foreign host.
```

服务器的响应是数字代码：201。我们的客户程序Telnet显示服务器关闭了连接。

　　整个客户与服务器的交互过程只使用单个的、由客户发起的TCP连接。但是连接上大部分数据都是由服务器发向客户的。连接的持续时间以及数据的交换量均取决于用户阅读新闻时间的长短。

15.3 一个简单的新闻客户

　　下面我们通过使用一个简单的新闻客户程序，进行简要的新闻会话来看一下NNTP命令与响应之间的交互。我们使用最老的新闻阅读器Rn，它简单而且容易使用，同时选用它还因为它带有调试选项(-D16命令行选项，假定客户程序编译时打开了调试选项)。这让我们可以看到客户发出的NNTP命令以及相应的服务器的响应。我们用黑体字来表示客户端的命令。

1) 第一个命令是list，在上一节中我们看到从服务器返回了约175 000字节，每行表示一个新闻组。同时Rn也把用户想要阅读的新闻组以及在这组中最后读过的新闻的编号的列表保存在文件.newsrc(在用户的主目录中)中。例如，某一行：

```
comp.protocols.tcp-ip: 1-43815
```

通过把文件中保存的、最后读过的新闻的编号与现有最新的新闻的编号进行比较，客户就知道本组中是否还有没读过的新闻。

2) 然后客户检查是否有新的新闻组建立。

```
NEWGROUPS 950803 192708 GMT
231 New newsgroups follow.          231是响应码
       .
```

Rn在用户的主目录的文件.rnlast中保存了最近一次通报新的新闻组的时间。这个时间成为newsgroups命令的参数(NNTP命令和命令的参数都与大小写无关)。在这个例子中保存的时间是：格林尼治时间1995年8月3日，19：27：08。服务器返回为空(在返回码231与只包含句点的行中没有其他的内容)，指示没有新的新闻组建立。如果有新的新闻组建立，客户程序会询问用户是否要加入这个组。

3) 接着Rn将显示前5个新闻组中未读新闻的编号，并询问是否要阅读第一个新闻组：comp.protocols.tcp-ip。我们以一个等于号响应，让Rn返回一个对该组所有文章的一行摘要，然后我们可以选择想要阅读的文章(可以用.rninit文件对Rn进行配置，让Rn按照我们期望的方式给出每一篇新闻文章的摘要。书的作者配置的摘要包括文章编号、主题、文章的行数和文章的作者)。group命令是由Rn发出的，设置当前的新闻组。

```
GROUP comp.protocols.tcp-ip
211 182 41289 43832 comp.protocols.tcp-ip
```

第一篇未读文章的首部和主体可以用以下命令获得：

```
ARTICLE 43815
220 43815 <3vtq8o$5p1@newsflash.concordia.ca> article
             文章未列出
```

第一篇未读文章的一行摘要显示在终端上。

4) 对本组中剩下的17个未读的新闻执行xhrd命令，然后再用head命令。如下面的例子：

```
XHDR subject 43816
221 subject fields follow
43816 Re: RIP-2 and messy sub-nets

HEAD 43816
221 43816 <3vtqe3$cgb@xap.xyplex.com> head
                首部的14行未列出
```

xhdr命令能接受的参数不但可以是单个文章编号，还可以是号码范围，这就是为什么服务器返回了许多行，然后以只含有句点的行结束的原因。每篇文章的一行摘要显示在终端上。

5) 我们敲空格键选择第一篇未读的文章，客户程序发出head命令，接着是article命令。文章便显示在终端上。对所有文章相继使用这两个命令。

6) 当我们读完这个组的新闻后，便移到另一个组，这时客户程序又发出另一个group命令。我们向服务器请求每一篇未读新闻的一行摘要，在新的组中再一次执行上面讨论过的命令。

我们注意到的第一件事情是Rn发出了太多的命令。例如，为了对所有的未读文章取得一行摘要，先要发出xhdr取得摘要，然后是用head命令取得文章的首部。这两个命令中的第一个是不必要的。增加这些额外命令的原因之一是最开始这些命令是为工作在主机(也是新闻服务器)上的客户程序设计的，因此这些附加命令可能要快一些，因为没有网络的传输时间。使用NNTP访问远程新闻服务器的功能是后来加上去的。

15.4　一个复杂的新闻客户

下面我们来看一个更复杂的新闻客户程序：Netscape 1.1N版的Web浏览器，它内置了新闻阅读器。这个客户程序没有调试选项，所以我们只有跟踪它与服务器之间交换的TCP分组来看它是怎样工作的。

1) 当我们启动客户程序，并选择新闻阅读特性时，它读.newsrc文件，并且只向服务器请求在这个文件中我们所预订的新闻组的相关内容。对每一个预订的新闻组都发出group命令来确定起始和结束的文章编号，并与.newsrc文件中所存储的最后阅读的文章编号进行比较。这个例子中，作者在4000多个新闻组中只预订了77个，因此共有77个group命令发向服务器。这在拨号线的PPP链路上仅需23秒，相比较而言，Rn所使用的list命令要50秒。

如果新闻组的数量由4000减少至77，客户所花的时间应小于23秒。实际上，用sock（卷1附录C）发送77个同样的group命令只需约3秒。看起来浏览器在这77个命令上叠加了其他的启动处理。

2) 我们选择一个有未读文章的新闻组：comp.protocols.tcp-ip，接着执行下面的命令：

```
group comp.protocols.tcp-ip
211 181 41289 43831 comp.protocols.tcp-ip
xover 43815-43831
224 data follows
43815\tping works but netscape is flaky\troot@PROBLEM_WITH_INEWS
_DOMAIN_FILE (root)\t4 Aug 1995 18:52:08 GMT\t<3vtq8o$5p1@newsfl
ash.concordia.ca>\t\t1202\t13
43816\tRe: help me to select a terminal server\tgvcnet@hntp2.hin
et.net (gvcnet)\t5 Aug 1995 09:35:08 GMT\t<3vve0c$gq5@serv.hinet
.net>\t<claude.80753760 @bauv111>\t1503\t23
```
指定范围内剩余文章的一行摘要

第一个命令设置当前新闻组，第二个命令向服务器请求指定文章的概况。在这个组中，43815是第一篇、43831是最后一篇未读的文章。每篇文章的一行摘要包括：文章编号、主题、作者、日期和时间、消息ID、文章的引用、字节数和行数(注意每个一行摘要都很长，所以上面我们把每一行都几次换行。同时我们还把分隔字段的tab符换成了\t，这样便于看清楚)。

Netscape客户程序按主题组织返回的概况，并显示未读主题的列表以及文章的作者和行数。将一篇文章及其应答组合在一起，称为编线索，因为一个议题的线索都是组合在一起的。

3) 对每一篇我们选择阅读的文章，执行一次article命令，文章便显示出来。

从上面的Netscape新闻客户程序的概况中可以看出，它采用两种优化措施来减少用户的等待时间。第一个措施是只向服务器请求用户所需要阅读的新闻组，而不是使用list命令。第二，它使用xover命令提供每一篇文章的摘要，而不是对组中的每一篇文章使用一次head和xhrd命令。

15.5 NNTP的统计资料

为了理解典型的NNTP的用法，我们在第14章曾提到的主机上运行Tcpdump，来收集NNTP所使用的SYN、FIN和RST报文。这个主机从一台NNTP新闻供给主机上获得新闻(可能有其他备用的新闻供给主机，但是观察到的报文都是来自同一台主机)，然后分发给10个其他站点。在这10个站点中只有两个使用NNTP，其他都是使用UUCP，所以我们的Tcpdump只记录到两个NNTP供给主机。两个流出的NNTP主机收到的新闻只是这台主机收到的新闻的一小部分。最后，因为这台主机属于一个Internet服务提供商，所以各式各样的客户把主机当成新闻服务器来阅读新闻。所有的客户阅读新闻均使用NNTP协议，包括同在主机上的新闻阅读进程和其他主机上的新闻阅读进程(典型的是通过PPP或SLIP连接)。Tcpdump连续运行了113小时(4.7天)，共收集了1 250个连接上的信息。图15-3汇总了这些信息。

	1个输入 新闻供给	两个输出 新闻供给	新闻阅读 客户	总　　计
连接数	67	32	1 151	1 250
流入字节总数	875 345 619	4 499	593 731	875 943 849
流出字节总数	4 071 785	1 194 086	56 488 715	61 754 586
总持续时间(分钟)	6 686	407	21 758	28 851
每连接流入字节数	13 064 860	141	516	
每连接流出字节数	60 773	37 315	49 078	
连接平均持续时间(分钟)	100	13	19	

图15-3　单个主机上4.7天的NNTP统计资料

我们首先注意输入新闻供给主机，它每天收到约1.86亿字节的新闻，平均每小时约为800万字节。同时我们也可以看出，到主新闻供给主机的NNTP连接的持续时间很长：100分钟，交换了1300万字节的数据。这台主机与它的输入新闻供给主机之间的TCP连接经过一段时间的静默后由新闻服务器关闭。下次需要时再重新建立连接。

典型的新闻阅读程序使用NNTP连接约19分钟，读取约50 000字节的新闻。绝大多数NNTP流量是单向的：从主新闻供给主机流向新闻服务器，从新闻服务器流向新闻阅读客户。

> 站点-站点的NNTP流量之间有巨大的差异。上面的统计数据就是一个例子：这些统计数据中没有典型值。

15.6　小结

NNTP是又一个使用TCP协议的简单协议。客户发出ASCII命令(服务器支持超过20种不同的命令)，服务器的响应先是响应码，然后跟着一行或多行的应答，最后以只包含句号的行结束(如果响应是可变长度)。类似其他的Internet协议，NNTP协议本身已多年没有变化，但是由客户程序提供给交互式用户的接口却变化很快。

不同新闻阅读程序之间的很多区别都取决于应用程序怎样使用协议。我们看到Rn客户程序和Netscape程序之间的不同有：确定哪些文章未读的方法不同，取得未读文章的方法也不同。

NNTP协议使用单个TCP连接维持整个的客户-服务器数据交换。这一点与HTTP协议不同，HTTP协议从服务器每获取一个文件都要建立一条TCP连接。这种差异一方面是因为NNTP客户只与一个服务器通信，而HTTP客户能同时与多个不同服务器通信。同时我们也看到绝大多数TCP连接上的NNTP协议的数据流是单向的。

第三部分　Unix域协议

第16章　Unix域协议：概述

16.1　概述

Unix域协议是进程间通信(IPC)的一种形式，可以通过与网络通信中使用的相同插口API来访问它们。图16-1的左边表示使用插口写成的客户程序和服务器程序，它们在同一台主机上利用Internet协议进行通信。图16-1的右边表示用插口写的利用Unix域协议进行通信的客户程序和服务器程序。

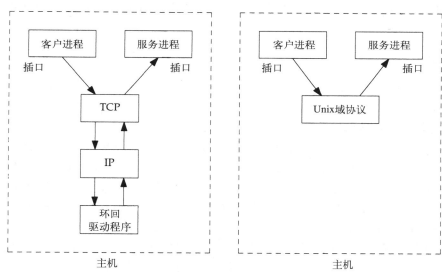

图16-1　使用Internet协议和Unix域协议的客户程序与服务器程序

当客户进程通过TCP往服务器进程发送数据时，数据首先由TCP输出处理，然后再经过IP输出处理，最后发往环回驱动器(见卷2的5.4节)，在环回驱动器中，数据首先被放到IP输入队列，然后经过IP输入和TCP输入处理，最后传送到服务器。这样工作得很好，并且对于在相同主机上的对等端(客户进程和服务器进程)来说是透明的。然而，在TCP/IP协议栈里需要大量的处理过程，当数据没有离开主机时，这些处理过程实际上是不需要的。

Unix域协议由于知道数据不会离开主机，所以只需要较少的处理过程(这样数据传送就快多了)。不需要进行检验和的计算和验证，数据也不会失序，由于内核能控制客户进程和服务器进程的执行过程，流量控制也被大大简化了，等等。虽然IPC的其他形式也有这些优点(消息队列、共享内存、命名管道，等等)，但是，Unix域协议的优点在于它们使用的接口与网络应用程序使用的插口接口完全一样：客户程序调用connect，服务器程序调用listen和

accept，两者都调用read和write，等等。而其他形式的IPC使用完全不同的API，其中有一些不能与插口以及其形方式的I/O较好地交互(例如，在系统V消息队列中我们不能使用select函数)。

一些TCP/IP实现努力通过优化去提高性能，例如当目的地址是环回接口时可以忽略TCP检验和的计算和验证。

Unix域协议既提供一个流插口(SOCK_STREAM，与TCP字节流相似)，又提供一个数据报插口(SOCK_DGRAM，与UDP数据报相似)。Unix域插口的地址族是AF_UNIX。在Unix域协议中用于标识插口的名字是文件系统的路径名(Internet协议使用IP地址和端口号的组合来标识TCP和UDP插口)。

网络编程API标准IEEE POSIX 1003.1g 也支持Unix域协议，它使用的名称是"local IPC"。其地址族是AF_LOCAL，协议族是PF_LOCAL。因而使用术语"Unix"来描述这些协议也许已成为历史。

Unix域协议还能提供在不同机器之间进程间通信时所没有的功能。这一功能就是描述符传递，即通过Unix域协议在互不相关的进程间传送描述符的能力，这个例子我们将在第18章讨论。

16.2 用途

许多应用程序使用Unix域协议：

1) 管道。在一个源于伯克利的内核里，使用Unix域流插口来实现管道。在17.13节里我们将讨论pipe系统调用的实现。

2) X Window系统。当与X11服务器相连时，X11客户进程通常基于DISPLAY环境变量的值或基于-display命令行参数值来决定使用什么协议。这个值的形式是*hostname: display.screen*，这里hostname是可选的，默认值是当前主机，使用的协议是最有效的通信方式，其中典型的是Unix域流协议。值unix强制使用Unix域流协议。服务器绑定到Unix插口上的名字类似于/tmp/.X11-unix/X0。

由于X服务器进程通常处理在同一台主机或者网络上的客户进程的请求，这就意味着服务器进程需要等待一个连接请求到达TCP插口或者Unix流插口。

3) BSD打印假脱机系统(lpr客户进程和lpd服务器进程，在[Stevens 1990]的第13章详细描述)使用一个名为/dev/lp的Unix域流插口在相同的主机上进行通信。像X服务器一样，lpd服务器使用Unix插口处理在相同主机上客户进程的连接，或者使用TCP插口处理网络上客户进程的连接。

4) BSD系统记录器(syslog库函数，可以被任何应用程序调用)和syslogd服务器程序(使用一个名为/dev/log的Unix域数据报插口在相同的主机上进行通信)。客户进程写一个消息到插口上，服务器进程读出来并进行处理。服务器进程也处理来自其他主机上使用UDP插口的客户进程的消息，关于这种机制的详细介绍见[Stevens 1992]的13.4.2节。

5) InterNetNews守护程序(innd)创建一个Unix 数据报插口来读取控制报文，一个Unix流插口来读取本地新闻阅读器上的文章。这两个插口分别是control和nntpin，通常是在/var/news/run目录里。

以上内容并不全面，还有其他的应用程序使用Unix插口。

16.3 性能

比较Unix域插口与TCP插口的性能是非常有趣的。除了TCP和UDP插口，修改公共域ttcp程序的一个版本，使之使用一个Unix域流插口。我们在同一台主机上运行的两个程序副本之间传送16 777 216字节的数据，结果如图16-2所示。

内 核	最快的TCP (字节/秒)	Unix域 (字节/秒)	增长 百分比
DEC OSF/1 V3.0	14 980 000	32 109 000	114 %
SunOS 4.1.3	4 877 000	11 570 000	137
BSD/OS V1.1	3 459 000	7 626 000	120
Solaries 2.4	2 829 000	3 570 000	26
AIX 3.2.2	1 592 000	3 948 000	148

图16-2 Unix域插口与TCP插口吞吐量的比较

我们感兴趣的是从一个TCP插口到一个Unix域插口速度的增长率，而不是绝对速度(这些测试运行在五个不同系统上，覆盖了不同的处理器速度，在不同的行上进行速度比较毫无意义)。所有的内核都是源于伯克利，而不是Solaris 2.4。我们可以看到，在源于伯克利内核上的Unix插口比TCP插口要快两倍多，在Solaris下增长率要慢得多。

> SVR4以及源于它的Solaris，采用了完全不同的方法来实现Unix域插口。[Rago 1993]的7.5节描述了基于流的SVR4中实现Unix域插口的方法。

在这些测试里，术语"Fastest TCP(最快的TCP)"意味着这些测试是在下列情况下进行的：将发送缓存和接收缓存都设置为32 768(这个值要比一些系统中的默认值大)，直接指定环回地址而不是主机自己的IP地址。在早期的BSD实现中，如果指定了主机的IP地址，那么在ARP码执行之前分组不会发送到环回接口(见卷1图2-4)，这稍微降低了性能(这就是为什么定时测试运行时要指定环回地址)。这些主机都有一个本地子网的网络入口，其接口就是网络的设备驱动程序，卷1第87页中间网络入口140.252.13.32就是一个例子(SunOS 4.1.3)。较新的BSD内核有一条到主机本身IP地址的路由，其接口就是环回驱动程序，卷2图18-2中入口140.252.13.35就是一个例子(BSD/OS V2.0)。

我们将在讨论Unix域协议的实现后，在18.11节再返回到性能问题。

16.4 编码举例

为了说明如何缩小一个TCP客户-服务器与一个Unix域客户-服务器之间的差别，我们修改了图1-5和图1-7中的客户-服务器，使它们利用Unix域协议通信。图16-3表示Unix域客户程序，与图1-5的不同之处用黑体字表示。

2-6 我们包含了<sys/un.h>头文件，客户和服务器的插口地址结构现在是sockaddr_un类型。

11-15 socket调用的协议族是PF_UNIX，调用strncpy将与服务器相联系的路径名(从命令行参数得到)写入插口的地址结构。

──────────────── unixcli.c

```
 1 #include    "cliserv.h"
 2 #include    <sys/un.h>

 3 int
 4 main(int argc, char *argv[])
 5 {                                    /* simple Unix domain client */
 6     struct sockaddr_un serv;
 7     char    request[REQUEST], reply[REPLY];
 8     int     sockfd, n;

 9     if (argc != 2)
10         err_quit("usage: unixcli <pathname of server>");

11     if ((sockfd = socket(PF_UNIX, SOCK_STREAM, 0)) < 0)
12         err_sys("socket error");

13     memset(&serv, 0, sizeof(serv));
14     serv.sun_family = AF_UNIX;
15     strncpy(serv.sun_path, argv[1], sizeof(serv.sun_path));

16     if (connect(sockfd, (SA) &serv, sizeof(serv)) < 0)
17         err_sys("connect error");

18     /* form request[] ... */

19     if (write(sockfd, request, REQUEST) != REQUEST)
20         err_sys("write error");
21     if (shutdown(sockfd, 1) < 0)
22         err_sys("shutdown error");

23     if ((n = read_stream(sockfd, reply, REPLY)) < 0)
24         err_sys("read error");

25     /* process "n" bytes of reply[] ... */

26     exit(0);
27 }
```

──────────────── unixcli.c

图16-3 Unix域事务客户程序

当我们在下一章讨论具体实现时，就会看到导致这些差别的原因。

图16-4为Unix域服务器程序，与图1-7的不同之处用黑体字表示。

──────────────── unixserv.c

```
 1 #include    "cliserv.h"
 2 #include    <sys/un.h>

 3 #define SERV_PATH   "/tmp/tcpipiv3.serv"

 4 int
 5 main()
 6 {                                    /* simple Unix domain server */
 7     struct sockaddr_un serv, cli;
 8     char    request[REQUEST], reply[REPLY];
 9     int     listenfd, sockfd, n, clilen;

10     if ((listenfd = socket(PF_UNIX, SOCK_STREAM, 0)) < 0)
11         err_sys("socket error");

12     memset(&serv, 0, sizeof(serv));
13     serv.sun_family = AF_UNIX;
14     strncpy(serv.sun_path, SERV_PATH, sizeof(serv.sun_path));
```

图16-4 Unix域事务服务器程序

```
15     if (bind(listenfd, (SA) &serv, sizeof(serv)) < 0)
16         err_sys("bind error");

17     if (listen(listenfd, SOMAXCONN) < 0)
18         err_sys("listen error");

19     for (;;) {
20         clilen = sizeof(cli);
21         if ((sockfd = accept(listenfd, (SA) &cli, &clilen)) < 0)
22             err_sys("accept error");

23         if ((n = read_stream(sockfd, request, REQUEST)) < 0)
24             err_sys("read error");

25         /* process "n" bytes of request[] and create reply[] ... */

26         if (write(sockfd, reply, REPLY) != REPLY)
27             err_sys("write error");

28         close(sockfd);
29     }
30 }
```
unixserv.c

图16-4 （续）

2-7   我们包含了<sys/un.h>头文件，并且定义了与服务器相联系的路径名(通常路径名应在客户程序和服务器程序都包含的头文件中定义，为了简单，我们在这里定义)。现在的插口地址结构是sockaddr_un类型。

13-14   调用strncpy将路径名填入到服务器的插口地址结构。

16.5 小结

Unix域协议提供了进程间通信的一种形式，它使用同网络通信相同的编程接口(插口)。Unix域协议既提供类似于TCP的流插口，又提供类似于UDP的数据报插口。从Unix域协议能获得的优点是速度：在一个源于伯克利的内核上，Unix域协议要比TCP/IP大约快两倍。

Unix域协议的最大用户是管道和X Window系统。如果X客户进程发现X服务器进程与X客户进程在同一台主机上，它就会使用Unix域流连接来代替TCP连接，TCP客户-服务器程序和Unix域客户-服务器程序代码变化是很小的。

下面的两章描述Net/3内核中Unix域插口的实现。

第17章 Unix域协议：实现

17.1 概述

在uipc_usrreq.c文件中实现Unix域协议的源代码包含16个函数，总共大约有1000行C语言源程序，这与在卷2中实现UDP的800行源程序长度差不多，比实现TCP的4500行源程序要短得多。

我们分两章来描述Unix域协议的实现，下一章讨论I/O和描述符传递，其他的内容都在本章讨论。

17.2 代码介绍

在一个C文件中有16个Unix域函数，在其他C文件和两个头文件中还有其他有关的定义，如图17-1所示。

文 件	说 明
sys/un.h	sockaddr_un结构的定义
sys/unpcb.h	unpcb结构的定义
kern/uipc_proto.c	Unix域protosw{}和domain{}的定义
kern/uipc_usrreq.c	Unix域函数
kern/uipc_syscalls.c	pipe和socketpair系统调用

图17-1 在本章中讨论的文件

在本章我们也会介绍pipe和socketpair系统调用，它们都使用本章描述的Unix域函数。

全局变量

图17-2列出了在本章和下一章中讨论的11个全局变量。

变 量	数 据 类 型	说 明
unixdomain	struct domain	域定义(图17-4)
unixsw	struct protosw	协议定义(图17-5)
sun_noname	struct sockaddr	包含空路径名的插口地址结构
unp_defer	int	延迟入口的无用单元收集计数器
unp_gcing	int	如果当前执行无用单元收集函数，就设置
unp_ino	ino_t	下一个分配的伪i_node号的值
unp_rights	int	当前传送中的文件描述符数
unpdg_recvspace	u_long	数据报插口接收缓存的默认范围，4096字节
unpdg_sendspace	u_long	数据报插口发送缓存的默认范围，2048字节
unpst_recvspace	u_long	流插口接收缓存的默认范围，4096字节
unpst_sendspace	u_long	流插口发送缓存的默认范围，4096字节

图17-2 在本章中介绍的全局变量

17.3 Unix **domain**和**protosw**结构

图17-3表示了Net/3系统中常见的三个domain结构，同时还有相应的protosw数组。

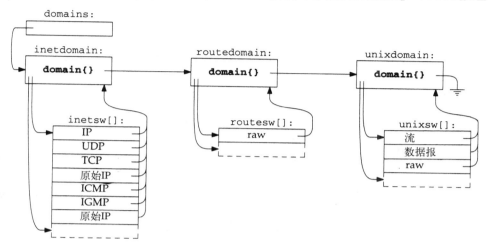

图17-3 domain表和protosw数组

卷2描述了Internet和路由选择域，图17-4描述了Unix域协议使用的domain结构(卷2图7-5)中的字段。

由于历史原因，两个raw IP记录项在卷2图7-12中描述。

单 元	值	说 明
dom_family	*PF_UNIX*	域协议族
dom_name	*unix*	名字
dom_init	0	在Unix域中没有使用
dom_externalize	*unp_externalize*	外部化访问权(图18-12)
dom_dispose	*unp_dispose*	释放内部化权利(图18-14)
dom_protosw	*unixsw*	协议转换数组(图17-5)
dom_protoswNPROTOSW		协议转换数组的尾部指针
dom_next		由domaininit填充，卷2
dom_rtattach	0	在Unix域中没有使用
dom_rtoffset	0	在Unix域中没有使用
dom_maxrtkey	0	在Unix域中没有使用

图17-4 unixdomain结构

仅有Unix domain定义了dom_externalize和dom_dispose两个函数，我们在第18章中讨论描述符传递时再描述这两个函数。由于Unix 域没有路由选择表，所以domain结构的最后三个元素没有定义。

图17-5描述了unixsw结构的初始化(卷2图7-13描述了Internet协议的对应结构)。

定义三个协议：

- 与TCP相似的流协议；
- 与UDP相似的数据报协议；
- 与原始IP相似的raw协议。

```
                                                              ——————————— uipc_proto.c
41 struct protosw unixsw[] =
42 {
43     {SOCK_STREAM, &unixdomain, 0, PR_CONNREQUIRED | PR_WANTRCVD | PR_RIGHTS,
44      0, 0, 0, 0,
45      uipc_usrreq,
46      0, 0, 0, 0,
47     },
48     {SOCK_DGRAM, &unixdomain, 0, PR_ATOMIC | PR_ADDR | PR_RIGHTS,
49      0, 0, 0, 0,
50      uipc_usrreq,
51      0, 0, 0, 0,
52     },
53     {0, 0, 0, 0,
54      raw_input, 0, raw_ctlinput, 0,
55      raw_usrreq,
56      raw_init, 0, 0, 0,
57     },
58 };
                                                              ——————————— uipc_proto.c
```

图17-5　unixsw结构的初始化

由于Unix 域支持访问权(就是我们在下一章要讲的描述符传递)，Unix域流协议和数据报协议都设置PR_RIGHTS标志。流协议的另外两个标志PR_CONNREQUIRED和PR_WANTRCVD与TCP的标志一样；数据报协议的两个标志PR_ATOMIC和PR_ADDR与UDP的标志一样。需要注意的是流协议与数据报协议定义的唯一一个函数指针是uipc_usrreq，用它处理所有的用户请求。

在raw协议的protosw结构中的四个函数指针都以raw_开头，与PR_ROUTE域中的一样，这些内容在卷2的第20章介绍。

> 作者从来没有听到过一个应用程序使用Unix域的raw协议。

17.4　Unix域插口地址结构

图17-6描述了一个Unix 域插口地址结构的定义，一个sockaddr_un结构长度为106个字节。

```
                                                              ——————————— un.h
38 struct sockaddr_un {
39     u_char  sun_len;            /* sockaddr length including null */
40     u_char  sun_family;         /* AF_UNIX */
41     char    sun_path[104];      /* path name (gag) */
42 };
                                                              ——————————— un.h
```

图17-6　Unix 域插口地址结构

开始的两个域与其他的插口地址结构一样：地址族(AF_UNIX)后紧跟着一个长度字节。

> 自从4.2BSD以来，注解"gag"就存在了，也许原作者并不喜欢使用路径名来标识Unix域插口，或者是因为完整的路径名太长以至在mbuf中写不下(路径名的长度能达到1024字节)。

我们将要看到Unix域插口使用文件系统中的路径名来标识插口，并且路径名存储在
sun_path中。sun_path的大小为104字节，一个mbuf的大小为128个字节，刚好可以存放
插口地址结构和一个表示终止的空字节。如图17-7所示。

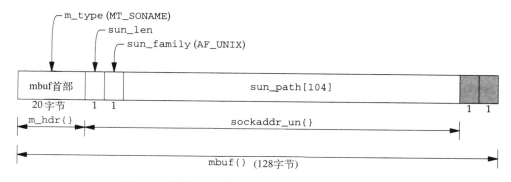

图17-7 存储在一个mbuf中的Unix域插口地址结构

我们将mbuf中的m_type字段设置成MT_SONAME，因为当mbuf含有一个插口地址结构时
m_type就是这个普通值。虽然从图上看最后两个字节没有使用，并且与这些插口相联系的最
长路径名是104字节，但是我们将看到unp_bind和unp_connect两个函数允许一个路径名
后面跟一个空字节时可以长达105字节。

Unix域插口在一些地方需要使用命名空间，由于文件系统的命名空间已经存在，
所以就选定了路径名。与其他例子一样，Internet协议使用IP地址和端口号作为命名
空间，系统V IPC([Stevens1992]的第14章)使用32比特密钥。由于Unix域客户进程用
路径名来与服务器进程同步，从而通常使用绝对路径名(以/开头)。如果使用相对路
径名，客户程序和服务器程序必须在相同的目录中，或者服务器程序的绑定路径名
不会被客户程序的connect和sendto发现。

17.5 Unix域协议控制块

Unix域插口有一个相关联的协议控制块(PCB)，一个unpcb结构，我们在图17-8中描述了
这个36字节的结构。

```
                                                               ———— unpcb.h
60 struct unpcb {
61     struct socket *unp_socket;   /* pointer back to socket structure */
62     struct vnode *unp_vnode;     /* nonnull if associated with file */
63     ino_t   unp_ino;             /* fake inode number */
64     struct unpcb *unp_conn;      /* control block of connected socket */
65     struct unpcb *unp_refs;      /* referencing socket linked list */
66     struct unpcb *unp_nextref;   /* link in unp_refs list */
67     struct mbuf *unp_addr;       /* bound address of socket */
68     int     unp_cc;              /* copy of rcv.sb_cc */
69     int     unp_mbcnt;           /* copy of rcv.sb_mbcnt */
70 };

71 #define sotounpcb(so)    ((struct unpcb *)((so)->so_pcb))
                                                               ———— unpcb.h
```

图17-8 Unix域协议控制块

　　与路由域中使用的Internet PCB和控制块不同，这两者都是通过内核MALLOC函数来分配的（分别见卷2图20-18和图22-6），而unpcb结构却存储在mbuf中，这可能是一个历史的人为因素。

　　另一个不同点是除了Unix域协议控制块以外，所有的控制块都保留在一个双向循环链表上，当数据到达时能通过查找这个链表将数据传递给相应的插口。对于所有的Unix域协议控制块而言，没有必要维护这样的链表，因为同样的操作，也就是当客户进程调用connect时，查找服务器的控制块是通过内核中已有的路径名查找函数来实现的。一旦找到服务器的unpcb，就可以将它的地址存储在客户进程的unpcb中，因为Unix域插口的客户进程与服务器进程在相同的主机上。

　　图17-9描述了处理Unix域插口的不同数据结构的关系，在这个图中我们描述了两个Unix

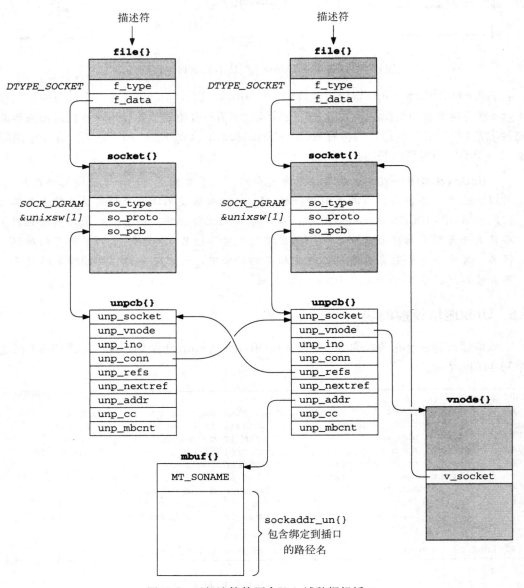

图17-9　互相连接的两个Unix域数据报插口

域数据报插口，我们假定右边的(服务器进程)插口已经绑定了一个路径名到它的插口，左边的(客户进程)插口已经连接到服务器的路径名上。

客户进程PCB的unp_conn单元指向服务器进程的PCB，服务器进程的unp_refs指向连接到这个PCB上的第一个客户进程 (不像流插口，多个数据报客户进程可以连接到同一个服务器进程上，在17.11节我们要详细讨论Unix域数据报插口的连接)。

服务器的unp_vnode单元指向vnode，vnode与绑定到服务器插口的路径名相联系，它的v_socket单元指向服务器的socket，这就是定位一个已经绑定了路径名的unpcb所需的链接。例如，当服务器绑定了一个路径名到它的Unix域插口时，就会创建一个vnode结构，并且将unpcb的指针存储在v_node的v_socket中。当客户进程连接到服务器上时，内核中的路径名查找代码定位v-node，然后从v_socket指针获得服务器进程的unpcb指针。

被绑定到服务器插口的名字包含在sockaddr_un结构中，sockaddr_un结构本身包含在unp_addr指向的mbuf结构中。Unix 的v-node从来没有包含指向v-node的路径名，因为在一个Unix文件系统中多个名字(即目录记录项)能同时指向一个给定的文件(即v-node)。

图17-9表示两个连接的数据报插口，在图17-26中我们将看到，处理流插口时与这里有些不同。

17.6 uipc_usrreq函数

在图17-5中我们看到，对于流和数据报协议，unixsw结构中引用的唯一函数是uipc_usrreq，图17-10给出了这个函数的要点。

```
                                                        ──────── uipc_usrreq.c
47  int
48  uipc_usrreq(so, req, m, nam, control)
49  struct socket *so;
50  int        req;
51  struct mbuf *m, *nam, *control;
52  {
53      struct unpcb *unp = sotounpcb(so);
54      struct socket *so2;
55      int       error = 0;
56      struct proc *p = curproc;    /* XXX */

57      if (req == PRU_CONTROL)
58          return (EOPNOTSUPP);
59      if (req != PRU_SEND && control && control->m_len) {
60          error = EOPNOTSUPP;
61          goto release;
62      }
63      if (unp == 0 && req != PRU_ATTACH) {
64          error = EINVAL;
65          goto release;
66      }
67      switch (req) {

                /* switch cases (discussed in following sections) */

246     default:
```

图17-10 uipc_usrreq函数体

```
247            panic("piusrreq");
248        }
249    release:
250        if (control)
251            m_freem(control);
252        if (m)
253            m_freem(m);
254        return (error);
255 }
```
————— uipc_usrreq.c

图17-10（续）

1. 无效的PRU_CONTROL请求

57-58   PRU_CONTROL请求来自ioctl系统调用，不被Unix域支持。

2. 仅为PRU_SEND支持的控制信息

59-62   如果进程传送控制信息(使用sendmsg系统调用)，请求必须是PRU_SEND；否则，返回一个错误。描述符在使用该请求的控制信息的进程间传递，这部分我们在第18章中讨论。

3. 插口必须有一个控制块

63-66   如果socket结构没有指向一个Unix域控制块，请求必须是PRU_ATTACH；否则，返回一个错误。

67-248   在下面几节中我们讨论这个函数的每一个case语句，以及调用的不同unp_*xxx*函数。

249-255   释放任何控制信息和数据mbuf，然后函数返回。

17.7   PRU_ATTACH请求和unp_attach函数

当一个连接请求到达一个处于监听状态的流插口时，socket系统调用和sonewconn函数(卷2图15-29)产生PRU_ATTACH请求，如图17-11所示。

————— uipc_usrreq.c
```
68        case PRU_ATTACH:
69            if (unp) {
70                error = EISCONN;
71                break;
72            }
73            error = unp_attach(so);
74            break;
```
————— uipc_usrreq.c

图17-11 PRU_ATTACH请求

unp_attach函数完成这个请求的所有处理工作，如图17-12所示。socket结构已经被插口层分配和初始化，现在轮到协议层分配和初始化自身的协议控制块，在本例中这个协议控制块为unpcb结构。

————— uipc_usrreq.c
```
270 int
271 unp_attach(so)
272 struct socket *so;
273 {
274     struct mbuf *m;
275     struct unpcb *unp;
276     int    error;
```

图17-12 unp_attach函数

```
277     if (so->so_snd.sb_hiwat == 0 || so->so_rcv.sb_hiwat == 0) {
278         switch (so->so_type) {
279         case SOCK_STREAM:
280             error = soreserve(so, unpst_sendspace, unpst_recvspace);
281             break;
282         case SOCK_DGRAM:
283             error = soreserve(so, unpdg_sendspace, unpdg_recvspace);
284             break;
285         default:
286             panic("unp_attach");
287         }
288         if (error)
289             return (error);
290     }
291     m = m_getclr(M_DONTWAIT, MT_PCB);
292     if (m == NULL)
293         return (ENOBUFS);
294     unp = mtod(m, struct unpcb *);
295     so->so_pcb = (caddr_t) unp;
296     unp->unp_socket = so;
297     return (0);
298 }
```
—————————————————————————————— *uipc_usrreq.c*

图17-12 （续）

1. 设置插口高水位标记

277-290 如果插口发送和接收的高水位标记为0，则soreserve将它们设置成图17-2所示
的默认值，高水位标记限制了存放在插口发送和接收缓存中的数据量。当通过socket系统调
用来调用unp_attach时，这两个标记都为0，但是当通过sonewconn调用unp_attach时，
它们等于监听插口中的值。

2. 分配并初始化PCB

291-296 m_getclr获得一个mbuf用于unpcb结构，将mbuf清零并将类型设置成MT_PCB。
注意所有的PCB单元都被初始化为0。通过so_pcb和unp_socket指针将socket和unpcb
结构连接起来。

17.8 PRU_DETACH请求和unp_detach函数

当一个插口关闭时发出PRU_DETACH请求(卷2图15-39)，这个请求跟随在PRU_
DISCONNECT请求(仅针对有连接的插口)的后面，如图17-13所示。

—————————————————————————————— *uipc_usrreq.c*
```
75      case PRU_DETACH:
76          unp_detach(unp);
77          break;
```
—————————————————————————————— *uipc_usrreq.c*

图17-13 PRU_DETACH请求

75-77 图17-14中的unp_detach函数完成PRU_DETACH请求的所有处理工作。

1. 释放v-node

303-307 如果插口与一个v-node相联系，那么将指向PCB结构的指针置为0，并且调用
vrele释放v_node。

―― *uipc_usrreq.c*

```
299 void
300 unp_detach(unp)
301 struct unpcb *unp;
302 {
303     if (unp->unp_vnode) {
304         unp->unp_vnode->v_socket = 0;
305         vrele(unp->unp_vnode);
306         unp->unp_vnode = 0;
307     }
308     if (unp->unp_conn)
309         unp_disconnect(unp);
310     while (unp->unp_refs)
311         unp_drop(unp->unp_refs, ECONNRESET);
312     soisdisconnected(unp->unp_socket);
313     unp->unp_socket->so_pcb = 0;
314     m_freem(unp->unp_addr);
315     (void) m_free(dtom(unp));
316     if (unp_rights) {
317         /*
318          * Normally the receive buffer is flushed later,
319          * in sofree, but if our receive buffer holds references
320          * to descriptors that are now garbage, we will dispose
321          * of those descriptor references after the garbage collector
322          * gets them (resulting in a "panic: closef: count < 0").
323          */
324         sorflush(unp->unp_socket);
325         unp_gc();
326     }
327 }
```

―― *uipc_usrreq.c*

图17-14　unp_detach函数

2. 如果插口连接了其他插口，则断开连接

308-309　如果关闭的插口连接到另一个插口上，那么unp_disconnect就要断开这两个插口的连接，这种情况在流和数据报插口中都会发生。

3. 断开连接到关闭插口的插口

310-311　如果其他的数据报插口连接到这个插口，则调用unp_drop断开这些连接，那些插口就会接收到ECONNRESET错误。while循环检查连接到这个unpcb的所有unpcb结构链表。函数unp_drop调用unp_disconnect，它改变PCB的unp_refs单元去指向链表的下一个单元。当整个链表已经被处理后，PCB的unp_refs指针将为0。

312-313　被关闭的插口由soisdisconnect断开连接，指向PCB的socket结构中的指针置为0。

4. 释放地址和PCB mbuf

314-315　如果插口已经绑定到一个地址，m_freem就释放存储这个地址的mbuf。注意程序不检查unp_addr是否为空，因为m_freem会检查。unpcb由m_free来释放。

　　这个对m_free的调用应当移到函数的末尾，因为指针unp可能会在下一段程序里使用。

5. 检查被传送的描述符

316-326　如果内核里任何进程传来了描述符，则unp_rights为非0，这会导致调用

sorflush和unp_gc(无用单元收集函数)。我们将在第18章中讨论描述符的传送。

17.9 PRU_BIND请求和unp_bind函数

可以通过bind将Unix域中的流和数据报插口绑定到文件系统中的路径名上，bind系统调用产生PRU_BIND请求，如图17-15所示。

```
                                                                   ─ uipc_usrreq.c
78      case PRU_BIND:
79          error = unp_bind(unp, nam, p);
80          break;
                                                                   ─ uipc_usrreq.c
```

图17-15 PRU_BIND请求

78-80 所有的工作都由unp_bind函数来完成，如图17-16所示。

1. 初始化nameidata结构

338-339 unp_bind分配一个nameidata结构，这个结构封装所有传给namei函数的参数，并使用NDINIT宏来初始化这个结构。CREATE参数指定要创建的路径名，FOLLOW允许紧跟的符号连接，LOCKPARENT指明在返回时必须要锁定父亲的v-node (防止我们在完成工作之前其他进程修改v-node)。UIO_SYSSPACE指明路径名在内核中(由于bind系统调用将路径名从用户空间复制到一个mbuf中)。soun->sun_path是路径名的起始地址(它被作为nam参数传送给unp_bind)。最后，p是指向发布bind系统调用的进程的proc结构的指针，这个结构包含所有有关一个进程的信息，内核需要一直将该进程存放在内存中。NDINIT宏仅仅初始化这个结构，对namei的调用在这个函数后面。

```
                                                                   ─ uipc_usrreq.c
328 int
329 unp_bind(unp, nam, p)
330 struct unpcb *unp;
331 struct mbuf *nam;
332 struct proc *p;
333 {
334     struct sockaddr_un *soun = mtod(nam, struct sockaddr_un *);
335     struct vnode *vp;
336     struct vattr vattr;
337     int     error;
338     struct nameidata nd;

339     NDINIT(&nd, CREATE, FOLLOW | LOCKPARENT, UIO_SYSSPACE, soun->sun_path, p);
340     if (unp->unp_vnode != NULL)
341         return (EINVAL);
342     if (nam->m_len == MLEN) {
343         if (*(mtod(nam, caddr_t) + nam->m_len - 1) != 0)
344             return (EINVAL);
345     } else
346         *(mtod(nam, caddr_t) + nam->m_len) = 0;
347 /* SHOULD BE ABLE TO ADOPT EXISTING AND wakeup() ALA FIFO's */
348     if (error = namei(&nd))
349         return (error);
350     vp = nd.ni_vp;
351     if (vp != NULL) {
352         VOP_ABORTOP(nd.ni_dvp, &nd.ni_cnd);
353         if (nd.ni_dvp == vp)
```

图17-16 unp_bind函数

```
354                  vrele(nd.ni_dvp);
355           else
356                  vput(nd.ni_dvp);
357           vrele(vp);
358           return (EADDRINUSE);
359        }
360        VATTR_NULL(&vattr);
361        vattr.va_type = VSOCK;
362        vattr.va_mode = ACCESSPERMS;
363        if (error = VOP_CREATE(nd.ni_dvp, &nd.ni_vp, &nd.ni_cnd, &vattr))
364              return (error);

365        vp = nd.ni_vp;
366        vp->v_socket = unp->unp_socket;
367        unp->unp_vnode = vp;
368        unp->unp_addr = m_copy(nam, 0, (int) M_COPYALL);
369        VOP_UNLOCK(vp, 0, p);
370        return (0);
371   }
```
uipc_usrreq.c

图17-16 (续)

历史上，在文件系统中查询路径名的函数名一直是namei，它代表"name-to-inode"。这个函数要搜索整个文件系统去查找指定的名字，如果成功，就初始化内核中的inode结构，这个结构包含从磁盘上得到的文件的i_node信息的副本。尽管v-node已经取代了i-node，但是术语namei仍然保留了下来。

这是我们第一次涉及BSD内核中的文件系统代码。BSD内核支持许多不同的文件系统类型：标准的磁盘文件系统(有时也叫作"快速文件系统")、网络文件系统(NFS)、CD-ROM文件系统、MS-DOS文件系统、基于存储器的文件系统(对于目录，例如/tmp)，等等。[Kleiman 1986]描述了一个早期的v-node实现。以VOP_作为名字开始的函数一般是v-node操作函数。这样的函数大约有40个，当被调用时，每个函数调用一个文件系统定义的函数去执行这个操作。以一个小写字母v开头的函数是内核函数，这些函数可能调用一个或更多的VOP_函数。例如，vput调用VOP_UNLOCK，然后再调用vrele。vrele函数释放一个v-node：v-node的引用计数器递减，如果达到0，就调用VOP_INACTIVE。

2. 检查插口是否被绑定

340-341   如果插口PCB的unp_vnode非空，插口就已经被绑定，这是一个错误。

3. 以空字符(null)结束的路径名

342-346   如果包含sockaddr_un结构的mbuf长度是108(MLEN)，长度值是从bind系统调用的第三个参数复制的，则mbuf的最后一个字节必须是空字节。这就可以保证路径名以空字符结尾，当在文件系统中查找路径名时这是必需的(卷2图15-20中的sockargs函数保证由进程传送的插口地址结构长度不超过108字节)。如果mbuf的长度小于108字节，则在路径名的结尾存放一个空字节，以免进程没有以空字符来结束路径名。

4. 在文件系统中查找路径名

347-349   namei在文件系统中查找路径名，并且尽可能在相应的目录中为指定的路径名创建一个记录项。例如，如果绑定到插口的路径名是/tmp/.X11-unix/X0，那么文件名X0必

须被加到目录/tmp/.X11-unix中，包含X0的记录项的目录叫作父目录。如果目录/tmp/.X11-unix不存在，或者如果存在，但是已经包含一个X0的文件，那么就要返回一个错误。另一个可能的错误是调用进程没有权限在父目录中创建新的文件。从namei想得到的结果是从函数返回一个0值，nd.ni_vp返回的是一个空指针(文件不存在)。如果这两个条件都正确，那么nd.ni_dvp就包含要创建新文件名的加锁父目录。

> 347行的注释指的是如果路径名已经存在将导致bind返回错误，所以大部分绑定Unix域插口的应用程序在调用bind之前先调用unlink删除已存在的路径名。

5. 路径名已经存在

350-359 如果nd.ni_vp非空，那么路径名就已经存在。v-node引用被释放，并且返回EADDRINUSE给进程。

6. 创建v-node

360-365 VATTR_NULL宏初始化vattr结构，类型被设置为VSOCK(一个插口)，访问模式设置为八进制777(ACCESSPERMS)。这九个权限位允许文件所有者、组里的成员和其他用户(也就是每一个用户)执行读、写和执行操作。在指定的目录中，文件由文件系统的创建函数间接通过VOP_CREATE函数创建。传递给创建函数的参数是nd.ni_dvp(父目录v-node的指针)，nd.ni_cnd(来自namei需要传送给VOP函数的附加信息)，以及vattr结构。第二个参数nd.ni_vp接收返回信息，nd.ni_vp指向新创建的v-node(如果创建成功)。

7. 链接结构

365-367 vnode和socket通过v_socket和unp_vnode指针互相指向对方。

8. 保存路径名

368-371 调用m_copy将刚刚绑定到插口的路径名复制到一个mbuf中，PCB的unp_addr指向这个新的mbuf，将v-node解锁。

17.10 PRU_CONNECT请求和unp_connect函数

图17-17描述了PRU_LISTEN和PRU_CONNECT请求。

```
                                                              ── uipc_usrreq.c
81      case PRU_LISTEN:
82          if (unp->unp_vnode == 0)
83              error = EINVAL;
84          break;

85      case PRU_CONNECT:
86          error = unp_connect(so, nam, p);
87          break;
                                                              ── uipc_usrreq.c
```

图17-17 PRU_LISTEN和PRU_CONNECT请求

1. 验证监听插口是否已经被绑定

81-84 只能在一个已经绑定了一个路径名的插口上执行listen系统调用。TCP没有这个需求，在卷2图30-3我们看到对一个没有绑定的TCP插口调用listen时，TCP就会选择一个临时的端口，并把它分配给插口。

85-87 PRU_CONNECT请求的所有处理工作都由unp_connect函数来执行，函数的第一部分如图17-18所示。对于流插口，该函数被PRU_CONNECT请求调用；当临时连接一个无连接的数据报插口时，该函数被PRU_SEND请求调用。

—— uipc_usrreq.c

```
372  int
373  unp_connect(so, nam, p)
374  struct socket *so;
375  struct mbuf *nam;
376  struct proc *p;
377  {
378      struct sockaddr_un *soun = mtod(nam, struct sockaddr_un *);
379      struct vnode *vp;
380      struct socket *so2, *so3;
381      struct unpcb *unp2, *unp3;
382      int     error;
383      struct nameidata nd;

384      NDINIT(&nd, LOOKUP, FOLLOW | LOCKLEAF, UIO_SYSSPACE, soun->sun_path, p);
385      if (nam->m_data + nam->m_len == &nam->m_dat[MLEN]) {      /* XXX */
386          if (*(mtod(nam, caddr_t) + nam->m_len - 1) != 0)
387              return (EMSGSIZE);
388      } else
389          *(mtod(nam, caddr_t) + nam->m_len) = 0;
390      if (error = namei(&nd))
391          return (error);
392      vp = nd.ni_vp;
393      if (vp->v_type != VSOCK) {
394          error = ENOTSOCK;
395          goto bad;
396      }
397      if (error = VOP_ACCESS(vp, VWRITE, p->p_ucred, p))
398          goto bad;
399      so2 = vp->v_socket;
400      if (so2 == 0) {
401          error = ECONNREFUSED;
402          goto bad;
403      }
404      if (so->so_type != so2->so_type) {
405          error = EPROTOTYPE;
406          goto bad;
407      }
```

—— uipc_usrreq.c

图17-18 unp_connect函数：第一部分

2. 初始化用作路径名查找的nameidata结构

383-384 nameidata结构由NDINIT宏进行初始化。LOOKUP参数指明应当查找的路径名，FOLLOW允许紧跟的符号连接，LOCKLEAF参数指明返回时必须锁定v-node(防止在执行结束前其他进程修改这个v-node)，UIO_SYSSPACE参数指明路径名在内核中，soun->sun_path是路径名的起始地址(它被作为nam参数传递给unp_connect)。p指向发布connect或sendto系统调用的进程的proc结构。

3. 以空字节结束路径名

385-389 如果插口地址结构的长度是108字节，最后一个字节必须为空，否则在路径名的结尾要存储一个空字节。

这段代码与图17-16中的代码相似，但实际上是不同的。不仅第一个if语句不同，而且当最后一个字节非空时返回的错误也不同：这里是EMSGSIZE，而图17-16中是

EINVAL。另外，这个测试对检查数据是否包含在一个簇中有负面影响，虽然这可能是偶然的，因为sockargs函数从来不会把插口地址结构放进一个簇中。

4. 查找路径名并检验其正确性

390-398 namei在文件系统中查找路径名，如果返回值是OK，那么在nd.ni_vp中就返回vnode结构的指针。v-node的类型必须是VSOCK，并且当前进程对插口一定要有写权限。

5. 验证插口是否已绑定到路径名

399-403 一个插口当前必须被绑定到路径名上，这就是说，在v-node中的v_socket指针必须非空。如果情况不是这样，连接就要被拒绝。如果服务器当前没有运行，但是在上一次运行时路径名留在文件系统中，这种情况就有可能发生。

6. 验证插口类型

404-407 连接的客户进程插口(so)的类型必须与被连接的服务器进程插口(so2)的类型相同。也就是说，一个流插口不能连接到一个数据报插口或者相反。

图17-19描述了unp_connect函数的剩余部分，它首先处理连接流插口，然后调用unp_connect2去链接两个unpcb结构。

```
                                                                  — uipc_usrreq.c
408     if (so->so_proto->pr_flags & PR_CONNREQUIRED) {
409         if ((so2->so_options & SO_ACCEPTCONN) == 0 ||
410             (so3 = sonewconn(so2, 0)) == 0) {
411             error = ECONNREFUSED;
412             goto bad;
413         }
414         unp2 = sotounpcb(so2);
415         unp3 = sotounpcb(so3);
416         if (unp2->unp_addr)
417             unp3->unp_addr =
418                 m_copy(unp2->unp_addr, 0, (int) M_COPYALL);
419         so2 = so3;
420     }
421     error = unp_connect2(so, so2);
422 bad:
423     vput(vp);
424     return (error);
425 }
                                                                  — uipc_usrreq.c
```

图17-19 unp_connect函数：第二部分

7. 连接流插口

408-415 流插口需要特殊处理，因为必须根据监听插口创建一个新的插口。首先，服务器插口必须是监听插口：SO_ACCEPTCONN标志必须被设置(由卷2图15-24的solisten函数来完成)。然后调用sonewconn创建一个新的插口，sonewconn还把这个新的插口放到监听插口的未完成的连接队列中。

8. 复制绑定到监听插口的名字

416-418 如果监听插口包含一个指向mbuf的指针，mbuf包含一个sockaddr_un，并且sockaddr_un带有绑定到插口的路径名(这应当总是对的)，那么调用m_copy将该mbuf复制给新创建的插口。

图17-20给出了在so2=so3赋值之前的不同结构的状态，步骤如下：

- 服务器进程调用socket创建最右边的file、socket和unpcb结构，然后调用bind创建对vnode和包含路径名的mbuf的引用。随后调用listen，允许客户进程发起连接。
- 客户进程调用socket创建最左边的file、socket和unpcb结构，然后调用connect，connect调用unp_connect。
- 我们称中间的socket结构为"已连接的服务器插口"，它由sonewconn创建，

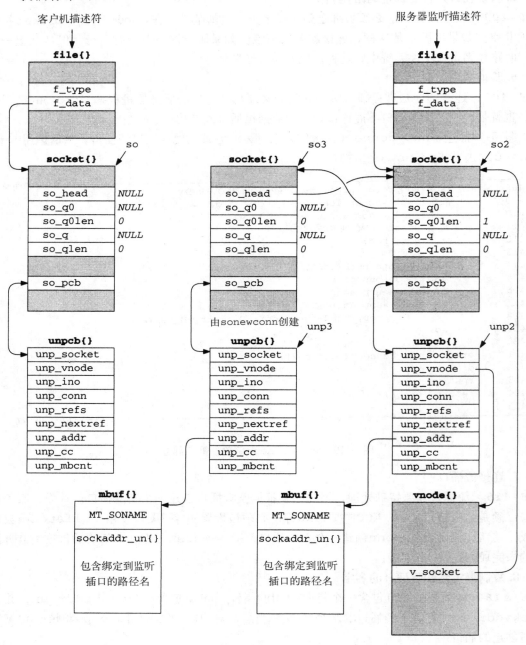

图17-20 流插口的connect调用中的各种结构

sonewconn创建完该结构后发出PRU_ATTACH请求，创建相应的unpcb结构。

- sonewconn也调用soqinseque将刚产生的socket放入监听插口的未完成的连接队列中(我们假定队列开始是空的)。我们还看到监听插口的已完成连接队列(so_q和so_qlen)为空，新建socket的so_head指针反过来指向监听插口。
- unp_connect调用m_copy创建包含绑定到监听插口的路径名的mbuf的副本，中间的unpcb指向这个mbuf。我们将看到getpeername系统调用需要这个副本。
- 最后要注意的是，还没有一个file结构指向新建的socket(事实上是通过sonewconn设置SS_NOFDREF标志来说明这一点的)。当监听服务器进程调用accept时，就会给该socket分配一个file结构和对应的文件描述符。

vnode指针没有从监听插口复制到连接的服务器插口。vnode结构的唯一作用就是允许客户进程通过v_socket指针调用connect定位相应的服务器的socket结构。

9. 连接两个流或数据报插口

421 unp_connect中的最后一步是调用unp_connect2(下一节描述)，这对于流和数据报插口是一样的。就图17-20而言，该函数连接最左边的两个unpcb结构的unp_conn字段，并且将新创建的插口从监听服务器的socket的未完成连接队列移到已完成连接队列中，我们将在后面的章节中描述最终的数据结构(图17-26)。

17.11 PRU_CONNECT2请求和unp_connect2函数

图17-21中的PRU_CONNECT2请求仅仅作为socketpair系统调用产生的一个结果，而且这个请求只在Unix域中得到支持。

```
                                                              ── uipc_usrreq.c
88      case PRU_CONNECT2:
89          error = unp_connect2(so, (struct socket *) nam);
90          break;
                                                              ── uipc_usrreq.c
```

图17-21 PRU_CONNECT2请求

88-90 这个请求的所有处理工作都由unp_connect2函数来完成，正如我们在图17-22中看到的一样，unp_connect2函数又是从内核中的其他两个地方调用的。

我们将在17.12节介绍socketpair系统调用和soconnect2函数，在17.13节介绍pipe系统调用。图17-23描述了unp_connect2函数。

1. 检验插口类型

426-434 两个参数都是指向socket结构的指针：so连接到so2。首先检查两个插口的类型是否相同：是流插口或者是数据报插口。

2. 把第一个插口连接到第二个插口

435-436 通过字段unp_conn将第一个unpcb连接到第二个unpcb，然而，下面的步骤在流和数据报之间是不同的。

3. 连接数据报插口

438-442 PCB的unp_nextref和unp_refs字段连接数据报插口。例如，考虑一个绑定了路径名/tmp/foo的数据报服务器插口，然后一个数据报客户进程连接到这个路径名。图17-24给出了在unp_connect2返回后得到的unpcb结构(为了简便起见，我们没有描述相应

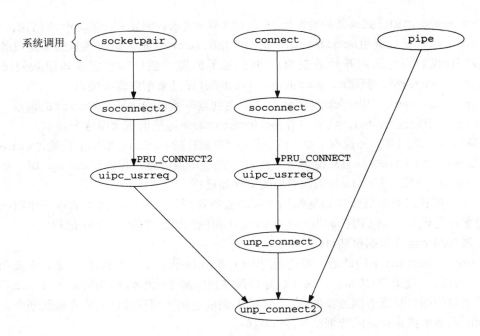

图17-22 unp_connect2函数的调用者

---

uipc_usrreq.c

```
426 int
427 unp_connect2(so, so2)
428 struct socket *so;
429 struct socket *so2;
430 {
431     struct unpcb *unp = sotounpcb(so);
432     struct unpcb *unp2;

433     if (so2->so_type != so->so_type)
434         return (EPROTOTYPE);
435     unp2 = sotounpcb(so2);
436     unp->unp_conn = unp2;
437     switch (so->so_type) {

438     case SOCK_DGRAM:
439         unp->unp_nextref = unp2->unp_refs;
440         unp2->unp_refs = unp;
441         soisconnected(so);
442         break;

443     case SOCK_STREAM:
444         unp2->unp_conn = unp;
445         soisconnected(so);
446         soisconnected(so2);
447         break;

448     default:
449         panic("unp_connect2");
450     }
451     return (0);
452 }
```

uipc_usrreq.c

图17-23 unp_connect2函数

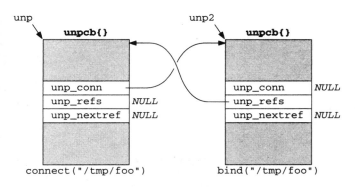

图17-24 连接的数据报插口

的file或socket结构, 或者与最右边插口相连接的vnode)。我们描述了在
unp_connect2中用到的两个指针unp和unp2。

对于一个已经有连接的数据报插口, unp_refs指向连接到该插口的所有插口的链表的
第一个PCB。通过unp_nextref指针遍历这个链表。

图17-25表示了第三个数据报插口(左边的那个)连接到同一服务器后的三个PCB的状态,
绑定路径名都是/tmp/foo。

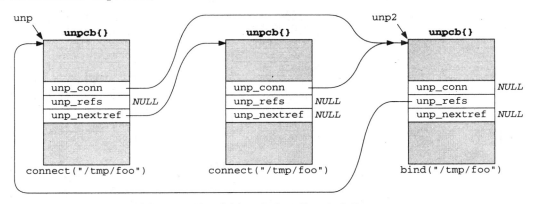

图17-25 另一个插口(左边)连接到右边的插口

两个PCB字段unp_refs和unp_nextref必须分开, 因为图17-25中右边的插口自己能
连接到其他的数据报插口。

4. 连接流插口

443-447 流插口的连接与数据报插口的连接是不同的, 这是因为只能有一个客户进程连接
到一个流插口上(服务器进程), 客户进程和服务器进程的PCB的unp_conn指针分别指向对方
的PCB, 如图17-26所示(这个图是图17-20的延续)。

这个图中的另一个变化是对于带有so2参数的soisconnected的调用, 这个调用将插口从
监听插口的未完成连接队列(图17-20中的so_q0)移到已完成连接队列(so_q)中。accept要从这
个队列中获取新创建的插口(卷2图15-34)。需要注意的是, soisconnected(卷2图15-30)设置
so_state中的SS_ISCONNECTED标志, 仅当插口的so_head指针非空时才将socket从未完
成连接队列移到已完成连接队列(如果插口的so_head指针为空时, 插口不在任何一个队列中)。
所以, 在图17-23中, 对带有so参数的soisconnected的第一次调用仅仅改变so_state。

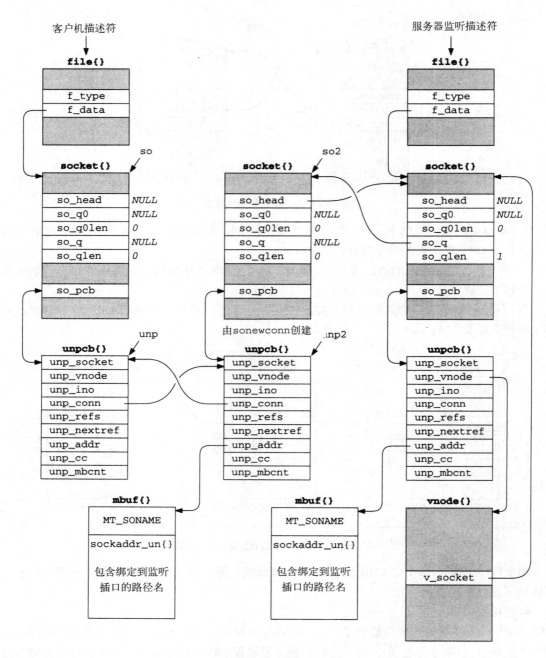

图17-26　已建连的流插口

17.12　socketpair系统调用

socketpair系统调用仅在Unix域中得到支持。它创建两个插口并连接它们，同时返回两个描述符，互相连接在一起。例如，一个用户进程发出调用：

```
int    fd[2];
socketpair(PF_UNIX, SOCK_STREAM, 0, fd);
```

创建一对连接在一起的全双工Unix域流插口。在fd[0]中返回第一个描述符，在fd[1]中返回第二个描述符。如果第二个参数是SOCK_DGRAM，则创建一对互相连接的Unix域数据报插口。如果调用成功，socketpair返回0；否则，返回−1。

图17-27描述了socketpair系统调用的实现。

———————————————————————————————————— *uipc_syscalls.c*

```
229 struct socketpair_args {
230     int     domain;
231     int     type;
232     int     protocol;
233     int     *rsv;
234 };
235 socketpair(p, uap, retval)
236 struct proc *p;
237 struct socketpair_args *uap;
238 int     retval[];
239 {
240     struct filedesc *fdp = p->p_fd;
241     struct file *fp1, *fp2;
242     struct socket *so1, *so2;
243     int     fd, error, sv[2];

244     if (error = socreate(uap->domain, &so1, uap->type, uap->protocol))
245         return (error);
246     if (error = socreate(uap->domain, &so2, uap->type, uap->protocol))
247         goto free1;

248     if (error = falloc(p, &fp1, &fd))
249         goto free2;
250     sv[0] = fd;
251     fp1->f_flag = FREAD | FWRITE;
252     fp1->f_type = DTYPE_SOCKET;
253     fp1->f_ops = &socketops;
254     fp1->f_data = (caddr_t) so1;

255     if (error = falloc(p, &fp2, &fd))
256         goto free3;
257     fp2->f_flag = FREAD | FWRITE;
258     fp2->f_type = DTYPE_SOCKET;
259     fp2->f_ops = &socketops;
260     fp2->f_data = (caddr_t) so2;
261     sv[1] = fd;

262     if (error = soconnect2(so1, so2))
263         goto free4;
264     if (uap->type == SOCK_DGRAM) {
265         /*
266          * Datagram socket connection is asymmetric.
267          */
268         if (error = soconnect2(so2, so1))
269             goto free4;
270     }
271     error = copyout((caddr_t) sv, (caddr_t) uap->rsv, 2 * sizeof(int));
272     retval[0] = sv[0];              /* XXX ??? */
273     retval[1] = sv[1];              /* XXX ??? */
274     return (error);

275  free4:
```

———————————————————————————————————— *uipc_syscalls.c*

图17-27 socketpair系统调用

```
276        ffree(fp2);
277        fdp->fd_ofiles[sv[1]] = 0;
278    free3:
279        ffree(fp1);
280        fdp->fd_ofiles[sv[0]] = 0;
281    free2:
282        (void) soclose(so2);
283    free1:
284        (void) soclose(so1);
285        return (error);
286    }
```
uipc_syscalls.c

图17-27 （续）

1. 参数

229-239   四个整型参数，从domian到rsv，在本节开始部分用户调用socketpair的例子中进行了描述。函数socketpair定义中描述的三个参数(p、uap和retval)是传送到内核中的系统调用的参数。

2. 创建两个插口和两个描述符

244-261   调用socreate两次，创建两个插口。两个描述符中的第一个由falloc分配。在fd中返回描述符的值，而指向相应file结构的指针在fp1中返回。设置FREAD和FWRITE标

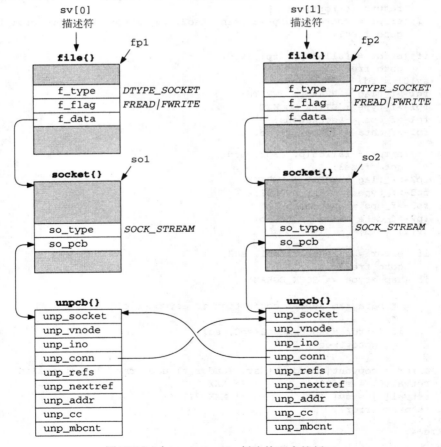

图17-28 由sockerpair创建的两个流插口

志（由于插口是全双工的），文件类型设置为DTYPE_SOCKET，设置f_ops指向五个插口函数指针的数组(卷2图15-13)，设置f_data指向socket结构。第二个描述符由falloc分配，并且初始化相应的file结构。

3. 连接两个插口

262-270 soconnect2发出PRU_CONNECT2请求，这个请求仅在Unix域中得到支持。如果系统调用正在创建流插口，立即从soconnect2中返回。此时的结构如图17-28所示。

如果创建两个数据报插口，就需要调用soconnect2两次，每一次调用连接一个方向。两次调用以后，我们就有了图17-29中的结构。

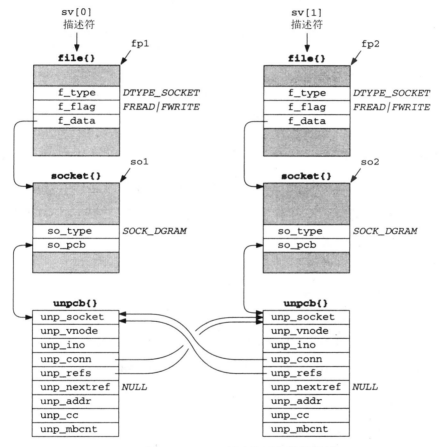

图17-29 由sockerpair创建的两个数据报插口

4. 将两个描述符复制给进程

271-274 copyout将两个描述符复制给进程。

带有注释XXX ???的两个表达式第一次出现在4.3BSD Reno版本里。因为copyout把两个描述符复制给进程，所以不需要这两个表达式。我们将看到pipe系统调用通过设置retval[0]和retval[1]返回两个描述符，其中retval是系统调用的第三个参数。内核中处理系统调用的汇编子程序总是将两个整数retval[0]和retval[1]放在机器的寄存器里作为任何系统调用的返回值。但是在用户进程中，激活系统调用的汇编子程序必须查看这些寄存器并且返回进程希望得到的值。C函数库中的pipe函数实际上是这样做的，但是socketpair函数并不这么做。

5. soconnect2函数

图17-30中的函数发出PRU_CONNECT2请求，该函数仅在socketpair系统调用中被调用。

```
                                                                 uipc_socket.c
225 soconnect2(so1, so2)
226 struct socket *so1;
227 struct socket *so2;
228 {
229     int    s = splnet();
230     int    error;

231     error = (*so1->so_proto->pr_usrreq) (so1, PRU_CONNECT2,
232             (struct mbuf *) 0, (struct mbuf *) so2, (struct mbuf *) 0);
233     splx(s);
234     return (error);
235 }
                                                                 uipc_socket.c
```

图17-30 soconnect2函数

17.13 pipe系统调用

图17-31中的pipe系统调用与socketpair系统调用几乎相同。

```
                                                                 uipc_syscalls.c
645 pipe(p, uap, retval)
646 struct proc *p;
647 struct pipe_args *uap;
648 int    retval[];
649 {
650     struct filedesc *fdp = p->p_fd;
651     struct file *rf, *wf;
652     struct socket *rso, *wso;
653     int    fd, error;

654     if (error = socreate(AF_UNIX, &rso, SOCK_STREAM, 0))
655         return (error);
656     if (error = socreate(AF_UNIX, &wso, SOCK_STREAM, 0))
657         goto free1;
658     if (error = falloc(p, &rf, &fd))
659         goto free2;
660     retval[0] = fd;
661     rf->f_flag = FREAD;
662     rf->f_type = DTYPE_SOCKET;
663     rf->f_ops = &socketops;
664     rf->f_data = (caddr_t) rso;
665     if (error = falloc(p, &wf, &fd))
666         goto free3;
667     wf->f_flag = FWRITE;
668     wf->f_type = DTYPE_SOCKET;
669     wf->f_ops = &socketops;
670     wf->f_data = (caddr_t) wso;
671     retval[1] = fd;
672     if (error = unp_connect2(wso, rso))
673         goto free4;
```

图17-31 pipe系统调用

```
674        return (0);
675    free4:
676        ffree(wf);
677        fdp->fd_ofiles[retval[1]] = 0;
678    free3:
679        ffree(rf);
680        fdp->fd_ofiles[retval[0]] = 0;
681    free2:
682        (void) soclose(wso);
683    free1:
684        (void) soclose(rso);
685        return (error);
686    }
```
uipc_syscalls.c

图17-31 （续）

654-686 调用socreate创建两个Unix域流插口，pipe系统调用与socketpair系统调用的唯一差别就是pipe把两个描述符中的第一个设置成只读(read-only)，把第二个设置成只写(write_only)；两个描述符由retval参数返回，而不是通过copyout；pipe直接调用unp_connect2，而不是通过soconnect2函数。

　　Unix的一些版本，特别是SVR4，创建的管道两端均可进行读写。

17.14 PRU_ACCEPT请求

　　对于一个流插口，接受一个新的连接所需的大部分处理工作由其他内核函数完成：sonewconn创建新的socket结构，并发出PRU_ATTACH请求，accept系统调用将插口从已完成连接队列中删除并调用soaccept。soaccept(卷2)仅发出PRU_ACCEPT请求，用于Unix域的PRU_ACCEPT请求。如图17-33所示。

返回客户进程的路径名

94-108 如果客户进程调用bind，并且同客户进程的连接仍然存在，那么这个请求把含有客户进程路径名的sockaddr_un复制到由nam参数指向的mbuf。否则，返回空路径名(sun_nonname)。

uipc_usrreq.c
```
91     case PRU_DISCONNECT:
92         unp_disconnect(unp);
93         break;
```
uipc_usrreq.c

图17-32 PRU_DISCONNECT请求

uipc_usrreq.c
```
94     case PRU_ACCEPT:
95         /*
96          * Pass back name of connected socket,
97          * if it was bound and we are still connected
98          * (our peer may have closed already!).
99          */
100        if (unp->unp_conn && unp->unp_conn->unp_addr) {
101            nam->m_len = unp->unp_conn->unp_addr->m_len;
102            bcopy(mtod(unp->unp_conn->unp_addr, caddr_t),
```

图17-33 PRU_ACCEPT请求

```
103                    mtod(nam, caddr_t), (unsigned) nam->m_len);
104          } else {
105              nam->m_len = sizeof(sun_noname);
106              *(mtod(nam, struct sockaddr *)) = sun_noname;
107          }
108          break;
```
—— *uipc_usrreq.c*

图17-33 （续）

17.15 PRU_DISCONNECT请求和unp_disconnect函数

如果插口已建连，close系统调用就发出PRU_DISCONNECT请求，如图17-32所示。

91-93 p_disconnect函数完成所有的断连工作，如图17-34所示。

—— *uipc_usrreq.c*
```
453 void
454 unp_disconnect(unp)
455 struct unpcb *unp;
456 {
457     struct unpcb *unp2 = unp->unp_conn;

458     if (unp2 == 0)
459         return;
460     unp->unp_conn = 0;
461     switch (unp->unp_socket->so_type) {
462     case SOCK_DGRAM:
463         if (unp2->unp_refs == unp)
464             unp2->unp_refs = unp->unp_nextref;
465         else {
466             unp2 = unp2->unp_refs;
467             for (;;) {
468                 if (unp2 == 0)
469                     panic("unp_disconnect");
470                 if (unp2->unp_nextref == unp)
471                     break;
472                 unp2 = unp2->unp_nextref;
473             }
474             unp2->unp_nextref = unp->unp_nextref;
475         }
476         unp->unp_nextref = 0;
477         unp->unp_socket->so_state &= ~SS_ISCONNECTED;
478         break;
479     case SOCK_STREAM:
480         soisdisconnected(unp->unp_socket);
481         unp2->unp_conn = 0;
482         soisdisconnected(unp2->unp_socket);
483         break;
484     }
485 }
```
—— *uipc_usrreq.c*

图17-34 unp_disconnect函数

1. 检查插口是否有连接

458-460 如果插口没有连接到其他插口，则函数立即返回；否则就将unp_conn置为0。表明这个插口没有连接到其他插口。

2. 将关闭的数据报PCB从链表中删除

462-478 这部分代码把关闭插口的PCB从已连接数据报PCB的链表中删除。例如，如果我们从图17-25开始，然后关闭最左边的插口，就得到图17-35中的数据结构。由于`unp2->unp_refs`等于`unp`(被关闭的PCB是链表的头)，所以被关闭的PCB的`unp_nextref`指针成为新的链表头。

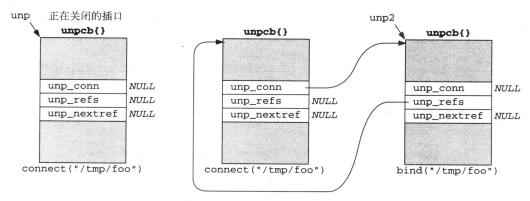

图17-35 最左边插口关闭后图17-25中的链表所发生的变化

如果我们再从图17-25开始，关闭中间的插口，就得到图17-36中的数据结构。这一次被关闭插口的PCB就不是链表的头。`unp2`从链表的头开始查看被关闭的PCB之前的PCB。删除关闭的PCB之后，`unp2`就指向图17-36中最左边的PCB。然后将关闭PCB的`unp_nextref`指针赋给链表(unp)上前一个PCB的`unp_nextref`。

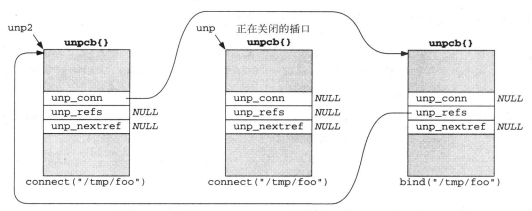

图17-36 中间插口关闭后图17-25中的链表所发生的变化

3. 完成流插口的断连

479-483 由于一个Unix域流插口只能同一个流插口建连，因而不涉及链表，断开连接就比较简单。将连接对方的`unp_conn`指针置为0，并且对客户进程和服务器进程均调用`soisdisconnected`。

17.16 PRU_SHUTDOWN请求和unp_shutdown函数

当进程调用shutdown禁止任何进一步输出时，发出PRU_SHUTDOWN请求，如图17-37所示。

```
                                                                    —— uipc_usrreq.c
109        case PRU_SHUTDOWN:
110            socantsendmore(so);
111            unp_shutdown(unp);
112            break;
                                                                    —— uipc_usrreq.c
```

图17-37 PRU_SHUTDOWN请求

109-112 socantsendmore设置插口标志禁止任何进一步的输出，然后调用图17-38中的
unp_shutdown函数。

```
                                                                    —— uipc_usrreq.c
494 void
495 unp_shutdown(unp)
496 struct unpcb *unp;
497 {
498     struct socket *so;

499     if (unp->unp_socket->so_type == SOCK_STREAM && unp->unp_conn &&
500         (so = unp->unp_conn->unp_socket))
501         socantrcvmore(so);
502 }
                                                                    —— uipc_usrreq.c
```

图17-38 unp_shutdown函数

如果是流插口通知对等插口

499-502 对于数据报插口不需要再做什么。但是，如果这个插口是流插口，并且还与另一
个插口相连，且对等端插口还有一个socket结构，则对对等端插口调用socantrcvmore。

17.17 PRU_ABORT请求和unp_drop函数

如果插口是一个监听插口，并且未完成的连接依然在队列中，那么soclose就发出
PRU_ABORT请求，如图17-39所示。soclose对在未完成连接队列和已完成连接队列中的每
一个插口都发出这个请求(卷2图15-39)。

```
                                                                    —— uipc_usrreq.c
209        case PRU_ABORT:
210            unp_drop(unp, ECONNABORTED);
211            break;
                                                                    —— uipc_usrreq.c
```

图17-39 PRU_ABORT请求

209-211 图17-40中的unp_drop函数产生一个ECONNABORTED错误，我们在图17-14中看
到，unp_detach也调用带有参数ECONNRESET的unp_drop函数。

```
                                                                    —— uipc_usrreq.c
503 void
504 unp_drop(unp, errno)
505 struct unpcb *unp;
506 int     errno;
507 {
508     struct socket *so = unp->unp_socket;

509     so->so_error = errno;
```

图17-40 unp_drop函数

```
510        unp_disconnect(unp);
511        if (so->so_head) {
512            so->so_pcb = (caddr_t) 0;
513            m_freem(unp->unp_addr);
514            (void) m_free(dtom(unp));
515            sofree(so);
516        }
517    }
```
———————————————————————————————— *uipc_usrreq.c*

图17-40 （续）

1. 保存错误，断开插口连接

509-510 设置插口的so_error值，并且如果插口上有连接，就调用unp_disconnect。

2. 如果插口在监听服务器的队列上，就删除数据结构

511-516 如果插口的so_head指针非空，那么插口当前不是在监听插口的未完成连接队列上，就是在监听插口的已完成连接队列上。从socket到unpcb的指针都置为0，调用m_freem释放包含绑定到监听插口的路径名的mbuf(回想图17-20)，下一次调用m_free释放unpcb结构。sofree释放socket结构。由于插口在监听服务器的任何一个队列中，所以还没有与它相对应的file结构，因为该结构是在插口从已完成连接队列中被删除时调用accept分配的。

17.18 其他各种请求

图17-41描述了其余6个尚未讨论的请求。

———————————————————————————————— *uipc_usrreq.c*
```
212    case PRU_SENSE:
213        ((struct stat *) m)->st_blksize = so->so_snd.sb_hiwat;
214        if (so->so_type == SOCK_STREAM && unp->unp_conn != 0) {
215            so2 = unp->unp_conn->unp_socket;
216            ((struct stat *) m)->st_blksize += so2->so_rcv.sb_cc;
217        }
218        ((struct stat *) m)->st_dev = NODEV;
219        if (unp->unp_ino == 0)
220            unp->unp_ino = unp_ino++;
221        ((struct stat *) m)->st_ino = unp->unp_ino;
222        return (0);

223    case PRU_RCVOOB:
224        return (EOPNOTSUPP);

225    case PRU_SENDOOB:
226        error = EOPNOTSUPP;
227        break;

228    case PRU_SOCKADDR:
229        if (unp->unp_addr) {
230            nam->m_len = unp->unp_addr->m_len;
231            bcopy(mtod(unp->unp_addr, caddr_t),
232                mtod(nam, caddr_t), (unsigned) nam->m_len);
233        } else
234            nam->m_len = 0;
235        break;
```

图17-41 其他的PRU_xxx请求

```
236        case PRU_PEERADDR:
237            if (unp->unp_conn && unp->unp_conn->unp_addr) {
238                nam->m_len = unp->unp_conn->unp_addr->m_len;
239                bcopy(mtod(unp->unp_conn->unp_addr, caddr_t),
240                        mtod(nam, caddr_t), (unsigned) nam->m_len);
241            } else
242                nam->m_len = 0;
243            break;

244        case PRU_SLOWTIMO:
245            break;
```
uipc_usrreq.c

图17-41 （续）

1. PRU_SENSE请求

212-217　　这个请求是由fstat系统调用发出的。将插口发送缓存高水位标记的当前值赋给stat结构的st_blksize作为返回值。另外，如果这个插口是一个有连接的流插口，那么将对等端插口接收缓存中的字节数加到这个值上。当我们讨论18.2节中的PRU_SEND请求时会看到，这两个值之和就是两个相连的流插口间的实际"管道"容量。

218　　将st_dev置为NODEV(所有比特为全1的常数值，代表一个不存在的设备)。

219-221　　i-node号标识文件系统中的文件。该值(stat结构的st_ino字段)是作为一个Unix域插口的i-node号返回的，它是从全局变量unp_ino得到的一个唯一值。如果还没有为unpcb分配一个这类伪i-node号，就将unp_ino的当前值赋给该unpcb作为其i-node号，然后将unp_ino加1。之所以称这些i-node号为伪i-node号，是因为它们并不是文件系统中的实际文件。它们仅在需要时由一个全局计数器产生。如果要求将Unix域插口绑定到文件系统中的一个路径名(不是这种情况)，PRU_SENSE请求就能使用st_dev和st_ino值来代替绑定路径名。

> 全局变量unp_ino的递增应当在赋值之前而不是在赋值之后完成。在内核重启后，对Unix域插口第一次调用fstat时，存储在插口unpcb中的值将为0。但是，如果对相同的插口再次调用fstat，由于unpcb中的当前值是0，所以将全局变量unp_ino的非0值保存在其PCB中。

2. PRU_RCVOOB请求和PRU_SENDOOB请求

223-227　　Unix域不支持带外数据。

3. PRU_SOCKADDR请求

228-235　　这个请求返回绑定到插口的协议地址(在Unix域插口中为路径名)。如果路径名绑定到插口，unp_addr就指向包含存储路径名的sockaddr_un的mbuf。uipc_usrreq的nam参数指向由调用者分配的、用于接收结果的mbuf。调用m_copy产生插口地址结构的副本。如果路径名没有绑定到插口，那么将mbuf的长度域设置为0。

4. PRU_PEERADDR请求

236-243　　处理这个请求与前一个请求相似，但是期望的路径名是绑定到与发起连接的插口相连的插口的名字。如果发起连接的插口已连接到一个对等端插口，那么unp_conn非空。

　　没有绑定路径名的插口对这两个请求的处理与PRU_ACCEPT请求的处理不同(图17-33)。当没有名字存在时，getsockname和getpeername系统调用通过第三个

参数返回0。而accept函数通过第三个参数返回16，通过第二个参数返回包含在
sockaddr_un中由空字节组成的路径名(sun_noname是一个通用的sockaddr结
构，它的长度是16字节)。

5. PRU_SLOWTIMO请求

244-245 由于Unix域协议不使用定时器，所以从来不会发出这个请求。

17.19 小结

我们在本章看到的Unix域协议实现简单直观。它提供了流和数据报插口，其中流协议类
似于TCP，数据报协议类似于UDP。

路径名能绑定到Unix域插口。服务器进程绑定其知名的路径名，客户进程连接到这个路
径名。数据报插口也可以建连，与UDP一样，多个客户进程可以连接到同一个服务器进程上。
Socketpair函数也可以创建尚未命名的Unix域插口。Unix pipe系统调用能创建两个互相
连接的Unix域流插口，源于伯克利系统的管道实际上就是Unix域流插口。

与Unix域插口有关的协议控制块是unpcb结构。与其他域不同的是这些PCB并不保存在
一个链表中。然而，当一个Unix域插口需要与另一个Unix域插口同步时(connect或
sendto)，通过内核中的路径名查找函数namei来定位目的unpcb，函数namei得到一个
vnode结构，通过这个结构得到目的unpcb。

第18章 Unix 域协议：I/O和描述符的传递

18.1 概述

本章继续描述上一章的Unix域协议实现。本章的第一节讲述I/O、PRU_SEND和PRU_RCVD请求，其余部分介绍描述符传递。

18.2 PRU_SEND和PRU_RCVD请求

无论什么时候，当一个进程给Unix域插口发送数据或者控制信息时都要发出PRU_SEND请求。请求的第一部分首先处理控制信息，然后处理数据报插口，如图18-1所示。

```
                                                              ─── uipc_usrreq.c
140     case PRU_SEND:
141         if (control && (error = unp_internalize(control, p)))
142             break;
143         switch (so->so_type) {

144         case SOCK_DGRAM:{
145                 struct sockaddr *from;

146                 if (nam) {
147                     if (unp->unp_conn) {
148                         error = EISCONN;
149                         break;
150                     }
151                     error = unp_connect(so, nam, p);
152                     if (error)
153                         break;
154                 } else {
155                     if (unp->unp_conn == 0) {
156                         error = ENOTCONN;
157                         break;
158                     }
159                 }
160                 so2 = unp->unp_conn->unp_socket;
161                 if (unp->unp_addr)
162                     from = mtod(unp->unp_addr, struct sockaddr *);
163                 else
164                     from = &sun_noname;
165                 if (sbappendaddr(&so2->so_rcv, from, m, control)) {
166                     sorwakeup(so2);
167                     m = 0;
168                     control = 0;
169                 } else
170                     error = ENOBUFS;
171                 if (nam)
172                     unp_disconnect(unp);
173                 break;
174             }
                                                              ─── uipc_usrreq.c
```

图18-1 数据报插口的PRU_sSEND请求

1. 初始化所有控制信息

141-142 如果进程使用sendmsg发送控制信息，函数unp_internalize将嵌入的描述符转换成file指针，我们将在18.4节中描述这个函数。

2. 暂时连接一个无连接的数据报插口

146-153 如果进程传送一个带有目的地址的插口地址结构(也就是说，nam参数非空)，那么插口必须是无连接的，否则返回EISCONN错误。通过unp_connect连接无连接的插口。暂时连接一个无连接的数据报插口的代码与卷2图23-15的UDP代码相似。

154-159 如果进程没有传递一个目的地址，那么对于一个无连接的插口就返回ENOTCONN错误。

3. 传递发送者的地址

160-164 so2指向目的插口的socket结构。如果发送插口(unp)已经绑定了一个路径名，from就指向包含路径名的sockaddr_un结构；否则，from指向sun_noname，sun_noname是一个以空字节作为路径名首字符的sockaddr_un结构。

　　如果一个Unix域数据报的发送者没有绑定一个路径名到它的插口，数据报的接收者由于没有目的地址(例如，路径名)而不能用sendto发送应答。这就与UDP不同，当数据报第一次到达一个未绑定的数据报插口时，协议就会自动为其分配一个临时的端口号。UDP能为应用程序自动选择端口号的一个原因是这些端口号仅由UDP使用。然而，文件系统中的路径名并不是仅为Unix域插口保留。因而为一个没有绑定的Unix域插口自动选择路径名可能会在后面产生冲突。

　　是否需要一个应答取决于应用程序。例如，syslog函数没有绑定一个路径名到它的Unix域数据报插口，它仅发送报文到本地syslogd守护进程而不想得到一个应答。

4. 把控制、地址和数据mbuf添加到插口接收队列

165-170 sbappendaddr将控制信息(如果需要)、发送者地址和数据添加到接收插口的接收队列。如果函数调用成功，sorwakeup就要唤醒所有等待这些数据的接收者，为了防止mbuf指针m和control在函数结束时被释放，将它们全置为0(图17-10)。如果出现错误(可能因为在接收队列上没有足够空间来存放数据、地址和控制信息)，就返回ENOBUFS。

　　处理这种错误与UDP不同。如果在接收队列上没有足够的空间，使用Unix域数据报插口的sender就会收到从它的输出操作返回的错误。同UDP一样，如果在接口输出队列上有足够的空间，那么发送者的输出操作就会成功。如果接收UDP发现在接收插口的接收队列上没有空间，它通常发送一个ICMP端口不可达的错误给发送者，但是如果发送者没有连接到接收者，它也就不可能收到这个错误(如同卷2第600~601页描述的一样)。为什么当接收者的缓存满时Unix域发送者不阻塞，而是收到ENOBUFS错误？传统上，数据报不保证可靠的数据传输。[Rago 1993]认为，在SVR4下编译内核时，是否给Unix域数据报插口提供流量控制是由厂家来决定的。

5. 暂时断开与相连插口的连接

171-172 unp_disconnect断开暂时连接的插口。

图18-2给出了对于流插口的PRU_SEND请求的处理。

―――――――――――――――――――――――――― *uipc_usrreq.c*

```
175            case SOCK_STREAM:
176 #define rcv (&so2->so_rcv)
177 #define snd (&so->so_snd)
178            if (so->so_state & SS_CANTSENDMORE) {
179                error = EPIPE;
180                break;
181            }
182            if (unp->unp_conn == 0)
183                panic("uipc 3");
184            so2 = unp->unp_conn->unp_socket;
185            /*
186             * Send to paired receive port, and then reduce
187             * send buffer hiwater marks to maintain backpressure.
188             * Wake up readers.
189             */
190            if (control) {
191                if (sbappendcontrol(rcv, m, control))
192                    control = 0;
193            } else
194                sbappend(rcv, m);
195            snd->sb_mbmax -=
196                rcv->sb_mbcnt - unp->unp_conn->unp_mbcnt;
197            unp->unp_conn->unp_mbcnt = rcv->sb_mbcnt;
198            snd->sb_hiwat -= rcv->sb_cc - unp->unp_conn->unp_cc;
199            unp->unp_conn->unp_cc = rcv->sb_cc;
200            sorwakeup(so2);
201            m = 0;
202 #undef snd
203 #undef rcv
204            break;

205        default:
206            panic("uipc 4");
207        }
208        break;
```

―――――――――――――――――――――――――― *uipc_usrreq.c*

图18-2 流插口的PRU_SEND请求

6. 验证插口状态

175-183   如果插口的发送方已经关闭，就返回EPIPE。因为sosend验证需要一个连接的插口是否已建立连接，所以这个插口必须已建连，否则调用panic(卷2图16-24)。

　　　第一次测试好像是一个早期版本中遗留下来的，sosend已经做了这个测试(卷2图16-24)。

7. 把mbuf添加到接收缓存

184-194   so2指向接收插口的socket结构。如果进程使用sendmsg传送了控制信息，那么控制mbuf和任何数据mbuf都要通过sbappendcontrol添加到接收插口的接收缓存。否则，sbappend将数据mbuf添加到接收缓存。如果sbappendcontrol失败，为了防止在函数结尾调用m_freem，将control指针设置为0(图17-10)，因为sbappendcontrol已经释放了mbuf。

8. 更新发送者和接收者的计数器(端到端的流量控制)

195-199   对于发送者要更新两个变量：sb_mbmax(缓存中所有mbuf允许的最大字节数)和

sb_hiwat(缓存中允许存放实际数据的最大字节数)，在卷2的图16-24中我们注意到，对mbuf所做的限制防止了大量小报文消耗太多的mbuf。

对于Unix域流插口，这两个限制指的是接收缓存和发送缓存中的两个计数器的和。例如，一个Unix域流插口的发送缓存和接收缓存的sb_hiwat初始值都是4096(图17-2)。如果发送者把1024字节写到插口上，不仅接收者的sb_cc(插口缓存中的当前字节数)从0增长到1024(正如我们所希望的)，而且发送者的sb_hiwat从4096减到3072(这是我们所不希望的)。对于其他协议如TCP，如果没有显式设置插口的选项，缓存的sb_hiwat值决不会变化。sb_mbmax也是一样：当接收者的sb_mbcnt值增加时，发送者的sb_mbmax值下降。

因为发送给Unix域流插口的数据从来不会放在发送插口的发送缓存中，所以要改变发送者的缓存限制和接收者的当前计数。数据被立即加到接收插口的接收缓存中，没有必要浪费时间把数据放到发送插口的发送队列上，然后立即或晚些时候把它发送到接收队列上。如果接收缓存中没有空闲空间，发送者就要被阻塞。但是，如果sosend阻塞发送者，发送缓存中的空间大小必须反映相应接收缓存中的空间大小。代替修改发送缓存数，当发送缓存中没有数据时，很容易修改发送缓存限制来反映相应接收缓存中的空间大小。

198-199 如果我们只是检验发送者的sb_hiwat和接收者的unp_cc的操作(sb_mbmax和unp_mbcnt的操作也基本相同)，在这一点上由于数据刚被添加到接收缓存，所以rcv->sb_cc就等于接收缓存中的字节数。unp->unp_conn->unp_cc是rcv->sb_cc的前一个值，所以它们之间的差值就是刚刚添加到接收缓存的字节数(也就是写的字节数)。同时，将snd->sb_hiwat的值减去相同的字节数(刚写的字节数)。接收缓存中的当前字节数保存在unp->unp_conn->unp_cc中，所以下一次通过这段代码我们能计算出写了多少数据。

例如，当创建插口时，发送者的sb_hiwat是4096，接收者的sb_cc和unp_cc都为0。如果写了1024字节，那么发送者的sb_hiwat变为3072，接收者的sb_cc和unp_cc都是1024。在图18-3中我们还将看到，当接收进程读这1024字节时，发送者的sb_hiwat增加到4096，而接收者的sb_cc和unp_cc都降为0。

9. 唤醒等待数据的所有进程

200-201 sorwakeup唤醒等待数据的任何进程，由于mbuf现在在接收队列上，所以为了防止在函数结尾调用m_freem，将m设置为0。

图18-3中I/O代码的最后部分是PRU_RCVD请求，当从一个插口读数据并且协议设置PR_WANTRCVD标志时，soreceive发出这个请求(卷2图16-51)，图17-5中对Unix域流协议设置这个标志。这个请求的目的是当插口层把数据从一个插口的接收缓存中移走时让协议层获得控制。例如，由于插口接收缓存中现在有更多的自由空间，TCP使用这个请求来判断是否应该将新的窗口宽度发送到对端，Unix域流协议使用这个请求去更新发送者和接收者的缓存计数器。

10. 检查对等实体是否终止

121-122 如果写数据的对等实体已经结束，不需做任何工作。注意，接收者的数据并不丢弃；然而，由于发送进程关闭了它的插口，所以发送者的缓存计数器就不能更新。由于发送者不再往插口写任何数据，所以没有必要更新缓存计数器。

11. 更新缓存计数器

123-131 so2指向发送者socket结构。根据读到的数据来更新发送者的sb_mbmax和sb_hiwat。例如，unp->unp_cc减去rcv->sb_cc就是所读到的数据字节数。

uipc_usrreq.c

```
113        case PRU_RCVD:
114            switch (so->so_type) {

115            case SOCK_DGRAM:
116                panic("uipc 1");
117                /* NOTREACHED */

118            case SOCK_STREAM:
119 #define rcv (&so->so_rcv)
120 #define snd (&so2->so_snd)
121                if (unp->unp_conn == 0)
122                    break;
123                so2 = unp->unp_conn->unp_socket;
124                /*
125                 * Adjust backpressure on sender
126                 * and wake up any waiting to write.
127                 */
128                snd->sb_mbmax += unp->unp_mbcnt - rcv->sb_mbcnt;
129                unp->unp_mbcnt = rcv->sb_mbcnt;
130                snd->sb_hiwat += unp->unp_cc - rcv->sb_cc;
131                unp->unp_cc = rcv->sb_cc;
132                sowwakeup(so2);
133 #undef snd
134 #undef rcv
135                break;

136            default:
137                panic("uipc 2");
138            }
139            break;
```

uipc_usrreq.c

图18-3 PRU_RCVD请求

12. 唤醒任何发送数据进程

132   当从接收队列读数据时，增加发送者的sb_hiwat。由于可能有空间，所以任何等待往插口写数据的进程都被唤醒。

18.3 描述符的传递

描述符的传递对于进程间通信来说是一项重大的技术。[Stevens 1992]的第15章在4.4BSD和SVR4下有使用这种技术的例子。虽然在这两种实现中的系统调用不同，但是那些例子提供了对应用程序屏蔽实现差异的库函数。

历史上描述符传递一直被称为访问权(access right)。描述符代表一种对底层对象执行I/O的权力(如果我们没有这个权力，内核就不会为我们打开描述符)。但是这个能力仅在打开描述符的进程环境中才有意义。例如，将描述符号，假定等于4，从一个进程传到另一个进程，但并不传递这些权力，因为在接收进程中描述符4也许并没有打开，并且即使已经打开了，它代表的文件也可能与发送进程中所代表的文件不相同。描述符只是一个在给定进程中才有意义的标识符。一个描述符以及与其相联系的权力从一个进程传送到另一个进程需要从内核得到额外的支持。唯一能从一个进程传到另一个进程的访问权就是描述符。

图18-4显示了涉及将描述符从一个进程传到另一个进程的数据结构。传送过程如下：

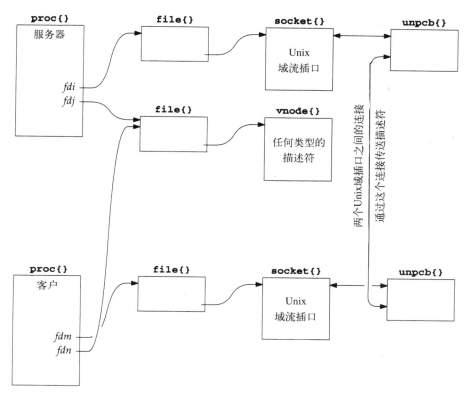

图18-4 在描述符传递中涉及的数据结构

1) 我们假定最上面进程是一个从Unix域流插口上接受连接的服务器进程。客户进程是最下面的进程，它创建一个Unix域流插口并与服务器进程的插口建连。客户进程用*fdm*引用它的插口，而服务器进程用*fdi*来引用它的插口。在这个例子中我们用的是流插口，但是我们还将看到描述符传递也能在Unix域数据报插口间进行。我们也假定17.10节中accept返回的*fdi*作为服务器进程的连接插口，为了简单起见，我们不显示服务器进程监听插口的结构。

2) 服务器进程还打开另一个文件，并用*fdj*来访问它。通过描述符访问的文件可能是任何类型的文件：文件、设备、插口，等等，我们用vnode来表示这类文件。文件的访问计数，也就是它的file结构的f_count字段，在文件第一次打开时等于1。

3) 服务器在*fdi*上调用sendmsg发送包含一个类型值SCM_RIGHTS和 *fdj* 值的控制信息。从而将描述符传送给接收者，即客户进程中的 *fdm*。将与 *fdj* 相联系的file结构中的引用数增加到2。

4) 客户进程在*fdm*上调用带有控制信息缓存的recvmsg，返回的控制信息有一个类型值SCM_RIGHTS和*fdn*值，在客户进程中*fdn*是最低的、尚未使用的描述符。

5) 在服务器进程中，当sendmsg返回后，服务器通常会关闭刚才传送的描述符(*fdj*)。这会导致引用计数减到1。我们说在sendmsg和recvmsg之间描述符在"传送中"(*in flight*)。

三个计数器由内核负责维护，描述符传递中要用到它们。

1) f_count是file结构的一个字段，用来记录该结构的引用次数。当多个描述符共享相同的file结构时，这个字段等于描述符数。例如当一个进程打开一个文件时，该文件的f_count为1。如果进程接着调用fork，由于file结构在父进程和子进程间共享，所以f_count的值变为2，并且父进程和子进程都有一个描述符指向相同的文件结构。当一个描述符被关闭时，f_count值以1递减，如果值减到0，相应的文件或插口被关闭，并且file结构能重新使用。

2) f_msgcount也是file结构的一个字段，但是它仅在传送描述符时等于非0。当描述符由sendmsg传送时，f_msgcount以1递增。当recvmsg接收到描述符时，f_msgcount以1递减。f_msgcount值是这个file结构的引用数，file结构由插口接收队列中的描述符保持着(即目前是在传送中)。

3) unp_rights是一个全局变量，用来记录当前正被传送的描述符个数，也就是当前插口接收队列中的描述符总数。

对于一个已打开，但还没有被传送的描述符，f_count的值大于0，f_msgcount的值等于0。图18-5显示了当一个描述符传送时三个变量的值，我们假定当前内核没有传送其他的描述符。

	f_count	f_msgcount	unp_rights
发送方执行open后	1	0	0
发送方执行sendmsg后	2	1	1
在接收方的队列上	2	1	1
接收方执行recvmsg后	2	0	0
发送方执行close后	1	0	0

图18-5 描述符传送过程中内核变量的值

在这个图中我们假定，接收者的recvmsg返回后发送者关闭描述符。但是在接收者调用recvmsg之前，允许发送者在描述符传递过程中关闭它，图18-6表示了这种情况发生时三个变量的值。

	f_count	f_msgcount	unp_rights
发送方执行open后	1	0	0
发送方执行sendmsg后	2	1	1
在接收方的队列上	2	1	1
发送方执行close后	1	1	1
在接收方的队列上	1	1	1
接收方执行recvmsg后	1	0	0

图18-6 描述符传送过程中内核变量的值

无论发送者在接收者调用recvmsg之前或之后关闭描述符，最终结果都是一样的。我们从上面两个图中也能看到，sendmsg增加所有的三个计数器，而recvmsg只减少表中的最后两个计数器。

用来传送描述符的内核代码从概念上看是比较简单的。将传送的描述符转换成相应的file指针并传送到Unix域插口的另一端。在接收进程中，接收者把file指针转换为最低的、没有使用的描述符。然而在处理可能的错误时就有问题了，例如，当一个描述符在它的接收队列上时，接收进程就能关闭它的Unix域插口。

将一个描述符转换成相应的file指针叫作内部化(internalizing)，在接收进程中，随后的file指针转换成最低的。没有使用的描述符叫作外部化(externalizing)。如果进程传送控制信息，图18-1中的PRU_SEND请求将调用unp_internalize函数。如果进程正在读MT_CONTROL类型的一个mbuf，soreceive就调用unp_externalize函数(卷2图16-44)。

图18-7显示了被进程传送到sendmsg的控制信息的定义，这里控制信息用于传送描述符。当接收到一个描述符时，recvmsg填充相同类型的一个结构。

```
                                                                    socket.h
251 struct cmsghdr {
252     u_int   cmsg_len;          /* data byte count, including hdr */
253     int     cmsg_level;        /* originating protocol */
254     int     cmsg_type;         /* protocol-specific type */
255 /* followed by  u_char  cmsg_data[]; */
256 };
                                                                    socket.h
```

图18-7 cmsghdr结构

例如，如果进程发送两个描述符，它们的值分别是3和7，图18-8给出了控制信息的格式。我们还给出了msghdr结构中描述控制信息的两个字段。

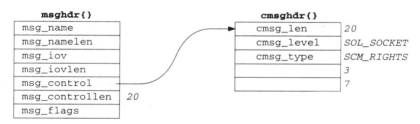

图18-8 传送两个描述符的控制信息的例子

通常一个进程使用一个sendmsg能发送任意个描述符，但是传送描述符的应用程序典型情况下只传送一个描述符。有一个内部约束限制着控制信息总的大小必须适合一个mbuf(由sockargs函数强加的，这个sockargs函数又是被sendit函数调用的，分别见卷2图15-20和图16-21)，这样就限制了任何进程最多只能传送24个描述符。

在4.3BSD Reno之前，msghdr结构的msg_control和msg_controllen字段分别为msg_accrights和msg_accrightslen。

明显冗余的cmsg_len字段总是等于msg_controllen，这其中的原因是允许多条控制信息出现在同一个控制缓存中，但是我们将看到源代码不支持这种情况，而是要求每个控制缓存仅有一个控制报文。

对于一个UDP数据报，Internet域中支持的唯一控制信息是返回目的IP地址(卷2图23-25)。对于各种特定OSI用途的OSI协议支持四种不同类型的控制信息。

图18-9总结了在发送和接收描述符过程中调用的函数，带阴影的函数在本卷中讲述，其余的函数见卷2。

图18-10总结了unp_internalize和unp_externalize对用户控制缓存和内核mbuf中的描述符和file指针的各种操作。

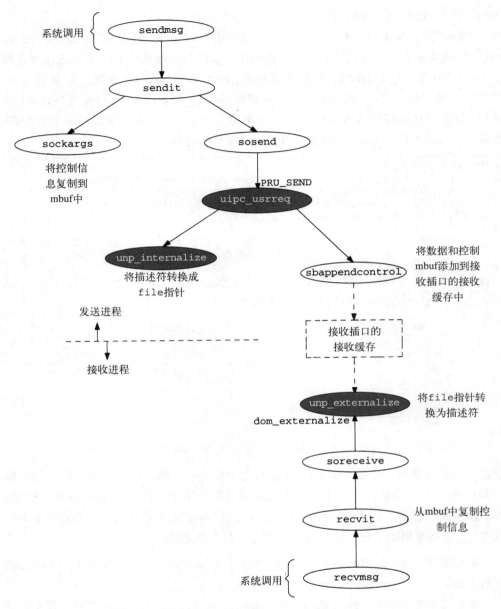

图18-9 在传送描述符过程中涉及的函数

18.4 `unp_internalize`函数

图18-11描述了`unp_internalize`函数。正如我们在图18-1中看到的一样，当发出 PRU_SEND请求并且进程正传送描述符时，`uipc_usrreq`调用这个函数。

1. 验证`cmsghdr`字段

564-566 用户的`cmsghdr`结构必须指定类型SCM_RIGHTS和级别SOL_SOCKET，并且它的长度字段必须等于mbuf中的数据量(这是`msghdr`结构中`msg_controllen`字段的一个副本，`msghdr`结构由进程传送到`sendmag`)。

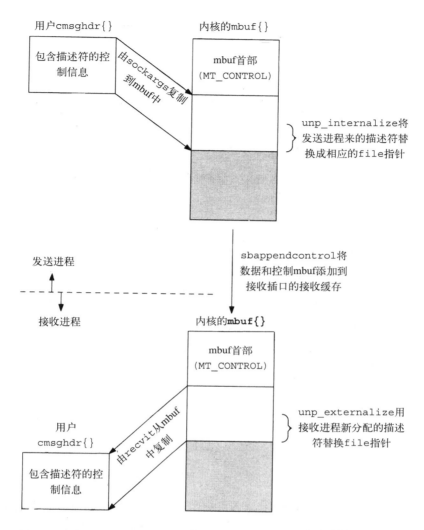

图18-10 由unp_internalize和unp_externalize执行的操作

2. 验证传送描述符的有效性

567-574   oldfds设置为被传送的描述符数，rp指向第一个描述符。对于每一个被传送的描述符，for循环验证这个描述符不会比当前被进程使用的最大描述符还大，以及指针非空（即描述符已打开）。

3. 用file指针替换描述符

575-578   将rp重新设置为指向第一个描述符，for循环用引用的file指针fp替换每一个描述符。

4. 增加三个计数器

579-581   file结构的f_count和f_msgcount元素递增，前者在每一次描述符关闭时递减，而后者由unp_externalize递减。另外，对于每一个由unp_internalize传送的描述符来说，全局变量unp_rights递增。我们将看到，对于每一个由unp_externalize接受的描述符，unp_rights将递减。任何时候它的值都是当前内核中正在传送的描述符数。

———————————————————————————————————— uipc_usrreq.c

```
553 int
554 unp_internalize(control, p)
555 struct mbuf *control;
556 struct proc *p;
557 {
558     struct filedesc *fdp = p->p_fd;
559     struct cmsghdr *cm = mtod(control, struct cmsghdr *);
560     struct file **rp;
561     struct file *fp;
562     int     i, fd;
563     int     oldfds;

564     if (cm->cmsg_type != SCM_RIGHTS || cm->cmsg_level != SOL_SOCKET ||
565         cm->cmsg_len != control->m_len)
566         return (EINVAL);
567     oldfds = (cm->cmsg_len - sizeof(*cm)) / sizeof(int);
568     rp = (struct file **) (cm + 1);
569     for (i = 0; i < oldfds; i++) {
570         fd = *(int *) rp++;
571         if ((unsigned) fd >= fdp->fd_nfiles ||
572             fdp->fd_ofiles[fd] == NULL)
573             return (EBADF);
574     }
575     rp = (struct file **) (cm + 1);
576     for (i = 0; i < oldfds; i++) {
577         fp = fdp->fd_ofiles[*(int *) rp];
578         *rp++ = fp;
579         fp->f_count++;
580         fp->f_msgcount++;
581         unp_rights++;
582     }
583     return (0);
584 }
```

———————————————————————————————————— uipc_usrreq.c

图18-11 unp_internalize函数

我们在图17-14中看到，当任何Unix域插口关闭，并且计数器非0时，调用无用单元收集函数 unp_gc，以免关闭的插口在它的接收队列上包含任何正在传送的描述符。

18.5 unp_externalize函数

图18-12表示了unp_externalize函数，当一个类型为MT_CONTROL的mbuf在插口的接收队列上，并且进程正准备接收控制信息时，soreceive像调用dom_externalize函数一样调用unp_externalize(卷2图16-44)。

1. 验证接收进程是否有足够的可用描述符

532-541 newfds是外部化的mbuf中file指针的数目。fdavail是检验进程是否有足够可用描述符的一个内核函数。如果没有足够的可用描述符，那么对于每一个描述符调用 unp_discard(在下一节描述)，并且返回EMSGSIZE给进程。

2. 把file指针转换成描述符

542-546 对于进程中每一个传送的file指针，最小的没有使用的描述符由fdalloc来分配。fdalloc的第二个参数0告诉它不需要分配一个file结构，因为此时需要的只是一个描述符。fdalloc通过f返回描述符。进程中的描述符指向file指针。

3. 递减两个计数器

547-548 对于每一个传送的描述符，两个计数器f_msgcount和unp_rights都要递减。

4. 用描述符替换file指针

549 新分配的描述符替换mbuf中的file指针，这是作为控制信息返回到进程中的值。

如果由进程传送到recvmsg的控制缓存不够，接收传送的描述符怎么办？
unp_externalize仍然分配进程中需要的描述符数，描述符全部指向正确的file结
构，但是recvit(卷2的图16-44)仅仅返回与进程分配的缓存相适应的控制信息。如
果导致控制信息的不完整截断，那么就要置上msg_flags字段中的MSG_CTRUNC标
志，进程通过测试这个标志来判断recvmsg返回的控制信息的完整性。

```
                                                              ── uipc_usrreq.c
523 int
524 unp_externalize(rights)
525 struct mbuf *rights;
526 {
527     struct proc *p = curproc;    /* XXX */
528     int     i;
529     struct cmsghdr *cm = mtod(rights, struct cmsghdr *);
530     struct file **rp = (struct file **) (cm + 1);
531     struct file *fp;
532     int     newfds = (cm->cmsg_len - sizeof(*cm)) / sizeof(int);
533     int     f;

534     if (!fdavail(p, newfds)) {
535         for (i = 0; i < newfds; i++) {
536             fp = *rp;
537             unp_discard(fp);
538             *rp++ = 0;
539         }
540         return (EMSGSIZE);
541     }
542     for (i = 0; i < newfds; i++) {
543         if (fdalloc(p, 0, &f))
544             panic("unp_externalize");
545         fp = *rp;
546         p->p_fd->fd_ofiles[f] = fp;
547         fp->f_msgcount--;
548         unp_rights--;
549         *(int *) rp++ = f;
550     }
551     return (0);
552 }
                                                              ── uipc_usrreq.c
```

图18-12 unp_externalize函数

18.6 unp_discard函数

当判断出接收进程没有足够的可用描述符时，在图18-12中对于每一个传送的描述符调用
图18-13中的unp_discard。

1. 递减两个计数器

730-731 f_msgcount和unp_rights两个计数器全都递减。

```
                                                                    ── uipc_usrreq.c
726 void
727 unp_discard(fp)
728 struct file *fp;
729 {

730     fp->f_msgcount--;
731     unp_rights--;
732     (void) closef(fp, (struct proc *) NULL);
733 }
                                                                    ── uipc_usrreq.c
```

图18-13　unp_discard函数

2. 调用closef

732　closef关闭file，如果f_count现在是0，closef就减小f_count，并且调用描述符的fo_close函数(卷2的图15-38)。

18.7　unp_dispose函数

　　回想图17-14中，如果全局变量unp_rights非0(即有描述符在传送中)，那么当关闭一个Unix域插口时，unp_detach函数就要调用sorflush。如果有定义，并且协议设置了PR_RIGHTS标志，sorflush(卷2图15-37)执行的最后操作之一就是调用域的dom_dispose函数。因为将要刷新(释放)的mbuf也许包含正在传送中的描述符，所以需要执行这个调用。由于file结构中的两个计数器f_count和f_msgcount以及全局变量unp_rights都要由unp_internalize来递增，对于已传送但没有被接收的描述符，这些计数器全都必须要调整。

　　Unix域的dom_dispose函数就是unp_dispose(图17-4)，如图18-14所示。

```
                                                                    ── uipc_usrreq.c
682 void
683 unp_dispose(m)
684 struct mbuf *m;
685 {
686     if (m)
687         unp_scan(m, unp_discard);
688 }
                                                                    ── uipc_usrreq.c
```

图18-14　unp_dispose函数

调用unp_scan

686-687　unp_scan完成的所有工作我们在下一节描述。该调用的第二个参数是指向函数unp_discard的一个指针，正如我们在上一节看到的一样，unp_discard删除在插口接收队列上unp_scan发现的控制缓存中的任何描述符。

18.8　unp_scan函数

　　从unp_dispose调用unp_scan函数，其第二个参数为unp_discard，并且这个函数在后面的unp_gc中也会被调用，其第二个参数为unp_mark。我们在图18-15中给出了unp_scan。

————————————————————————————————— uipc_usrreq.c

```
689 void
690 unp_scan(m0, op)
691 struct mbuf *m0;
692 void     (*op) (struct file *);
693 {
694     struct mbuf *m;
695     struct file **rp;
696     struct cmsghdr *cm;
697     int     i;
698     int     qfds;

699     while (m0) {
700         for (m = m0; m; m = m->m_next)
701             if (m->m_type == MT_CONTROL &&
702                 m->m_len >= sizeof(*cm)) {
703                 cm = mtod(m, struct cmsghdr *);
704                 if (cm->cmsg_level != SOL_SOCKET ||
705                     cm->cmsg_type != SCM_RIGHTS)
706                     continue;
707                 qfds = (cm->cmsg_len - sizeof *cm)
708                     / sizeof(struct file *);
709                 rp = (struct file **) (cm + 1);
710                 for (i = 0; i < qfds; i++)
711                     (*op) (*rp++);
712                 break;            /* XXX, but saves time */
713             }
714         m0 = m0->m_nextpkt;
715     }
716 }
```

————————————————————————————————— uipc_usrreq.c

图18-15 unp_scan函数

1. 查找控制mbuf

699-706   这个函数检查插口接收队列上(m0参数)所有的分组，并且扫描每一个分组的mbuf链去查找一个类型为MT_CONTROL的mbuf。当发现一个控制报文时，如果层次是SOL_SOCKET，类型是SCM_RIGHTS，那么mbuf包含没有被接收的传送中的描述符。

2. 释放保持的`file`引用

707-716   qfds是控制信息中file表指针的数量，对每一个file指针调用op函数(unp_discard或unp_mark)。op函数的参数是控制信息中的file指针。当处理完该控制mbuf时，执行break，跳出循环，处理接收缓存中的下一个分组。

719行的注释XXX表示：因为break假定每个mbuf链仅有一个控制mbuf，这实际上是对的。

18.9 `unp_gc`函数

我们已经看到用来处理传送中的描述符的无用单元收集函数的一种形式：在unp_detach中，无论什么时候关闭一个Unix域插口，并且描述符在传送中，sorflush就释放任何传送中的、包含在关闭插口接收队列上的描述符。然而，在Unix域插口间传送的描述符也有可能"丢失"，在三种情况下这种事情可能发生。

1) 当描述符被传送时，一个类型为MT_CONTROL的mbuf由sbappendcontrol(图18-2)放在插口接收队列上。但是，如果接收进程调用recvmsg却没有说明想接收控制信息，或者调用一个不能接收控制信息的其他输入函数，soreceive就调用MFREE，从插口接收缓存中删除类型为MT_CONTROL的mbuf，并释放它(卷2图15-44)。但是，当由这个mbuf引用的file结构被发送者关闭时，它的f_count和f_msgcount将全为1(回想图18-6)，全局变量unp_rights仍然表明这个描述符在传送中。这是一个没有被其他任何描述符引用的file结构，并且将来也不会被一个描述符引用，但是仍在内核的活动file结构链表上。

> [Leffler et al.1989]的第305页讲到，问题是在报文被传送到插口层等待传送之后，内核不允许协议再访问该报文；他们还后见之明地讲到，当一个类型为MT_CONTROL的mbuf被释放时，这个问题应当由触发的每个域的处理函数来处理。

2) 当描述符被传送，但是接收插口没有空间存放这个报文时，不需要任何说明就丢弃这个传送中的描述符。这种情况在一个Unix域流插口中应当不会发生，因为在18.2节中我们看到，发送者的高水位标记反映了接收者缓存中的空间大小，使得在接收缓存有了空间之前发送者的高水位标记一直阻塞发送者。但是在一个Unix域数据报插口中可能会失败，如果接收缓存没有足够的空间，sbappendaddr(在图18-1中调用)返回0，error设置为ENOBUFS，在标号release处的代码会删除包含控制报文的mbuf，这就如同在前一个例子中一样导致相同的情况：一个没有被任何描述符引用的file结构，并且将来也不会被一个描述符引用。

3) 当一个Unix域插口*fdi*在另一个Unix域插口*fdj*上传送时，*fdj*也在*fdi*上传送。如果两个Unix域插口在没有接收到传送的描述符时关闭，这些描述符就有可能丢失。我们将看到4.4BSD直接处理了这个问题(图18-18)。

开始两种情况的关键事实是，"丢失的"file结构的f_count等于它的f_msgcount(即对这个描述符的引用是在控制报文中)，并且file结构当前没有被内核中所有Unix域插口的接收队列中任何控制报文引用。如果file结构的f_count超过了它的f_msgount，那么差别就是在引用结构的进程中描述符数，所以结构没有丢失(一个file的f_count值必须不能小于它的f_msgcount值，否则某些事情就要受到破坏)。如果f_count等于f_msgcount，但是file结构被Unix域插口上的控制报文引用，由于一些进程仍然能从该插口接收描述符，因而不会出现问题。

无用单元收集函数unp_gc找到这些丢失的file结构，并回收它们。调用closef来回收file结构，如图18-13所示，因为closef返回一个无用的file结构给内核的空闲缓存池。注意这个函数仅在有传送中描述符时才调用，这就是说，仅当unp_rights非0(图17-14)和一些Unix域插口关闭时才调用这个函数。因而由于这个函数似乎涉及过多的开销，它应当很少调用。

unp_gc使用标记-回收(mark-and-sweep)算法去执行无用单元收集，这个函数的前一部分，即标记阶段，检查内核中的每一个file结构，并把那些正在使用的置上标志：file结构要么被进程中的描述符引用，要么被Unix域插口的接收队列上的控制报文引用(这就是说，file结构对应一个当前在传送中的描述符)。函数的后一部分，即回收阶段，回收所有尚未置上标志的file结构，因为这些file结构不在使用中。

图18-16给出了unp_gc的前半部分。

1. 防止函数被递归调用

594-596   全局变量unp_gcing防止函数被递归调用，因为unp_gc能调用sorflush，而

sorflush能调用unp_dispose，unp_dispose能调用unp_discard，unp_discard
能调用closef，closef能调用unp_detach，unp_detach又能再次调用unp_gc。

2. 清除FMARK和FDEFER标志

598-599 第一个循环检验内核里面的所有file结构，并且清除FMARK和FDEFER标志。

3. 循环到unp_defer等于零

600-622 只要unp_defer标志非0，就执行do while循环。我们将看到，一旦发现一个
以前处理过的file结构，就置上这个标志，我们认为这个file结构不在使用中，但是实际
上是在使用的。一旦这种情况发生，我们需要再次回过头来检查所有的file结构，因为有一
个可能，就是我们刚才标志为忙的结构本身就是一个Unix域插口，并且这个Unix域插口在它
的接收队列上包括file引用。

4. 循环检查所有的file结构

601-603 这个循环检查内核中的所有file结构，如果一个结构不在使用中(f_count等于
0)，我们就跳过去。

```
                                                          ── uipc_usrreq.c
587 void
588 unp_gc()
589 {
590     struct file *fp, *nextfp;
591     struct socket *so;
592     struct file **extra_ref, **fpp;
593     int     nunref, i;

594     if (unp_gcing)
595         return;
596     unp_gcing = 1;
597     unp_defer = 0;
598     for (fp = filehead.lh_first; fp != 0; fp = fp->f_list.le_next)
599         fp->f_flag &= ~(FMARK | FDEFER);
600     do {
601         for (fp = filehead.lh_first; fp != 0; fp = fp->f_list.le_next) {
602             if (fp->f_count == 0)
603                 continue;
604             if (fp->f_flag & FDEFER) {
605                 fp->f_flag &= ~FDEFER;
606                 unp_defer--;
607             } else {
608                 if (fp->f_flag & FMARK)
609                     continue;
610                 if (fp->f_count == fp->f_msgcount)
611                     continue;
612                 fp->f_flag |= FMARK;
613             }

614             if (fp->f_type != DTYPE_SOCKET ||
615                 (so = (struct socket *) fp->f_data) == 0)
616                 continue;
617             if (so->so_proto->pr_domain != &unixdomain ||
618                 (so->so_proto->pr_flags & PR_RIGHTS) == 0)
619                 continue;
620             unp_scan(so->so_rcv.sb_mb, unp_mark);
621         }
622     } while (unp_defer);
```
                                                          ── uipc_usrreq.c

图18-16 unp_gc函数：第一部分，标记阶段

5. 处理延迟的结构

604-606   如果已经置上FDEFER标志，那么就要关闭这个标志，并且unp_defer计数器也要减小。当unp_mark置上FDEFER标志时，FMARK标志也被置上，这样我们就知道这个记录项在使用中，并且我们还将检查在if语句的末尾是否是一个Unix域插口。

6. 跳过已经处理过的结构

607-609   如果设置了FMARK标志，那么记录项正在使用中，并且已经被处理过了。

7. 不标记丢失的结构

610-611   如果f_count等于f_msgcount，则这个记录项会可能丢失。它没有被标记，并被跳过去了。由于它似乎不在使用中，所以我们不能检查它是否是一个在接收队列上有传送中描述符的Unix域插口。

8. 标记使用中的结构

612   在这一点上我们知道这个记录项在使用中，所以要置上FMARK标志。

9. 检验结构是否与一个Unix域插口相连

614-619   既然这个记录项在使用中，我们就检验看它是否是一个有socket结构的插口。下一次检验确定这个插口是否是带有PR_RIGHTS标志集的Unix域插口。设置这个标志是为了Unix域流和数据报协议。如果任何一个测试结果是错的，就要跳过这个记录项。

10. 扫描Unix域插口接收队列上传送中的描述符

620   在这一点上file结构对应一个Unix域插口。unp_scan遍历插口接收队列，寻找包含传送中描述符的类型为MT_CONTROL的mbuf。如果发现，就调用unp_mark。

在此处，源代码也应当能处理Unix域插口的已完成连接队列(so_q)[McKusick et al.1996]，一个客户进程把描述符传送给一个新创建的还在等着接收的服务器插口是完全可能的。

图18-17给出了一个标记阶段的例子，并且在标记阶段可能需要多次扫描file结构链表。这个图描述了在标记阶段第一次扫描完成时的结构状态，此时unp_defer为1，需要再一次扫描所有的file结构。当从左至右处理四个file结构时，开始下列处理过程。

1) file结构在引用它的进程中有两个描述符(f_count等于2)，但是没有引用传送中的描述符(f_msgcount等于0)。图18-16中的代码设置f_flag字段中的FMARK比特位。这个结构指向一个vnode(我们忽略了f_type值的DTYPE_前缀，另外我们仅仅给出了f_flag字段中的FMARK和FDEFER标志，实际上其他标志值也有可能在这个字段上出现)。

2) 因为f_count等于f_msgcount，所以这个结构好像没有被引用。当被标记阶段处理后，f_flag字段不变。

3) 因为这个结构被进程中的一个描述符引用，所以要置上FMARK标志。还有，由于这个结构对应于一个Unix域插口，unp_scan还要处理插口接收队列上的任何控制报文。控制报文中的第一个描述符指向第二个file结构，并且由于在第二步中没有设置FMARK标志，unp_mark就要置上FMARK和FDEFER这两个标志。因为这个结构已经处理过，并且发现没有被引用，所以unp_defer也要增加到1。
控制报文中的第二个描述符指向第四个file结构，并且由于没有置上FMARK标志(它甚至还没有被处理过)，因此就要置上FMARK和FDEFER标志，unp_defer增加到2。

4) 设置这个结构的FDEFER标志,所以图18-16中的代码关闭这个标志,并将unp_defer减小到1。即使这个结构也被进程中的描述符引用,但是因为已经知道这个结构被传送中的描述符引用,从而也就不需要检查它的f_count和f_msgcount值。

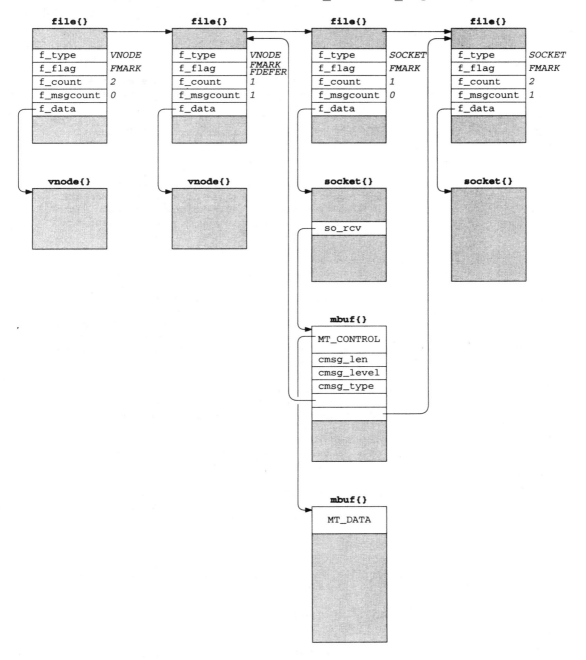

图18-17 标记阶段第一次扫描后的数据结构

此时,所有四个file结构都被处理过了,但是unp_defer等于1,所以就需要再一次扫描所有的结构。因为确信第一次循环没有引用过的第二个结构也许是一个Unix域插口,并且在这个Unix域插口的接收队列上有控制报文，所以要产生再一次循环(这不在我们的例子中)。那个结构需要被再次处理，并且当情况是这样时，这次循环可能会在认为没有被引用的链表中靠前的一些结构中置上FMARK和FDEFER标志。

在标记阶段的结尾涉及多次扫描内核的file结构链表，其中没有标志的结构不在使用中。函数的第二段，即回收(sweep)部分，如图18-18所示。

uipc_usrreq.c

```
623    /*
624     * We grab an extra reference to each of the file table entries
625     * that are not otherwise accessible and then free the rights
626     * that are stored in messages on them.
627     *
628     * The bug in the orginal code is a little tricky, so I'll describe
629     * what's wrong with it here.
630     *
631     * It is incorrect to simply unp_discard each entry for f_msgcount
632     * times -- consider the case of sockets A and B that contain
633     * references to each other.  On a last close of some other socket,
634     * we trigger a gc since the number of outstanding rights (unp_rights)
635     * is non-zero.  If during the sweep phase the gc code unp_discards,
636     * we end up doing a (full) closef on the descriptor.  A closef on A
637     * results in the following chain.  Closef calls soo_close, which
638     * calls soclose.   Soclose calls first (through the switch
639     * uipc_usrreq) unp_detach, which re-invokes unp_gc.  Unp_gc simply
640     * returns because the previous instance had set unp_gcing, and
641     * we return all the way back to soclose, which marks the socket
642     * with SS_NOFDREF, and then calls sofree.  Sofree calls sorflush
643     * to free up the rights that are queued in messages on the socket A,
644     * i.e., the reference on B.  The sorflush calls via the dom_dispose
645     * switch unp_dispose, which unp_scans with unp_discard.  This second
646     * instance of unp_discard just calls closef on B.
647     *
648     * Well, a similar chain occurs on B, resulting in a sorflush on B,
649     * which results in another closef on A.  Unfortunately, A is already
650     * being closed, and the descriptor has already been marked with
651     * SS_NOFDREF, and soclose panics at this point.
652     *
653     * Here, we first take an extra reference to each inaccessible
654     * descriptor.  Then, we call sorflush ourself, since we know
655     * it is a Unix domain socket anyhow.  After we destroy all the
656     * rights carried in messages, we do a last closef to get rid
657     * of our extra reference.  This is the last close, and the
658     * unp_detach etc will shut down the socket.
659     *
660     * 91/09/19, bsy@cs.cmu.edu
661     */
662    extra_ref = malloc(nfiles * sizeof(struct file *), M_FILE, M_WAITOK);
663    for (nunref = 0, fp = filehead.lh_first, fpp = extra_ref; fp != 0;
664         fp = nextfp) {
665        nextfp = fp->f_list.le_next;
666        if (fp->f_count == 0)
667            continue;
668        if (fp->f_count == fp->f_msgcount && !(fp->f_flag & FMARK)) {
669            *fpp++ = fp;
670            nunref++;
671            fp->f_count++;
```

图18-18 unp_gc函数：第二部分，回收阶段

```
672                }
673            }
674        for (i = nunref, fpp = extra_ref; --i >= 0; ++fpp)
675            if ((*fpp)->f_type == DTYPE_SOCKET)
676                sorflush((struct socket *) (*fpp)->f_data);
677        for (i = nunref, fpp = extra_ref; --i >= 0; ++fpp)
678            closef(*fpp, (struct proc *) NULL);
679        free((caddr_t) extra_ref, M_FILE);
680        unp_gcing = 0;
681    }
```
uipc_usrreq.c

图18-18　（续）

11. 更正错误的注释

623-661　注释涉及4.3BSD Reno和Net/2版本里的一个错误，这个错误在4.4BSD里由Bennet S. Yee更正，注释里提到的旧代码如图18-19所示。

12. 分配临时区域

662　malloc为指向内核中所有file结构的指针数组分配空间。nfiles是当前使用中的file结构数量。M_FILE标识使用内存的目的(vmstat　-m命令输出关于内核存储器使用的信息)。如果当前得不到可用内存，那么M_WAITOK导致进程转入睡眠状态。

13. 遍历所有的file结构

663-665　为了发现所有没有引用的(丢失的)结构，这个循环再次检查内核中的所有file结构。

14. 跳过没有使用过的结构

666-667　如果file结构的f_count是0，就跳过这个结构。

15. 检查未引用的结构

668　如果在标记阶段，f_count等于f_msgcount(唯一的引用来自于传送中的描述符)，并且没有设置FMARK标志(传送中的描述符没有出现在任何Unix域插口接收队列上)，那么这个记录项是没有被引用的。

16. 保存指向file结构的指针

669-671　fp的一个副本，即指向file结构的指针，保存在分配的数组中，递增计数器nunref，递减file结构的f_count。

17. 对没有引用的插口调用sorflush

674-676　对每一个没有被引用的插口文件调用sorflush函数。函数sorflush(卷2的图15-37)调用域的dom_dispose和unp_dispose函数，unp_dispose调用unp_scan删除当前插口接收队列上任何传送中的描述符。unp_discard递减f_msgcount和unp_rights，并且对在插口接收队列上控制报文中的所有file结构调用closef。由于我们对这个file结构(早些时候完成f_count的递增)有一个额外的引用，而且由于那个循环忽略了f_count为0的结构，从而我们确信f_count等于2或者比2还要大。所以作为sorflush的结果去调用closef将把file结构的f_count减小到一个非0值，从而避免完全关闭该结构。这就是为什么对结构的额外引用进行得比较早。

18. 执行最后的关闭

677-678　对所有没有引用的file结构调用closef。这是最后一次关闭，也就是说，

f_count应当从1减到0，从而导致插口关闭，并返回file结构给内核的空闲缓存池。

19. 返回临时数组

679-680 返回早些时候由malloc分配的数组，并清除unp_gcing标志。

图18-19表示了unp_gc函数的回收阶段，同Net/2版本一样，这部分代码被图18-18中的代码替换。

```
    for (fp = filehead; fp; fp = fp->f_filef) {
        if (fp->f_count == 0)
            continue;
        if (fp->f_count == fp->f_msgcount && (fp->f_flag & FMARK) == 0)
            while (fp->f_msgcount)
                unp_discard(fp);
    }
    unp_gcing = 0;
}
```

图18-19 Net/2版本中unp_gc函数回收阶段的错误代码

这就是在图18-18开始部分的注释中谈到的代码。

不幸的是，虽然在本节讨论的Net/3代码对图18-19中的代码进行了改进，并且在图18-18的开始部分描述了错误的更正，但是代码仍然是不正确的，在本节开始部分提到的前两种情况下，file结构仍是有可能丢失的。

18.10 **unp_mark函数**

当unp_gc调用unp_scan时，unp_mark函数被unp_scan调用去标记一个file结构。当在插口接收队列上发现传送中的描述符时完成标记过程，图18-20给出了这个函数。

```
                                                        —— uipc_usrreq.c
717 void
718 unp_mark(fp)
719 struct file *fp;
720 {
721     if (fp->f_flag & FMARK)
722         return;
723     unp_defer++;
724     fp->f_flag |= (FMARK | FDEFER);
725 }
                                                        —— uipc_usrreq.c
```

图18-20 unp_mark函数

717-720 参数fp是指向file结构的指针，这个file结构是在Unix域插口接收队列上的控制报文里发现的。

1. 如果记录项已经被标记，就返回

721-722 如果file结构已经被标记，则不需做任何工作，因为已经知道file结构在使用过程中。

2. 设置FMARK和FDEFER标志

723-724 递减unp_defer计数器，并且设置FMARK和FDEFER标志。如果在内核列表里这

个file结构比Unix域插口file结构出现得早(也就是说，这个file结构已经由unp_gc处理过了，并且似乎不在使用过程中，所以没有被标记)，那么在unp_gc函数的标记阶段unp_defer的增加会导致另一次对所有file结构的遍历。

18.11　性能(再讨论)

我们已经讨论了Unix域协议的实现，现在返回到它们的性能上来看看，为什么要比TCP快两倍(图16-2)。

所有的插口I/O都调用sosend和soreceive，与协议无关。这有利有弊，有利是因为这两个函数满足许多不同协议的需要，从字节流(TCP)到数据报协议(UDP)，以及基于记录的协议(OSI TP4)。不利的原因是其一般性降低了性能，并使代码复杂化。对于不同的协议形式，这两个函数的优化版本会提高性能。

比较输出性能，对于TCP，通过sosend的路径几乎与Unix域流协议的路径相同。假定大的应用程序进行写操作(图16-2中用32 768字节写)，sosend函数把用户数据打包放到mbuf簇中，然后通过PRU_SEND请求将每一个2048字节簇传送给协议。所以，无论是TCP还是Unix域都要处理相同数量的PRU_SEND请求。对于速度上的差异，Unix域PRU_SEND(图18-2)的输出应当比TCP输出(它调用IP输出把每一段添加到环回驱动器输出队列)简单。

由于PRU_SEND请求把数据放到接收插口的接收缓存，所以在接收方唯一与Unix域插口有关的函数是soreceive。尽管如此，对于TCP，环回驱动器把每一段数据放到IP输入队列上，后面紧跟着IP处理，再后面跟着TCP输入处理把每一段分解到正确的插口，然后将数据放到插口的接收缓存。

18.12　小结

当把数据写到一个Unix域插口时，立即将数据添加到接收插口的接收缓存中，没有必要将发送插口发送缓存里的数据进行缓存。基于这个原因，为了使流插口能正确地工作，PRU_SEND和PRU_RCVD请求操纵发送缓存的高水位标记，从而使得这个标记总是反映对等端接收缓存中的空间数量。

Unix域插口提供了将描述符从一个进程传送到另一个进程的机制。对于进程间通信来说，这是一项强大的技术。当一个描述符从一个进程传送到另一个进程时，首先这个描述符要内部化(转换成对应的file指针)，再将这个指针传送到接收插口。当接收进程读到控制信息时，file指针要外部化(转换成接收进程中最小的、没有编号的描述符)。然后将描述符再返回到这个进程。

容易处理的一个错误情况是，当Unix域插口的接收缓存中有传送中描述符的控制信息时，插口关闭。不幸的是还有其他两种不容易处理的错误情况：一种是接收进程没有请求接收在其接收缓存中的控制信息；另一种是接收缓存中没有足够的空间来保存控制信息。在这两种错误情况下就会丢失file结构，这就是说，它们既不在内核的空闲缓存池中，也不在使用中。从而需要无用单元收集函数回收这些丢失的结构。

无用单元收集函数执行一个标记阶段，在这个标记阶段中扫描所有内核的file结构，同时把在使用中的描述符置上标志，在后面紧跟着回收阶段，回收所有没有被标记的结构。虽然需要这个函数，但是很少使用它。

附录A　测量网络时间

本书正文中用到了分组经过网络传输时传输时间的测量。本附录给出其细节和我们能够测量的各种时间的测量例子。我们要介绍用Ping程序实现的RTT测量，向上和向下经过协议栈的时间测量，以及等待时间与带宽的差异。

网络程序员或系统管理员通常有两种办法可以用来测量应用事务所需的时间：

1) 采用应用程序定时器。例如，在图1-1的UDP客户程序中，我们在调用`sendto`之前取到了系统时钟，在`recvfrom`函数返回后又取到了系统时钟，其差额就是应用程序发送请求至收到应答的时间。

   如果内核提供了高精度的时钟(ms数量级)，则我们所测得的值(几毫秒或以上)就很精确。卷1的附录A给出了这一类测量方法的更多细节。

2) 采用软件工具来监视指定分组，并计算相应的时间差，如嵌入到数据链路层的Tcpdump。在卷1的附录A中有这些工具的更多细节。

   在这本书中，我们假定数据链路的嵌入点在Tcpdump中用BSD分组过滤器(BPF)提供。卷2的第31章给出了BPF实现的许多细节。卷2图4-11和图4-19说明了在典型以太网驱动程序中哪里要有BPF调用，图15-27则说明了在环路测试驱动程序中的BPF调用。

我们注意到本书中的例子用到的系统(图1-13)，包括80386上的BSD/OS 2.0和Sparcstation ELC上的Solaris 2.4，都给应用程序计时和Tcpdump时间戳提供高精度的定时器。

最可靠的方法是在网络电缆上连接一个网络分析仪，但往往没有这样的仪器。

A.1　利用Ping的RTT测量

在卷1的第7章详细介绍了无所不在的Ping程序，利用应用定时器来计算ICMP分组的RTT(往返时间)。程序发送一个ICMP回显请求分组给服务器，服务器紧接着向客户回复一个回显应答分组。客户可以在回显请求分组中将发送时的时钟值作为用户可选数据记录在该分组中，然后服务器会在应答中返回这个时钟值。客户收到回显应答时，它就取当前时钟值计算出RTT，然后打印出来。图A-1给出了Ping分组的格式。

图A-1　Ping分组：ICMP回显请求或ICMP回显应答

Ping程序允许我们指定分组中可选用户数据的长度，使我们能够测量分组长度对RTT的影响。如果是用Ping来测量RTT，可选数据的长度必须至少8字节(客户发出和服务器应答的时间戳要占用8个字节)。如果指定的用户数据长度少于8字节，Ping也能工作，但不能计算并打印RTT。

图A-2画出了在三个不同局域网上的主机间用Ping测得的RTT典型值。图中间的一条线是图1-13中主机`bsdi`和`sun`间的RTT。

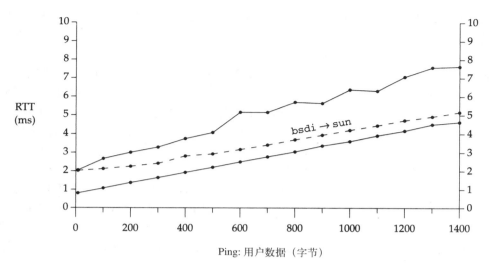

图A-2 三个以太网上的主机间Ping RTT值

用15个不同的分组长度进行了测量：8字节用户数据以及从100至1400字节的用户数据(以100字节递增)。加上20字节的IP首部和8字节的ICMP首部，IP数据报的长度就在36~1428字节之间。对每一个分组长度都进行了10次测量，图中只画出了10个值中最小的那个。与我们所期望的一致，分组长度增加后RTT也增大。三条线之间的差别是因处理器速度、接口卡和操作系统的不同而造成的。

图A-3给出了经Internet、WAN互连的各种主机之间典型的RTT值。注意y轴的刻度与图A-2中的有差别。

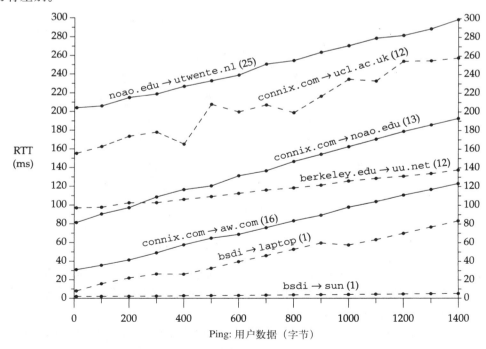

图A-3 经Internet(一个WAN)互连的主机间Ping RTT值

与在LAN上测量那样，对WAN进行了同样的测量：对15个不同长度的分组各进行了10次测量，每个分组长度只画出了10个值中最小的那个值。图中的括号中是每对主机之间的转发段数。

图中最上边的曲线(最长的RTT)表示Internet上分别位于Arizona(noao.edu)和Netherlands(utwente.nl)的一对主机之间需要25段转发。自上而下的第2条曲线也是跨越大西洋的，是Connecticut(connix.com)和London(ucl.ac.uk)之间的一对主机。接下来两条曲线在美国内部，分别是Connecticut和Arizona之间的一对主机(connix.com与noao.edu)，以及California和Washington D.C.之间的一对主机(berkeley.edu和uu.net)。再接下来的曲线是地理上很近的一对主机(Connecticut的connix.com和Boston的aw.com)，但从经过Internet传送的转发段数(16)来衡量，却是离得很远的。

图中底部的两条线(RTT值最小的)是作者所在局域网(图1-13)上的主机之间的。其中最底下的那条线是从图A-2复制来的，以便对典型的LAN上的RTT与典型的WAN上的RTT进行比较。在最底下的第2条线，即bsdi和laptop之间的RTT线，后者的以太网卡是插在计算机的并行口上的。尽管该系统也是接在以太网上的，但由于并行口的传输速率较慢，看上去就像是接在WAN上一样。

A.2   协议栈测量

我们也可以用Ping，并加上Tcpdump来测量在协议栈上花费的时间。例如，图A-4中就给出了在一台主机上运行Ping和Tcpdump，对环回测试地址(一般是127.0.0.1)，Ping的执行步骤。

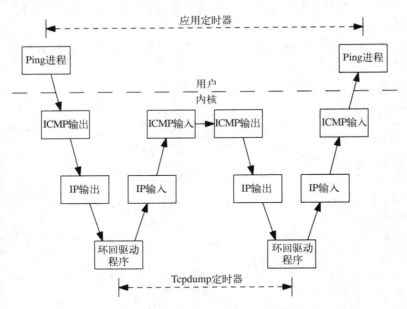

图A-4   在一台主机上运行Ping和Tcpdump

假设应用程序在就要向操作系统发出回显请求分组时启动定时器，然后在操作系统返回回显应答时停掉定时器，应用程序测得的时间差和Tcpdump测得的时间差就分别是ICMP输出、IP输出、IP输入和ICMP输入之间所需的时间。

我们也可以测量任何客户—服务器应用程序之间的类似值。图A-5给出了1.2节UDP客户—服务器应用的处理步骤，其中假设客户和服务器在同一台主机上。

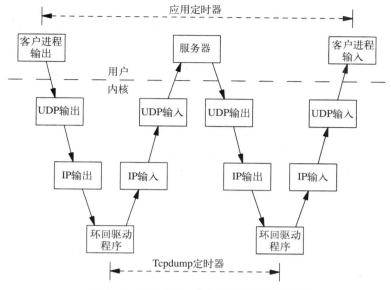

图A-5 UDP客户-服务器事务的处理步骤

这个UDP的客户-服务器例子与图A-4的Ping例子之间的一个不同之处是，这里的UDP服务器是一个用户进程，而Ping服务器则是ICMP内核的一部分(卷2图11-21)。因此，UDP服务器中在内核和用户进程之间要有两份客户数据：服务器输入和服务器输出。内核与用户进程之间复制数据通常都是比较费时的操作。

图A-6给出了在主机bsdi上进行的各项测试结果，可以比较Ping客户-服务器和UDP客

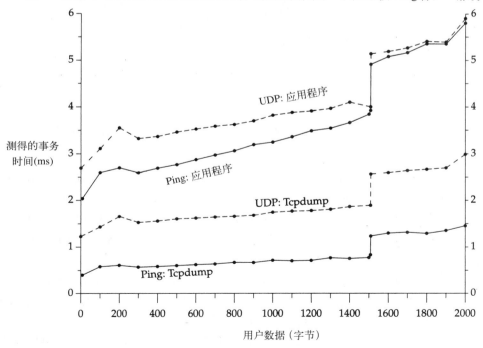

图A-6 单个主机上(环回接口)的Ping和Tcpdump测量结果

户—服务器这两种方式。图中y轴标的是"测得的事务时间",因为RTT通常都是指网络的往返时间或Ping的时间输出(在图A-8中可以看到,它与网络的RTT非常接近)。在这里的UDP、TCP和T/TCP客户—服务器方式中,可以测量应用程序的事务时间。在TCP和T/TCP的例子中,这可能要包括多个分组和多次网络RTT。

在这个图的Ping测量中采用了23种不同的分组长度:用户数据从100字节到2 000字节变化,增量为100字节,再加上8、1508和1509字节。其中8字节是用Ping来测量RTT的最短用户数据长度,1508是不会在IP层分段的最大数据长度,因为BSD/OS采用了1536的MTU作为环测接口(1508+20+8)。1509字节则是会在IP层进行分段的最小数据长度。

在UDP测量中也采用了23种类似长度的分组:用户数据长度从100字节到2 000字节变化(增量100),再加上0、1508和1509。0字节的UDP数据报也是允许的。由于UDP的首部与ICMP回显测试分组的首部一样长(8字节),1508又是避免在环测接口上分段的最大分组,1 509 是需要分段的最小分组。

我们首先注意到的是在用户数据为1509字节时的时间跳变,这时需要分段。这也是想像之中的。当出现分段时,在图A-4和图A-5中左边对"IP输出"的一次调用会产生两次对"环测驱动程序"的调用,每段一次。从1508到1509,即使用户数据只增加了一个字节,应用程序就感觉到事务时间增加了近25%,因为多出一个每分组处理时间。

所有4条线中,在200字节点的时间增加是由于BSD的mbuf实现中的非自然处理造成的(卷2的第2章)。对于最小分组(UDP测量中的0字节用户数据和Ping测量中的8字节用户数据),数据和分组的首部可以写入一个mbuf中,在100字节点需要第二个mbuf,在200字节点则需要第三个mbuf。最后,在300字节点,内核开始采用2048字节的mbuf簇来代替较小的mbuf。看起来,用一个mbuf簇比用多个mbuf会快一些(例如,在100字节点),可以减少处理时间。这是典型的时间—空间折中的例子。从采用较小的mbuf到采用较大的mbuf簇的切换条件是数据量是否超过208字节,这是在许多年前当内存还很紧张时设计的。

图1-14中的定时测量是用修改后的BSD/OS内核实现的,其中的常数MINCLSIZE(卷2图2-7和图16-25)从208改为101。这样就使得一旦用户数据超过100字节就分配mbuf簇。只要注意就可以看到,图1-14中没有在200字节点出现尖角。

我们在14.11节也讨论过这个问题,在那里我们看到,许多Web客户请求都在100~200字节之间。

图A-6中,开始分段之前,两条UDP曲线之间的相差在1.5~2 ms之间。因为这个差额已经把UDP输出、IP输出、IP输入和UDP输入(图A-5)考虑在内,如果我们假设协议的输出逼近于协议输入,那么就相当于分组发送时向下穿过协议栈要花不到1ms的时间,接收时分组向上穿过协议栈又要花不到1 ms的时间。这些时间包括了发送时要将多份数据从进程传递给内核,以及数据返回时从内核传递到进程。

由于图A-5中Tcpdump测量要经历同样的4个步骤(IP输入、UDP输入、UDP输出和IP输出),我们可以预计到UDP Tcpdump的两条曲线相差也在1.5~2 ms之间(只考虑发生分段前的值)。与第一个数据点不同,图A-6中其余的数据也在1.5~2 ms之间。

如果我们考虑发生了分段以后的值,图A-6中两条UDP曲线之间相差2.5~3 ms。跟预期的一样,UDP Tcpdump的值也在2.5~3 ms之间。

最后可以看到，图A-6中，Ping的Tcpdump曲线几乎是平坦的，但Ping的应用程序测量则有一个正的斜率。这很可能是因为应用程序测量了两份用户进程和内核之间的数据，但Tcpdump则一份也不需要测量(因为Ping服务器是内核的ICMP实现的一部分)。另外，Ping的Tcpdump曲线非常轻微的正斜率很可能是由于内核Ping服务器的两次操作造成的，这些操作对每一个字节都要执行：接收ICMP的检验和验证和输出ICMP的检验和计算。

我们也可以修改1.3节和1.4节的TCP和T/TCP客户-服务器应用，以测量每一次事务的时间(见1.6节的叙述)，并对不同分组长度进行测量。测量结果见图A-7(在本附录余下的事务测量中，我们测到用户数据长度为1400字节就结束了，因为TCP不分段)。

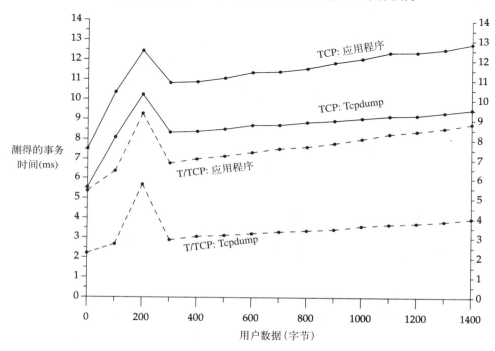

图A-7 单个主机上(环回接口)的TCP和T/TCP客户-服务器事务时间测量结果

Tcpdump曲线测量的是从客户发出第一个报文段(对TCP客户是一个SYN，对T/TCP客户则是SYN、数据和FIN的组合)至收到服务器发回的最后一个报文段(对TCP客户是一个FIN，对T/TCP客户则是数据和FIN的组合)为止的时间间隔。相应地，TCP应用曲线和TCP Tcpdump曲线之间的差别也就是协议栈用于处理connect和FIN所需的时间(图1-8给出了分组交换)。T/TCP客户-服务器的应用曲线和Tcpdump曲线的差别就是协议栈用于处理客户的sendto所需的时间，其中包括客户数据和最后一个FIN(图1-12给出了分组交换)。我们可以看到，两条T/TCP曲线之间的差距(大约4 ms)大于两条TCP曲线之间的差距(大约2.5 ms)，这是合理的，因为T/TCP的协议栈处理量(在第一段报文中要发送SYN、数据和FIN)比TCP的 (第一段报文中只发送SYN)要大。

4条曲线均在200字节处开始上升，再次说明内核应该尽快采用mbuf簇。注意，TCP和T/TCP在200字节处的增加比在图A-6中Ping和UDP的要大得多。对于数据报协议(ICMP和UDP)来说，尽管分配了3个mbuf来缓存首部和用户数据，但内核中插口层对协议输出例程的调用只有一次(卷2的16.7节说明该调用是sosend函数)。而对流协议(TCP)来说，对TCP输出例程的调用有两次：一次是前100字节用户数据，另一次是第2个100字节用户数据。确实，Tcpdump证实了要传送两个100字节报文段的事实。对协议输出例程多了一次调用就增加了开销。

TCP和T/TCP应用曲线之间的差别大约是4 ms，对所有分组长度几乎都一样，因为T/TCP处理的报文段少。图1-8和图1-12给出了9个TCP报文段和3个TCP报文段。报文段数的减少明显减轻了两端主机的处理开销。

图A-8总结了图A-6和图A-7中的Ping、UDP以及T/TCP和TCP客户-服务器的应用时间测量，没有考虑Tcpdump的时间测量。

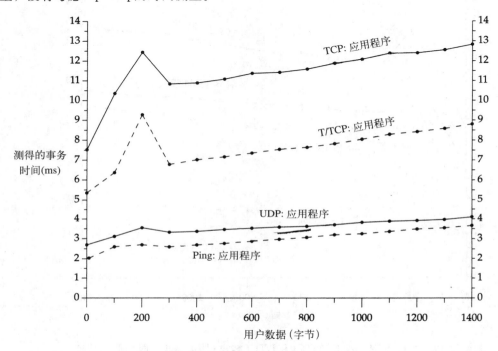

图A-8 单个主机上(环回接口)的Ping、UDP及TCP和T/TCP客户-服务器事务时间测量

结果是预料之中的。Ping所需的时间最少，没有比它更快的了，因为Ping服务器是在内核中的。UDP事务所需时间略大于Ping的时间，因为数据要在内核与服务器之间复制两次以上，但并不大，是UDP所需的最小处理时间。T/TCP事务所需的时间大约是UDP的两倍，因为尽管分组数量与UDP相同，但需要更多的协议处理时间(我们的应用程序定时器并不包括图1-12中最后的ACK)。TCP的事务时间大约比T/TCP多50%，因为协议需要处理的分组数较多。图A-8中UDP、T/TCP和TCP之间的相对时间差与图1-14中的不一样，因为第1章中的测量是在实际网络上进行的，而本附录中的测量是在环测接口上进行的。

A.3 滞后和带宽

在网络通信中，有两个因素在决定交换信息所需的时间：滞后和带宽[Bellovin 1992]。这里忽略了服务器处理时间和网络负荷，以及其他明显影响客户事务时间的因素。

滞后(也称为传播时延)是将一个比特从客户传递到服务器再传回来所需的固定时间,受光速的限制,从而决定于两个主机之间电或光信号的传播距离。横跨美国东西两岸之间的事务RTT不会低于60 ms,除非有人可以提高光速。对滞后可做的唯一控制是将两台主机移近,或避免使用高滞后的路径(如卫星链路)。

理论上,光波穿越美国的时间应该是大约16 ms,最小的RTT是32 ms。60 ms是实际的RTT。作为试验,作者曾在分别位于美国东西海岸的主机上运行过Traceroute,只观察横跨美国的直达链路两端的路由器之间的RTT。加州与华盛顿之间的RTT是58 ms,加州与波士顿之间的RTT是80 ms。

另一方面,带宽度量每个比特进入网络的速度,发送方以这个速度顺序将数据送入网络。增加带宽只要购买更快的网络即可。例如,如果T1线路还嫌不够快(大约1 544 000 b/s),你可以租用T3线路(大约45 000 000 b/s)。

可以用公园的软管进行恰当的比喻(感谢Ian Lance Taylor):滞后是水从水龙头流到喷口所需的时间,而带宽就相当于每秒从喷口流出的水量。

一个问题是,网络越来越快(即带宽增加),但滞后保持不变。例如,要用横跨美国的T1线路发送100万字节的数据(假设单程滞后是30 ms),需要5.21秒:5.18秒是带宽决定的,另外0.03秒是滞后造成的。这时带宽是主要影响。但是,如果采用T3线路,则总时间是208 ms:178 ms是带宽决定的,另外30 ms是滞后造成的。这时滞后是带宽时延的1/6。而以150 000 000 b/s发送则需要82 ms:52 ms是带宽决定的,30 ms是滞后造成的。在最后这个例子中,滞后越来越接近带宽时延,而在更快的网络中,滞后就成为主要的时延因素,而不再是带宽。

在图A-3中,往返滞后基本上就是每条曲线与y轴的相交点。最上面两条曲线(大约在202ms和155 ms处相交)是美国和欧洲之间的,接下来的两条曲线(在98 ms和80 ms处相交)是横跨整个美国的,再下面这条(大约在30 ms处相交)是美国东海岸的两台主机之间的。

随着带宽增加,滞后变得越来越重要,这使得T/TCP更显优越。T/TCP至少使滞后减少了一个RTT。

顺序发送时延和路由器

如果我们将T1线路租给Internet服务商,用于向另一台以T1线路连接到Internet的主机发送数据,并且已知所有的中间线路都是T1或更高速率的线路,我们会对这样带来的结果感到惊奇。

例如,在图A-3中,如果我们来研究起始点为80 ms、终止点为193 ms的曲线,它是位于Connecticut的connix.com主机和位于Arizona的noao.edu主机之间的,它与y轴相交在80 ms处,正好反映了东西海岸之间的RTT(运行Traceroute程序,这在卷1的第8章有详细介绍,其结果说明分组的确切路由是从Arizona出发,回到California,然后到Texas、Washington DC,最后到Connecticut)。但如果我们计算在T1线路上发送1400字节所需的时间,大约只需要7.5 ms,因此可以估计1400字节分组的RTT应该是95 ms左右,远远低于实际测得的值193 ms。

出现这种情况是因为发送时延与中间路由器的数量呈线性关系,因为每个路由器都必须在转发之前接收到整个数据报。考虑图A-9中的例子,要从左边的主机通过中间路由器传送一个1428字节长的分组到右边的主机。假设两条链路都是T1线路,发出1428字节大约需要7.5 ms。图中的时钟是从上向下增长的。

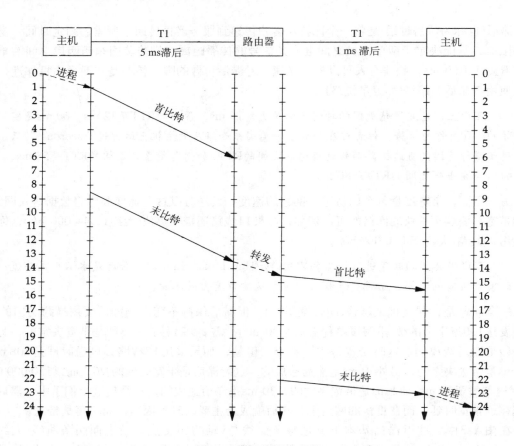

图A-9　数据的顺序发送

　　第1个箭头，从时刻0到1是主机处理输出数据报，根据本附录前面的测量，假设它需要1 ms。然后这些数据被发送到网络上，从开始发出第1个比特到最后一个比特发完，需要7.5 ms。另外在线路两端之间还有5 ms的滞后，因此第1个比特到达路由器是时刻6，最后一个比特则是在时刻13.5到达。

　　只有在时刻13.5最后一个比特到达以后，路由器才能转发该分组，我们假设转发又需要1 ms时间。这样，路由器在时刻14.5发出第1个比特，并且1 ms(第2段链路的滞后)以后到达目的主机。最后一个比特到达目的主机是在时刻25。最后我们假设目的主机的处理又需要1 ms。

　　确切的数据速率是在24 ms内传送了1428字节，或476 000 b/s，比T1的1/3还小。如果我们忽略主机和路由器处理分组的时间共3 ms，数据速率是544 000 b/s。

　　如前所述，顺序发送时延与分组所经过的路由器数量呈线性关系。这项时延决定于线路速率(带宽)、分组长度和中间转发次数(路由器数)。例如，552字节分组(包含512字节数据的典型TCP报文段)在56 kb/s线路上是80 ms，在T1线路上是2.86 ms，而在T3线路上则只要0.10 ms。这样，10段T1线路就要给总时间加上28.6 ms(几乎等于东西海岸之间的单程滞后)，而10段T3线路只增加1 ms(与滞后相比几乎可以忽略)。

　　最后，顺序发送时延是一种滞后效应，而不是带宽效应。例如，在图A-9中，左边的发送主机可以在时刻8.5开始发送下一个分组的第1比特，而不必等到时刻24以后才开始发送下一个分组。如果左边的主机连续发送10个1428字节分组，假设分组之间没有间隙，则最后一个分组的最后一个比特的到达时刻是91.5(24+9×7.5)。这样的数据速率是1 248 525 b/s，非常接近T1的速率。对TCP来说，只是需要一个比较大的窗口来抵消顺序发送时延。

回到我们前面的例子，从connix.com到noao.edu，如果我们用Traceroute确定了确切的路径，知道了每条链路的速率，就可以把两台主机之间12个路由器上的顺序发送时延考虑进去。这样，再假设滞后时间80 ms，每个中间线路段有0.5 ms的处理时延，我们估算的总时延就是187 ms。这已经很接近实测值193 ms，比前面的估算值95 ms要接近得多。

附录B 编写T/TCP应用程序

在第一部分，我们介绍了T/TCP的两大好处：

1) 避免了TCP的三次握手。

2) 减少了连接持续时间短于MSL时处于TIME_WAIT状态的时间。

如果一个TCP连接两端的主机支持T/TCP，那么第2条好处是所有的TCP应用程序都能感受到的，不需要修改程序。

然而，为了避免三次握手，应用程序中对connect和write函数的调用要改写为调用sendto和sendmsg。为了把FIN标志与数据组合在一起，应用程序必须在最后一次调用send、sendto或sendmsg函数时指定MSG_EOF标志，同时不再调用shutdown。我们在第1章介绍TCP和T/TCP的客户和服务器时说明了这些差别。

为了使可移植性最好，我们要求在编写应用程序时充分利用T/TCP，其条件是：

1) 将要执行编译的主机支持T/TCP；

2) 应用程序要编译成支持T/TCP。

如果运行程序的主机支持T/TCP，那么第2个条件也是在运行时要确定的，因为有时会在操作系统的某个版本上编译程序，而在另一个版本上运行。

如果在<sys/socket.h>头文件中定义了MSG_EOF标志，那就是说要执行程序编译的主机支持T/TCP。这会在C预处理器的#ifdef语句中用到。

```
#ifdef    MSG_EOF
          /* 主机支持 T/TCP      */
#else
          /* 主机不支持 T/TCP     */
#endif
```

第2个条件要求应用程序采用隐式打开(用sendto或sendmsg指定目标地址，不调用connect)，但要考虑在主机不支持T/TCP时处理连接失败。在不支持T/TCP的主机上，当采用面向连接的插口但没有连接上时，所有的输出函数都会返回ENOTCONN(卷2的图16-34)。这一点对伯克利版系统和SVR4插口库都适用。举个例子，如果应用程序在调用sendto时接收到错误指示，那它就改为调用connect。

TCP或T/TCP的客户和服务器

我们可以在下面的程序中实现这些思想，这些程序只是对第1章的T/TCP与TCP的客户和服务器程序做了简单修改。与第1章中的C语言程序一样，这里也不对程序做详细介绍，同样假设读者已经对插口编程有一定的了解。第一个程序如图B-1所示，是客户的main函数。

8-13 用服务器的IP地址和端口号填入Internet插口地址结构，这两个参数来自命令行。

15-17 用函数send_request向服务器发送请求。如果一切正常，则这个函数返回插口描述符；否则返回一个负数，表示错误。第3个变量(1)告诉函数要在发送完请求以后再发送一个结束标志。

18-19 函数read_stream与图1-6中的同名函数一样。

```
                                                              client.c
 1 #include    "cliserv.h"

 2 int
 3 main(int argc, char *argv[])
 4 {                                   /* T/TCP or TCP client */
 5     struct sockaddr_in serv;
 6     char    request[REQUEST], reply[REPLY];
 7     int     sockfd, n;

 8     if (argc != 3)
 9         err_quit("usage: client <IP address of server> <port#>");

10     memset(&serv, 0, sizeof(serv));
11     serv.sin_family = AF_INET;
12     serv.sin_addr.s_addr = inet_addr(argv[1]);
13     serv.sin_port = htons(atoi(argv[2]));

14     /* form request[] ... */

15     if ((sockfd = send_request(request, REQUEST, 1,
16                               (SA) &serv, sizeof(serv))) < 0)
17         err_sys("send_request error %d", sockfd);

18     if ((n = read_stream(sockfd, reply, REPLY)) < 0)
19         err_sys("read error");

20     /* process "n" bytes of reply[] ... */

21     exit(0);
22 }
                                                              client.c
```

图B-1 T/TCP或TCP客户的main函数

函数send_request如图B-2所示。

```
                                                          sendrequest.c
 1 #include    "cliserv.h"
 2 #include    <errno.h>
 3 #include    <netinet/tcp.h>

 4 /* Send a transaction request to a server, using T/TCP if possible,
 5  * else TCP.  Returns < 0 on error, else nonnegative socket descriptor. */

 6 int
 7 send_request(const void *request, size_t nbytes, int sendeof,
 8              const SA servptr, int servsize)
 9 {
10     int     sockfd, n;

11     if ((sockfd = socket(PF_INET, SOCK_STREAM, 0)) < 0)
12         return (-1);

13 #ifdef  MSG_EOF                 /* T/TCP is supported on compiling host */

14     n = 1;
15     if (setsockopt(sockfd, IPPROTO_TCP, TCP_NOPUSH,
16                   (char *) &n, sizeof(n)) < 0) {
17         if (errno == ENOPROTOOPT)
```

图B-2 send_request函数：用T/TCP或TCP发送请求

```
18              goto doconnect;
19          return (-2);
20      }
21      if (sendto(sockfd, request, nbytes, sendeof ? MSG_EOF : 0,
22              servptr, servsize) != nbytes) {
23          if (errno == ENOTCONN)
24              goto doconnect;
25          return (-3);
26      }
27      return (sockfd);            /* success */
28  doconnect:                      /* run-time host does not support T/TCP */
29 #endif

30      /*
31       * Must include following code even if compiling host supports
32       * T/TCP, in case run-time host does not support T/TCP.
33       */
34      if (connect(sockfd, servptr, servsize) < 0)
35          return (-4);
36      if (write(sockfd, request, nbytes) != nbytes)
37          return (-5);
38      if (sendeof && shutdown(sockfd, 1) < 0)
39          return (-6);

40      return (sockfd);            /* success */
41 }
```
—— *sendrequest.c*

图B-2 (续)

1. 试试T/TCP的`sendto`

13-29 如果执行编译的主机支持T/TCP，这段程序就会执行。我们在3.6节讨论过插口选项
`TCP_NOPUSH`。如果运行该程序的主机不支持T/TCP，则对`setsockopt`函数的调用将返回
`ENOPROTOOPT`，程序将转移到前面的分支，执行常规的TCP调用`connect`。如果函数要求
的第3个变量为非0值，则发出请求后还会发出结束标志。

2. 发出正常的TCP调用

30-40 这些是常规的TCP程序：`connect`、`write`和可选的`shutdown`。

服务器的`main`函数如图B-3所示，几乎没有改变。

—— *server.c*
```
1 #include    "cliserv.h"

2 int
3 main(int argc, char *argv[])
4 {                               /* T/TCP or TCP server */
5      struct sockaddr_in serv, cli;
6      char    request[REQUEST], reply[REPLY];
7      int     listenfd, sockfd, n, clilen;

8      if (argc != 2)
9          err_quit("usage: server <port#>");

10      if ((listenfd = socket(PF_INET, SOCK_STREAM, 0)) < 0)
11          err_sys("socket error");

12      memset(&serv, 0, sizeof(serv));
```
图B-3 服务器的`main`函数

```
13          serv.sin_family = AF_INET;
14          serv.sin_addr.s_addr = htonl(INADDR_ANY);
15          serv.sin_port = htons(atoi(argv[1]));

16          if (bind(listenfd, (SA) &serv, sizeof(serv)) < 0)
17              err_sys("bind error");

18          if (listen(listenfd, SOMAXCONN) < 0)
19              err_sys("listen error");

20          for (;;) {
21              clilen = sizeof(cli);
22              if ((sockfd = accept(listenfd, (SA) &cli, &clilen)) < 0)
23                  err_sys("accept error");

24              if ((n = read_stream(sockfd, request, REQUEST)) < 0)
25                  err_sys("read error");

26              /* process "n" bytes of request[] and create reply[] ... */

27  #ifndef MSG_EOF
28  #define MSG_EOF 0                   /* send() with flags=0 identical to write() */
29  #endif

30              if (send(sockfd, reply, REPLY, MSG_EOF) != REPLY)
31                  err_sys("send error");

32              close(sockfd);
33          }
34  }
```
── *server.c*

图B-3 (续)

27-31 唯一的修改是这里总是调用send(图1-7中调用了write)，但如果主机不支持T/TCP，就让第4个变量的值为0。即使编译时主机是支持T/TCP的，到运行时也可能主机并不支持T/TCP(因此运行时的内核不一定能够理解编译时的MSG_EOF值)，因此，在伯克利版内核中的sosend并不会对它所不理解的标志做出申诉。

参考文献

所有的RFC都可以通过电子邮件、匿名FTP或WWW免费得到，从http://www.internic.net开始即可。ftp://ds.internic.net/rfc就是一个RFC目录。

标记有"Internet Draft"的项目是Internet工程任务组(IETF)正在进行的工作，通过Internet也可以免费得到，与RFC类似。这些草案在发布6个月以后就算过期，因此部分草案的版本已经在本书出版以后有了变化，有的草案也已经作为RFC发布。

在本参考书目中，只要作者指定了参考论文或报告的电子文档位置，一定会包括其URL(统一资源定位符)。也给出了每份Internet草案的URL文件名部分，因为文件名中包含了其版本号。Internet草案的主要存储站点是在目录ftp://ds.internic.net/internet-drafts。本参考书目中没有给出RFC的URL。

Anklesaria, F., McCahill, M., Lindner, P., Johnson, D., Torrey, D., and Alberti, B. 1993. "The Internet Gopher Protocol," RFC 1436, 16 pages(Mar.).

Baker, F., ed. 1995. "Requirements for IP Version 4 Routers," RFC 1812 175pages(June).

> 有关路由器的文档是 RFC 1122 [Braden 1989]。这个RFC文档废弃了RFC 1009和
> RFC 1716。

Barber, S. 1995. "Common NNTP Extensions," Internet Draft(June).

`draft-barber-nntp-imp-01.txt`

Bellovin, S.M. 1989 . "Security Problems in the TCP/IP Protocol Suite," *Computer Communication Review*, vol.19 , no.2, pp.32-48(Apr.).

`ftp://ftp.research.att.com/dist/internet_security/ipext.ps.z`

Bellovin, S. M. 1992 . *A Best-Case Network Performance Model*. Private Communication.

Berners-Lee, T. 1993. "Hypertext Transfer Protocol," Internet Draft, 31 pages(Nov.).

> 这是一个Internet草案文档，现在已经过期。不过，它是HTTP第1版协议的最初
> 规格说明。

`draft-ietf-iiir-http-00.txt`

Berners-Lee, T. 1994. "Universal Resource Identifiers in WWW : A Unifying Syntax for the Expression of Names and Addresses of Objects on the Network as Used in the World-Wide Web," RFC 1630, 28 pages(June).

`http://www.w3.org/hypertext/www/Addressing/URL/URI_Overview.html`

Berners-Lee, T., and Connolly, D. 1995. "Hypertext Markup Language——2.0," Internet Draft(Aug.).

`draft-ietf-html-spec-05.txt`

Berners-Lee, T., Fielding, R. T., and Nielsen, H. F. 1995. "Hypertext Transfer Protocol——

HTTP/1.0, " Internet Draft, 45 pages(Aug.).

```
draft-ietf-http-v10-spec-02.ps
```

Berners-Lee, T.,Masinter,L., and McCahill,M.,eds. 1994. "Uniform Resource Locators(URL)," RFC 1738,25 pages(Dec.).

Braden, R.T., 1985. " Towards a Transport Service for Transaction Processing Applications," RFC 955 ,10 pages(Sept.).

Braden, R. T., ed. 1989. "Requirements for Internet Hosts-Communication Layers," RFC 1122, 116 pages(Oct.).

这是有关对主机要求的RFC的前一半，这一半覆盖了链路层、IP、TCP和UDP。

Braden, R.T. 1992a. "TIME-WALL Assassination Hazards in TCP," RFC 1337,11 pages(May.).

Braden, R.T. 1992b. "Extending TCP for Transactions-Concepts," RFC 1379, 38 pages(Nov.).

Braden, R.T. 1993. "TCP Extensions for High Performance: An Update," Internet Draft, 10 pages (June).

这是对RFC 1323[Jacobson, Braden, and Borman 1992]的更新。

```
http:// www.noao.edu/~rstevens/tcplw-extensions.txt
```

Braden, R.T. 1994. "T/TCP-TCP Extensions for Transactions, Functional Specification," RFC 1644, 38 pages(July).

Brakmo, L.S., and Peterson, L. L., 1994. Performance Problems in BSD4.4 TCP.

```
ftp://cs.arizona.edu/xkernel/papers/tcp_problems.ps
```

Braun, H-W., and Claffy, K.C. 1994. " Web Traffic Characterization:An Assessment of the Impact of Caching Documents from NCSA's Web Server," *Proceedings of the Second World Wide Web Conference' 94 : Mosaic and the Web*, pp.1007-1027(Oct.), Chicago, Ill.

```
http://www.ncsa.uiuc. edu/SDG/IT94/Proceedings/DDay/claffy/main. html
```

Cheriton, D.P. 1988."VMTP:Versatile Message transaction protocol," RFC 1045, 123 pages(Feb.).

Cunha, C.R., Bestavros, A., and Crovella, M.E. 1995. "Characteristics of WWW Client-based Traces, "BU-CS-95-010, Computer Science Department, Boston University(July).

```
ftp://cs-ftp.bu.edu/techreports/95-010-www-client-traces.ps.Z
```

Fielding, R.T. 1995. "Relative Uniform Resource Locators," RFC 1808, 16 pages(June).

Floyd, S., Jacobson, V., McCanne, S., Liu, C., -G., and Zhang, L. 1995. "A Reliable Multicast Framework for Lightweight Sessions and Application Level Framing," *Computer Communication Review*, vol. 25, no.4 , pp.342-356(Oct.).

```
ftp://ftp.ee.lbl.gov/papers/srml. tech. ps.Z
```

Horton, M., and Adams, R. 1987. "Standard for Interchange of USENET Messages, " RFC 1036, 19 pages(Dec.).

Jacobson, V.1988. "Congestion Avoidance and Control, " *Computer Communication Review*, vol.18, no.4, pp.314-329(Aug.).

这是一篇介绍TCP中的慢启动和拥塞避免算法的经典论文。

```
ftp://ftp.ee.lbl.gov/papers/congavoid.ps.Z
```

Jacobson, V.1994. "Problems with Arizona's Vegas, " March 14, 1994, end2end-tf mailing list(Mar.).

```
http://www.noao.edu/~rstevens/vanj.94mar14.txt
```

Jacobson, V., Braden, R.T., and Borman, D.A. 1992. " TCP Extensions for High Performance, " RFC 1323, 37 pages(May.).

介绍了窗口宽度选项、时间戳选项和PAWS算法，并且给出了为什么要做所需修改的原因，[braden 1993]更新了该RFC文档。

Jacobson, V., Braden, R. T., and Zhang, L. 1990. " TCP Extensions for High-Speed Paths," RFC 1185, 21 pages(Oct.).

尽管这个RFC文档已经被RFC 1323废弃，但其中的附录介绍了在TCP中防止过时重复报文段的错误接收问题，值得一读。

Kantor, B., and Lapsley, P.1986. "Network News Transfer Protocol," RFC 977, 27 pages(Feb.).

Kleiman, S.R. 1986. "Vnodes:An Architecture for Multiple File System Types in Sun UNIX," *Proceedings of the 1986 summer USENIX conference*, pp.238-247, Atlanta, Ga.

Kwan, T.T., McGrath, R.E., and Reed, D.A., 1995. *User Access Patterns to NCSA's World Wide Web Server*.

```
http://www-pablo.cs.uiuc.edu/papers/WWW.ps.Z
```

Leffler, S.J., McKusick, M.K., Karels, M. J., and Quarterman, J.S. 1989. *The Design and Implementation of the 4.3 BSD UNIX Operating System*. Addison-Wesley, Reading, Mass.

这本书讲述了4.3BSD Tahoe版。它将被[McKusick et al. 1996]所取代。

McKenney, P. E., and Dove, K. F. 1992. "Efficient Demultiplexing of Incoming TCP Packets," *Computer Communication Review*, vol.22, no. 4, pp. 269-279 (Oct.).

Mckusick, M.K., Bostic, K., Karels, M. J ., and Quarterman, J. S. 1996. *The Design and Implementation of the 4.4BSD Operating Syserm*. Addision-Wesley, Reading, Mass.

Miller, T. 1985. "Internet Reliable Transaction Protocol Functional and Interface Specification," RFC 938, 16 pages (Feb.).

Mogul, J. C. 1995a. "Operating Systems Support for Busy Internet Servers," TN-49, Digital Western Research Laboratory(May.).

```
http://www.research.digital.com/wrl/techreports/abstracts/TN-49.html
```

Mogul, J. C. 1995b. "The Case for Persistent-Connection HTTP," *Computer Communication Review*, vol. 25, no.4, pp.299-313(Oct.).

```
http://www.research.digital.com/wrl/techreports/abstracts/95.4.html
```

Mogul, J. C. 1995c. Private Communication.

Mogul, J. C. 1995d. "Network Behavior of a Busy Web Server and its Clients," WRL Research Report 95/5, Digital Western Research Laboratory(Oct.).

> http://www.research.digital.com/wrl/techreports/abstracts/95.5.html

Mogul, J. C., and Deering, S. E. 1990. "Path MTU Discovery," RFC 1191, 19 pages (Apr.).

Olah, A. 1995. Private Communication.

Padmanabhan, V. N. 1995. "Improving World Wide Web Latency," UCB/CSD-95-875, Computer Science Division, University of California, Berkeley(May.).

> http://www.cs.berkeley.edu/~padmanab/papers/masters-tr.ps

Partridge, C. 1987. "Implementing the Reliable Data Protocol(RDP)," *Proceedings of the 1987 Summer USENIX Conference*, pp.367-379, Phoenix, Ariz.

Partridge, C. 1990a. "Re:Reliable Datagram Protocol," Message-ID <60240@bbn. BBN.COM>, Usenet, comp.protocols.tcp-ip Newsgroup(Oct.).

Partridge, C. 1990b. "Re: Reliable Datagram ??? Protocols," Message-ID <60340@bbn.BBN.COM>, Usenet, comp.protocols.tcp-ip Newsgroup(Oct.).

Partridge, C., and Hinden, R. 1990. "Version 2 of the Reliable Data Protocol(RDP)," RFC 1151, 4 pages(Apr.).

Paxson, V. 1994a. "Growth Trends in Wide-Area TCP Connections," *IEEE Network*, vol.8,no. 4, pp.8-17(July/Aug.).

> ftp://ftp.ee.lbl.gov/papers/WAN-TCP-growth-trends.ps.z

Paxson, V. 1994b. "Empirically-Derived Analytic Models of Wide-Area TCP Connections," *IEEE/ACM Transactions on Networking*, vol.2, no.4, pp.316-336(Aug.).

> ftp://ftp.ee.lbl.gov/papers/WAN-TCP-models.ps.z

Paxson, V. 1995a. Private Communication.

Paxson, V. 1995b. "Re:Traceroute and TTL," Message-ID <48407@dog.ee.lbl.gov>, Usenet, comp.protocols.tcp-ip Newsgroup(Sept.).

> http://www.noao.edu/~rstevens/paxson.95sep29.txt

Postel, J. B., ed. 1981a. "Internet Protocol, "RFC 791, 45pages(Sept.).

Postel, J. B., ed. 1981b. "Transmission Control Protocol,"RFC 793,85 pages(Sept.).

Raggett, D., Lam, J., and Alexander, I.1996. *The Definitive Guide to HTML 3.0: Electronic Publishing on the World Wide Web*. Addison-Wesley, Reading, Mass.

Rago, S.A. 1993. *UNIX System V Network Programming*. Addison-Wesley, Reading, Mass.

Reynolds, J. K., and Postel, J. B. 1994. "Assigned Numbers," RFC 1700, 230 pages(Oct.).

这个RFC是定期更新的，请查看最新的RFC编号。

Rose, M. T. 1993. *The Internet Message: Closing the Book with Electronic Mail*. Prentice-Hall, Upper Saddle River, N. J.

Salus, P. H. 1995. *Casting the Net: From ARPANET to Internet and Beyond*. Addison-Wesley, Reading, Mass.

Shimomura, Tsutomu.1995. "Technical details of the attack described by Markoff in NYT, " Message-ID<3g5gkl$5jl@ariel.sdsc.edu>, Usenet, comp.protocols.tcp-ip Newsgroup(Jan.).

对1994年12月的Internet突破给出了详细的技术分析，并给出了相应的CERT 咨询报告。

`http://www.noao.edu/~rstevens/shimomura.95jan25.txt`

Spero, S. E., 1994a. *Analysis of HTTP Performance Problems.*

`http://sunsite.unc.edu/mdma-release/http-prob.html`

Spero, S.E., 1994b. *Progress on HTTP-NG.*

`http://www.w3.org/hypertext/www/Protocols/HTTP-NG/http-ng-status.html`

Stein, L. D. 1995. *How to Set Up and Maintain a World Wide Web Site: The Guide for Information Providers.* Addison-Wesley, Reading, Mass.

Stevents, W.R. 1990. *UNIX Network Programming.* Prentice-HALL, Upper Saddle River, N.J.

Stevents, W.R. 1992. *Advanced Programming in the UNIX Environment.* Addision-Wesley, Reading, Mass.

Stevents, W.R. 1994. *TCP/IP Illustrated, Volume 1: The Protocols.* Addison-Wesley, Reading, Mass.

该系列书的卷1对Internet协议有比较完整的介绍。

Velten, D., Hinden, R., and Sax, J. 1984. "Reliable Data Protocol," RFC 908, 57 pages (July).

Wright, G. R., and Stevens, W.R. 1995. *TCP/IP Illustrated,Volume 2: The Implementation.* Addison-Wesley, Reading, Mass.

该系列书的卷2研究讨论了4.4BSD-Lite操作系统中的Internet协议实现。

缩 略 语

ACK	TCP首部中的确认(ACKnowledgment)标志
ANSI	American National Standards Institute，美国国家标准协会
API	Application Programming Interface，应用编程接口
ARP	Address Resolution Protocol，地址解析协议
ARPANET	Advanced Research Projects Agency NETwork，远景研究规划局(美国国防部)网
ASCII	American Standard Code for Information Interchange，美国信息交换标准代码
BPF	BSD Packet Filter，BSD分组过滤程序
BSD	Berkeley Software Distribution，伯克利软件发布
CC	Connection Count，连接计数
CERT	Computer Emergency Response Team，计算机应急响应工作队
CR	Carriage Return，回车
DF	TCP首部中的不分段(Don't Fragment)标志
DNS	Domain Name System，域名系统
EOL	End of Option List，选项表结束
FAQ	Frequently Asked Question，经常提出的问题
FIN	TCP首部中的终止(FINish)标志
FTP	File Transfer Protocol，文件传送协议
GIF	Graphics Interchange Format，图形交换格式
HTML	HyperText Markup Language，超文本置标语言
HTTP	HyperText Transfer Protocol，超文本传送协议
ICMP	Internet Control Message Protocol，因特网控制报文协议
IEEE	Institute of Electrical and Electronics Engineers，电气和电子工程师学会(美国)
INN	InterNet News，因特网新闻
INND	InterNet News Daemon，因特网新闻守护程序
IP	Internet Protocol，网际协议
IPC	InterProcess Communication，进程间通信
IRTP	Internet Reliable Transaction Protocol，因特网可靠事务协议
ISN	Initial Sequence Number，初始序号
ISO	International Organization for Standardization，国际标准化组织
ISS	Initial Send Sequence number，初始发送序号
LAN	Local Area Network，局域网
LF	Line Feed，换行
MIME	Multipurpose Internet Mail Extensions，通用因特网邮件扩充

MSL	Maximum Segment Lifetime，报文段最大生存时间
MSS	Maximum Segment Size，报文段最大长度
MTU	Maximum Transmission Unit，最大传输单元
NCSA	National Center for Supercomputing Applications，国家超级计算中心(美国)
NFS	Network File System，网络文件系统
NNRP	Network News Reading Protocol，网络新闻读取协议
NNTP	Network News Transfer Protocol，网络新闻传送协议
NOAO	National Optical Astronomy Observation，国家光学天文观测(美国)
NOP	No Operation，无操作
OSF	Open Software Foundation，开放软件基金
OSI	Open Systems Interconnection，开放系统互连
PAWS	Protection Against Wrapped Sequence number，防止序号重叠
PCB	Protocol Control Block，协议控制块
POSIX	Portable Operation System Interface，可移植操作系统接口
PPP	Point-to-Point Protocol，点对点协议
PSH	TCP首部中的急迫(PuSH)标志
RDP	Reliable Datagram Protocol，可靠数据报
RFC	Request For Comment，是Internet的文档，意思是"请提意见"。
RPC	Remote Procedure Call，远程过程调用
RST	TCP首部中的重建(ReSeT)标志
RTO	Retransmission Time Out，重传超时
RTT	Round-Trip Time，往返时间
SLIP	Serial Line Internet Protocol，串行线路因特网协议
SMTP	Simple Mail Transfer Protocol，简单邮件传送协议
SPT	Server Processing Time，服务器处理时间
SVR4	System V Release 4，系统V版本4
SYN	TCP首部中的序号同步(SYNchronous sequence number)标志
TAO	TCP Accelerated Open，TCP加速打开
TCP	Transmission Control Protocol，传输控制协议
TTL	Time-To-Live，寿命，或生存时间
Telnet	远程登录协议
UDP	User Datagram Protocol，用户数据报协议
URG	TCP首部中的紧急(URGent)指针
URI	Universal Resource Identifier，通用资源标识符
URL	Uniform Resource Locator，统一资源定位符
URN	Uniform Resource Name，统一资源名字
VMTP	Versatile Message Transaction Protocol，通用报文事务协议
WAN	Wide Area Network，广域网
WWW	World Wide Web，万维网

推荐阅读

TCP/IP详解 卷1：协议（原书第2版）

作者：Kevin R. Fall, W. Richard Stevens　译者：吴英 吴功宜
ISBN：978-7-111-45383-3　定价：129.00元

TCP/IP详解 卷1：协议（英文版·第2版）

ISBN：978-7-111-38228-7　定价：129.00元

我认为本书之所以领先群伦、独一无二，是源于其对细节的注重和对历史的关注。书中介绍了计算机网络的背景知识，并提供了解决不断演变的网络问题的各种方法。本书一直在不懈努力，以获得精确的答案和探索剩余的问题域。对于致力于完善和保护互联网运营或探究长期存在的问题的可选解决方案的工程师，本书提供的见解将是无价的。作者对当今互联网技术的全面阐述和透彻分析是值得称赞的。

——Vint Cerf，互联网发明人之一，图灵奖获得者

《TCP/IP详解》是已故网络专家、著名技术作家W.Richard Stevens的传世之作，内容详尽且极具权威性，被誉为TCP/IP领域的不朽名著。本书是《TCP/IP详解》第1卷的第2版，主要讲述TCP/IP协议，结合大量实例介绍了TCP/IP协议族的定义原因，以及在各种不同的操作系统中的应用及工作方式。第2版在保留Stevens卓越的知识体系和写作风格的基础上，新加入的作者Kevin R.Fall结合其作为TCP/IP协议研究领域领导者的尖端经验来更新本书，反映了最新的协议和最佳的实践方法。

推荐阅读

计算机网络：系统方法（原书第6版）

作者：Larry L. Peterson等　译者：王勇 等　ISBN：978-7-111-70567-3　定价：169.00元

经典教材全新升级，通过"系统方法"理解网络设计的重要原则！

　　第6版对云技术给予了极大的关注，并且讨论了与安全相关的信任、身份和区块链等问题。然而，如果回看第1版，你会发现其中的基本概念是相同的。本书正是网络这个故事的现代版本，包含众多与时俱进的新实例和新技术。

—— David D. Clark　麻省理工学院

　　无论是第一次向本科生介绍网络知识，还是为了扩大研究生的知识面，本书都是完美的选择。多年来，我一直信任第5版，现在很高兴将我的学生和他们即将创造的未来网络"托付"给第6版。

—— Christopher (Kit) Cischke　密歇根理工大学

　　本书不仅描述"怎么做"，而且解释"为什么"，以及同样重要的"为什么不"。这是一本能够帮助学生建立工程直觉的书，并且可以培养学生就设计或选择下一代系统做出正确决策的能力，在技术快速变革的时代，这一点至关重要。

—— Roch Guerin　宾夕法尼亚大学